# R言語
# 徹底解説

Hadley Wickham 著

石田 基広・市川 太祐・高柳 慎一・福島 真太朗 訳

共立出版

*Advanced R*
By Hadley Wickham

© 2015 by Taylor & Francis Group, LLC
CRC Press is an imprint of Taylor & Francis Group, an Informa business

All Rights Reserved.
Authorized translation from English language edition published by Science, an imprint of Taylor & Francis Group LLC

No claim to original U. S. Government works

Japanese language edition published by KYORITSU SHUPPAN CO., LTD.

# 目　次

| | | |
|---|---|---|
| 1 | 導入 | 1 |
| | 1.1　本書が想定する読者層 ………………………… | 4 |
| | 1.2　本書から読者が得られるもの ………………… | 4 |
| | 1.3　メタテクニック ………………………………… | 5 |
| | 1.4　推奨される文献 ………………………………… | 6 |
| | 1.5　助言を得る ……………………………………… | 7 |
| | 1.6　謝辞 ……………………………………………… | 8 |
| | 1.7　本書での表記 …………………………………… | 10 |
| | 1.8　本書の公開にあたって ………………………… | 10 |

| | | |
|---|---|---|
| 第 I 部 | 基本編 | 11 |
| 2 | データ構造 | 13 |
| | 2.1　ベクトル ………………………………………… | 15 |
| | 　　2.1.1　アトミックベクトル ……………………… | 15 |
| | 　　2.1.2　リスト ……………………………………… | 18 |
| | 　　2.1.3　エクササイズ ……………………………… | 19 |
| | 2.2　属性 ……………………………………………… | 20 |
| | 　　2.2.1　因子 ………………………………………… | 22 |
| | 　　2.2.2　エクササイズ ……………………………… | 25 |
| | 2.3　行列および配列 ………………………………… | 25 |
| | 　　2.3.1　エクササイズ ……………………………… | 28 |
| | 2.4　データフレーム ………………………………… | 29 |

## 目次

- 2.4.1 データフレームの生成 ...... 29
- 2.4.2 データフレームの判定および変換 ...... 30
- 2.4.3 データフレームの結合 ...... 31
- 2.4.4 特殊な列 ...... 32
- 2.4.5 エクササイズ ...... 33
- 2.5 クイズの解答 ...... 33

## 3 データ抽出　35
- 3.1 データ抽出の型 ...... 36
  - 3.1.1 アトミックベクトルからのデータ抽出 ...... 37
  - 3.1.2 リストからのデータ抽出 ...... 39
  - 3.1.3 行列や配列からのデータ抽出 ...... 39
  - 3.1.4 データフレームからのデータ抽出 ...... 41
  - 3.1.5 S3 オブジェクトからのデータ抽出 ...... 42
  - 3.1.6 S4 オブジェクトからのデータ抽出 ...... 42
  - 3.1.7 エクササイズ ...... 42
- 3.2 データ抽出演算子 ...... 43
  - 3.2.1 データ抽出における簡易形式と構造保存形式の違い ...... 44
  - 3.2.2 $ 演算子 ...... 46
  - 3.2.3 欠損/範囲外の添字 ...... 47
  - 3.2.4 エクササイズ ...... 48
- 3.3 データ抽出と付値 ...... 48
- 3.4 応用例 ...... 50
  - 3.4.1 ルックアップテーブル（文字列によるデータ抽出）...... 50
  - 3.4.2 マッチングおよび結合（整数値によるデータ抽出）...... 50
  - 3.4.3 ランダムサンプリングとブートストラップ（整数値によるデータ抽出）...... 52
  - 3.4.4 並べ替え（整数値によるデータ抽出）...... 53
  - 3.4.5 集約されたデータ行を復元する（整数値によるデータ抽出）...... 54

|   |   |   |   |
|---|---|---|---|
|   | 3.4.6 | データフレームから列を削除する（文字列を用いたデータ抽出） | 54 |
|   | 3.4.7 | 条件に応じて行を抽出する（論理値を用いたデータ抽出） | 55 |
|   | 3.4.8 | ブール代数と集合（論理値および整数値を用いたデータ抽出） | 56 |
|   | 3.4.9 | エクササイズ | 58 |
| 3.5 | クイズの解答 |   | 59 |

# 4 ボキャブラリ　61
- 4.1 基本的な関数群 …… 61
- 4.2 よく使われるデータ構造 …… 63
- 4.3 統計学関連 …… 64
- 4.4 Rを制御する関数群 …… 65
- 4.5 入出力関連 …… 66

# 5 コーディングスタイルガイド　67
- 5.1 表記および命名 …… 68
  - 5.1.1 ファイル名 …… 68
  - 5.1.2 オブジェクト名 …… 68
- 5.2 文法 …… 69
  - 5.2.1 スペースの入れ方 …… 69
  - 5.2.2 波カッコ …… 70
  - 5.2.3 一行の長さ …… 71
  - 5.2.4 インデント …… 71
  - 5.2.5 付値 …… 71
- 5.3 コードの構造化 …… 72
  - 5.3.1 コメントについて …… 72

# 6 関数　73
- 6.1 関数の構成要素 …… 75
  - 6.1.1 プリミティブ関数 …… 76

|  |  | 6.1.2 | エクササイズ ・・・・・・・・・・・・・・・・・・・・・・・・ | 77 |
|---|---|---|---|---|
|  | 6.2 | レキシカルスコープ ・・・・・・・・・・・・・・・・・・・・・・・・ | | 77 |
|  |  | 6.2.1 | ネームマスキング ・・・・・・・・・・・・・・・・・・・・・・ | 79 |
|  |  | 6.2.2 | 関数と変数 ・・・・・・・・・・・・・・・・・・・・・・・・・・ | 80 |
|  |  | 6.2.3 | フレッシュスタート ・・・・・・・・・・・・・・・・・・・・ | 81 |
|  |  | 6.2.4 | ダイナミックルックアップ ・・・・・・・・・・・・・・・・ | 82 |
|  |  | 6.2.5 | エクササイズ ・・・・・・・・・・・・・・・・・・・・・・・・ | 83 |
|  | 6.3 | すべての操作は関数呼び出しである ・・・・・・・・・・・・・・ | | 84 |
|  | 6.4 | 関数の引数 ・・・・・・・・・・・・・・・・・・・・・・・・・・・・・・ | | 86 |
|  |  | 6.4.1 | 関数呼び出し時の引数 ・・・・・・・・・・・・・・・・・・・・ | 87 |
|  |  | 6.4.2 | 引数リストによる関数呼び出し ・・・・・・・・・・・・・・ | 88 |
|  |  | 6.4.3 | デフォルト引数および未指定の引数 ・・・・・・・・・・・ | 89 |
|  |  | 6.4.4 | 遅延評価 ・・・・・・・・・・・・・・・・・・・・・・・・・・・・ | 90 |
|  |  | 6.4.5 | ドット引数 (...) ・・・・・・・・・・・・・・・・・・・・・・・・ | 93 |
|  |  | 6.4.6 | エクササイズ ・・・・・・・・・・・・・・・・・・・・・・・・ | 95 |
|  | 6.5 | 特殊な関数呼び出し ・・・・・・・・・・・・・・・・・・・・・・・・ | | 96 |
|  |  | 6.5.1 | 中置関数 ・・・・・・・・・・・・・・・・・・・・・・・・・・・・ | 96 |
|  |  | 6.5.2 | 置換関数 ・・・・・・・・・・・・・・・・・・・・・・・・・・・・ | 97 |
|  |  | 6.5.3 | エクササイズ ・・・・・・・・・・・・・・・・・・・・・・・・ | 100 |
|  | 6.6 | 返り値 ・・・・・・・・・・・・・・・・・・・・・・・・・・・・・・・・・・ | | 100 |
|  |  | 6.6.1 | 処理を抜ける際の処理 ・・・・・・・・・・・・・・・・・・・・ | 103 |
|  |  | 6.6.2 | エクササイズ ・・・・・・・・・・・・・・・・・・・・・・・・ | 104 |
|  | 6.7 | クイズの解答 ・・・・・・・・・・・・・・・・・・・・・・・・・・・・ | | 105 |
| 7 | **オブジェクト指向実践ガイド** | | | **107** |
|  | 7.1 | 基本型 ・・・・・・・・・・・・・・・・・・・・・・・・・・・・・・・・・・ | | 110 |
|  | 7.2 | S3 ・・・・・・・・・・・・・・・・・・・・・・・・・・・・・・・・・・・・・・ | | 111 |
|  |  | 7.2.1 | オブジェクトと総称関数，メソッドの違い ・・・・・・ | 112 |
|  |  | 7.2.2 | クラス定義とオブジェクト生成 ・・・・・・・・・・・・・・ | 114 |
|  |  | 7.2.3 | 総称関数とメソッドの作成 ・・・・・・・・・・・・・・・・ | 117 |
|  |  | 7.2.4 | メソッドディスパッチ ・・・・・・・・・・・・・・・・・・・・ | 117 |

|  |  | 7.2.5 | エクササイズ · · · · · · · · · · · · · · · · · · · · · · · · · · · · · · · · | 120 |
|---|---|---|---|---|
|  | 7.3 | S4 · · · · · · · · · · · · · · · · · · · · · · · · · · · · · · · · · · · · · · · · · · · · · · · · · · · · · | | 121 |
|  |  | 7.3.1 | オブジェクトと総称関数，メソッドをそれぞれ見分ける方法 · · · · · · · · · · · · · · · · · · · · · · · · · · · · · · · | 122 |
|  |  | 7.3.2 | クラス定義とオブジェクト生成 · · · · · · · · · · · · · | 123 |
|  |  | 7.3.3 | 新しいメソッドと総称関数の設定 · · · · · · · · · · · · | 126 |
|  |  | 7.3.4 | メソッドディスパッチ · · · · · · · · · · · · · · · · · · · · | 126 |
|  |  | 7.3.5 | エクササイズ · · · · · · · · · · · · · · · · · · · · · · · · · · · · · · · · | 127 |
|  | 7.4 | RC · · · · · · · · · · · · · · · · · · · · · · · · · · · · · · · · · · · · · · · · · · · · · · · · · · · · | | 127 |
|  |  | 7.4.1 | クラスの定義とオブジェクトの生成 · · · · · · · · · · · | 128 |
|  |  | 7.4.2 | オブジェクトとメソッドの確認 · · · · · · · · · · · · · · | 131 |
|  |  | 7.4.3 | メソッドディスパッチ · · · · · · · · · · · · · · · · · · · · | 131 |
|  |  | 7.4.4 | エクササイズ · · · · · · · · · · · · · · · · · · · · · · · · · · · · · · · · | 131 |
|  | 7.5 | オブジェクト指向システムの選び方 · · · · · · · · · · · · · · · · · · · | | 132 |
|  | 7.6 | クイズの解答 · · · · · · · · · · · · · · · · · · · · · · · · · · · · · · · · · · · · · · · | | 133 |

**8 環境**    **135**

|  | 8.1 | 環境の基礎 · · · · · · · · · · · · · · · · · · · · · · · · · · · · · · · · · · · · · · · · · | | 136 |
|---|---|---|---|---|
|  |  | 8.1.1 | エクササイズ · · · · · · · · · · · · · · · · · · · · · · · · · · · · · · · · | 142 |
|  | 8.2 | 環境の再帰 · · · · · · · · · · · · · · · · · · · · · · · · · · · · · · · · · · · · · · · · · | | 142 |
|  |  | 8.2.1 | エクササイズ · · · · · · · · · · · · · · · · · · · · · · · · · · · · · · · · | 145 |
|  | 8.3 | 関数の環境 · · · · · · · · · · · · · · · · · · · · · · · · · · · · · · · · · · · · · · · · · | | 145 |
|  |  | 8.3.1 | エンクロージング環境 · · · · · · · · · · · · · · · · · · · · | 146 |
|  |  | 8.3.2 | 束縛環境 · · · · · · · · · · · · · · · · · · · · · · · · · · · · · · · · · · · | 146 |
|  |  | 8.3.3 | 実行環境 · · · · · · · · · · · · · · · · · · · · · · · · · · · · · · · · · · · | 149 |
|  |  | 8.3.4 | 呼び出し環境 · · · · · · · · · · · · · · · · · · · · · · · · · · · · · | 151 |
|  |  | 8.3.5 | エクササイズ · · · · · · · · · · · · · · · · · · · · · · · · · · · · · · · · | 153 |
|  | 8.4 | 名前と値の束縛 · · · · · · · · · · · · · · · · · · · · · · · · · · · · · · · · · · · · · | | 154 |
|  |  | 8.4.1 | エクササイズ · · · · · · · · · · · · · · · · · · · · · · · · · · · · · · · · | 157 |
|  | 8.5 | 明示的環境 · · · · · · · · · · · · · · · · · · · · · · · · · · · · · · · · · · · · · · · · · | | 157 |
|  |  | 8.5.1 | コピーを避ける · · · · · · · · · · · · · · · · · · · · · · · · · · · | 159 |

|  |  | 8.5.2 | パッケージの状態管理 ・・・・・・・・・・・・・・・・・・・・・ | 159 |

|  |  | 8.5.3 | ハッシュマップとしての環境 ・・・・・・・・・・・・・・・・・ | 160 |

|  | 8.6 | クイズの解答 ・・・・・・・・・・・・・・・・・・・・・・・・・・・・・・・・・・・・ | 160 |

# 9 デバッギング，条件ハンドリング，防御的プログラミング　　161

9.1 デバッグ技法 ・・・・・・・・・・・・・・・・・・・・・・・・・・・・・・・・・・・・ 164

9.2 デバッグのツール ・・・・・・・・・・・・・・・・・・・・・・・・・・・・・・・・ 165

 9.2.1 呼び出しをたどる ・・・・・・・・・・・・・・・・・・・・・・・・・ 166

 9.2.2 エラーをブラウズする ・・・・・・・・・・・・・・・・・・・・・ 168

 9.2.3 任意のコードをブラウズする ・・・・・・・・・・・・・・・ 170

 9.2.4 コールスタック：traceback(), where, recover() ・ 171

 9.2.5 他のタイプのエラー ・・・・・・・・・・・・・・・・・・・・・・・ 172

9.3 条件ハンドリング ・・・・・・・・・・・・・・・・・・・・・・・・・・・・・・・・ 173

 9.3.1 try()でエラーを無視する ・・・・・・・・・・・・・・・・・・・ 174

 9.3.2 tryCatch()による条件ハンドリング ・・・・・・・・・・・ 176

 9.3.3 withCallingHandlers() ・・・・・・・・・・・・・・・・・・・・・ 179

 9.3.4 シグナルクラスをカスタマイズする ・・・・・・・・・ 180

 9.3.5 エクササイズ ・・・・・・・・・・・・・・・・・・・・・・・・・・・・・ 182

9.4 防御的プログラミング ・・・・・・・・・・・・・・・・・・・・・・・・・・・・ 183

 9.4.1 エクササイズ ・・・・・・・・・・・・・・・・・・・・・・・・・・・・・ 184

9.5 クイズの解答 ・・・・・・・・・・・・・・・・・・・・・・・・・・・・・・・・・・・・ 185

# 第II部　関数型プログラミング　　187

# 10 関数型プログラミング　　189

10.1 モチベーション ・・・・・・・・・・・・・・・・・・・・・・・・・・・・・・・・・・ 190

10.2 無名関数 ・・・・・・・・・・・・・・・・・・・・・・・・・・・・・・・・・・・・・・・・ 196

 10.2.1 エクササイズ ・・・・・・・・・・・・・・・・・・・・・・・・・・・・・ 197

10.3 クロージャ ・・・・・・・・・・・・・・・・・・・・・・・・・・・・・・・・・・・・・・ 198

 10.3.1 関数ファクトリ ・・・・・・・・・・・・・・・・・・・・・・・・・・・ 201

 10.3.2 可変な状態 ・・・・・・・・・・・・・・・・・・・・・・・・・・・・・・・ 201

|     | 10.3.3 エクササイズ · · · · · · · · · · · · · · · · · · · · · · · · · · · · 203 |
| --- | --- |
| 10.4 | 関数のリスト · · · · · · · · · · · · · · · · · · · · · · · · · · · · · · · · · · · · 204 |
|     | 10.4.1 関数のリストをグローバル環境へ移動させる · · · · 207 |
|     | 10.4.2 エクササイズ · · · · · · · · · · · · · · · · · · · · · · · · · · · · 209 |
| 10.5 | ケーススタディ：数値積分 · · · · · · · · · · · · · · · · · · · · · · · 209 |
|     | 10.5.1 エクササイズ · · · · · · · · · · · · · · · · · · · · · · · · · · · · 213 |

## 11  汎関数　　　　　　　　　　　　　　　　　　　　　　　　215

| 11.1 | 初めての汎関数：lapply() · · · · · · · · · · · · · · · · · · · · · · 217 |
| --- | --- |
|     | 11.1.1 ループのパターン · · · · · · · · · · · · · · · · · · · · · · · 219 |
|     | 11.1.2 エクササイズ · · · · · · · · · · · · · · · · · · · · · · · · · · · · 220 |
| 11.2 | For ループ汎関数：lapply() の仲間たち · · · · · · · · · · · · 221 |
|     | 11.2.1 ベクトル出力：sapply と vapply · · · · · · · · · · · · · 222 |
|     | 11.2.2 複数の引数：Map（に加え，mapply） · · · · · · · · · · 224 |
|     | 11.2.3 ローリング計算 · · · · · · · · · · · · · · · · · · · · · · · · · · 226 |
|     | 11.2.4 並列化 · · · · · · · · · · · · · · · · · · · · · · · · · · · · · · · · · · 229 |
|     | 11.2.5 エクササイズ · · · · · · · · · · · · · · · · · · · · · · · · · · · · 230 |
| 11.3 | 行列やデータフレームの操作 · · · · · · · · · · · · · · · · · · · · · · 231 |
|     | 11.3.1 行列と配列の操作 · · · · · · · · · · · · · · · · · · · · · · · · · 231 |
|     | 11.3.2 グループへの apply() 適用 · · · · · · · · · · · · · · · · · 233 |
|     | 11.3.3 plyr パッケージ · · · · · · · · · · · · · · · · · · · · · · · · · 235 |
|     | 11.3.4 エクササイズ · · · · · · · · · · · · · · · · · · · · · · · · · · · · 236 |
| 11.4 | リストの操作 · · · · · · · · · · · · · · · · · · · · · · · · · · · · · · · · · · 236 |
|     | 11.4.1 Reduce() · · · · · · · · · · · · · · · · · · · · · · · · · · · · · · · 236 |
|     | 11.4.2 叙述（プレディケート）汎関数 · · · · · · · · · · · · · · · 238 |
|     | 11.4.3 エクササイズ · · · · · · · · · · · · · · · · · · · · · · · · · · · · 239 |
| 11.5 | 数学的な汎関数 · · · · · · · · · · · · · · · · · · · · · · · · · · · · · · · · 239 |
|     | 11.5.1 エクササイズ · · · · · · · · · · · · · · · · · · · · · · · · · · · · 242 |
| 11.6 | ループを維持すべき場合 · · · · · · · · · · · · · · · · · · · · · · · · · 242 |
|     | 11.6.1 即時修正 · · · · · · · · · · · · · · · · · · · · · · · · · · · · · · · · 242 |
|     | 11.6.2 再帰的な関係 · · · · · · · · · · · · · · · · · · · · · · · · · · · · 243 |

           11.6.3　whileループ ・・・・・・・・・・・・・・・・・・・・・・ 244
    11.7　関数族 ・・・・・・・・・・・・・・・・・・・・・・・・・・・・・・ 245
           11.7.1　エクササイズ ・・・・・・・・・・・・・・・・・・・・・・ 251

# 12　関数演算子　　　　　　　　　　　　　　　　　　　　　　253
    12.1　挙動に関わる FO ・・・・・・・・・・・・・・・・・・・・・・・・ 255
           12.1.1　メモ化 ・・・・・・・・・・・・・・・・・・・・・・・・・・ 258
           12.1.2　関数呼び出しの捕捉 ・・・・・・・・・・・・・・・・・・ 260
           12.1.3　遅延評価 ・・・・・・・・・・・・・・・・・・・・・・・・ 263
           12.1.4　エクササイズ ・・・・・・・・・・・・・・・・・・・・・・ 264
    12.2　出力に関わる FO ・・・・・・・・・・・・・・・・・・・・・・・・ 266
           12.2.1　軽微な修正 ・・・・・・・・・・・・・・・・・・・・・・・ 266
           12.2.2　関数の動作を変更する ・・・・・・・・・・・・・・・・ 268
           12.2.3　エクササイズ ・・・・・・・・・・・・・・・・・・・・・・ 269
    12.3　入力に関わる FO ・・・・・・・・・・・・・・・・・・・・・・・・ 270
           12.3.1　あらかじめ決められた関数の引数：部分関数適用 ・・ 270
           12.3.2　引数型の変更 ・・・・・・・・・・・・・・・・・・・・・・ 271
           12.3.3　エクササイズ ・・・・・・・・・・・・・・・・・・・・・・ 273
    12.4　FO を結び付ける ・・・・・・・・・・・・・・・・・・・・・・・・ 274
           12.4.1　関数の合成 ・・・・・・・・・・・・・・・・・・・・・・・ 274
           12.4.2　論理型叙述関数とブール代数 ・・・・・・・・・・・・・ 277
           12.4.3　エクササイズ ・・・・・・・・・・・・・・・・・・・・・・ 278

# 第 III 部　言語オブジェクトに対する計算　　　　　　　　　279

# 13　非標準評価　　　　　　　　　　　　　　　　　　　　　　281
    13.1　表現式の捕捉 ・・・・・・・・・・・・・・・・・・・・・・・・・・ 283
           13.1.1　エクササイズ ・・・・・・・・・・・・・・・・・・・・・・ 284
    13.2　subset() における非標準評価 ・・・・・・・・・・・・・・・・ 285
           13.2.1　エクササイズ ・・・・・・・・・・・・・・・・・・・・・・ 289
    13.3　変数のスコープに関する問題 ・・・・・・・・・・・・・・・・・ 290

13.3.1　エクササイズ ･････････････････････････ 292
　13.4　別の関数からの呼び出し ････････････････････････ 292
　　　13.4.1　エクササイズ ･････････････････････････ 296
　13.5　substitute() ･･･････････････････････････････ 297
　　　13.5.1　substitute()へのエスケープハッチの追加 ････ 299
　　　13.5.2　未評価の三連ドット(...)の捕捉 ･･･････････ 300
　　　13.5.3　エクササイズ ･････････････････････････ 301
　13.6　非標準評価の欠点 ･･････････････････････････････ 301
　　　13.6.1　エクササイズ ･････････････････････････ 303

# 14　表現式　305

　14.1　表現式の構造 ･････････････････････････････････ 306
　　　14.1.1　エクササイズ ･････････････････････････ 311
　14.2　名前 ･･･････････････････････････････････････ 311
　　　14.2.1　エクササイズ ･････････････････････････ 313
　14.3　呼び出し ･･･････････････････････････････････ 313
　　　14.3.1　呼び出しの修正 ･････････････････････････ 314
　　　14.3.2　要素からの呼び出し生成 ･････････････････ 316
　　　14.3.3　エクササイズ ･････････････････････････ 316
　14.4　現在の呼び出しの捕捉 ･･････････････････････････ 318
　　　14.4.1　エクササイズ ･････････････････････････ 322
　14.5　ペアリスト ･･･････････････････････････････････ 322
　　　14.5.1　エクササイズ ･････････････････････････ 325
　14.6　パーシングとデパーシング ･･････････････････････ 325
　　　14.6.1　エクササイズ ･････････････････････････ 327
　14.7　再帰関数を用いた抽象構文木の巡回 ･･････････････ 327
　　　14.7.1　FとTの探索 ･････････････････････････ 328
　　　14.7.2　付値で生成された変数すべての探索 ････････ 330
　　　14.7.3　呼び出し木の変更 ･･･････････････････････ 334
　　　14.7.4　エクササイズ ･････････････････････････ 337

## 15　ドメイン特化言語　　　339
### 15.1　HTML　　　340
- 15.1.1　本節の目標　　　342
- 15.1.2　エスケープ　　　342
- 15.1.3　基本的なタグ関数　　　344
- 15.1.4　タグ関数　　　346
- 15.1.5　すべてのタグの処理　　　347
- 15.1.6　エクササイズ　　　349

### 15.2　LaTeX　　　349
- 15.2.1　LaTeX の数式　　　350
- 15.2.2　本節の目標　　　351
- 15.2.3　数式への変換　　　351
- 15.2.4　既知の記号　　　351
- 15.2.5　未知の記号　　　352
- 15.2.6　既知の関数　　　354
- 15.2.7　未知の関数　　　356
- 15.2.8　エクササイズ　　　358

# 第IV部　パフォーマンス　　　359

## 16　パフォーマンス　　　361
### 16.1　R はなぜ遅いか　　　362
### 16.2　マイクロベンチマーキング　　　363
- 16.2.1　エクササイズ　　　365

### 16.3　言語のパフォーマンス　　　365
- 16.3.1　究極的な動的特性　　　366
- 16.3.2　変更可能な環境を用いた名前の検索　　　368
- 16.3.3　遅延評価のオーバーヘッド　　　370
- 16.3.4　エクササイズ　　　371

### 16.4　実装のパフォーマンス　　　372
- 16.4.1　データフレームからの単一の値のデータ抽出　　　373

16.4.2　ifelse(), pmin(), pmax() ･････････････････ 373
　　　16.4.3　エクササイズ ････････････････････････ 376
　16.5　代替のRの実装 ･･････････････････････････ 376

# 17　コードの最適化　　　　　　　　　　　　　　　381
　17.1　パフォーマンスの測定 ･････････････････････ 383
　　　17.1.1　制約 ･･･････････････････････････････ 387
　17.2　パフォーマンスの改善 ･････････････････････ 388
　17.3　コードの系統化 ･･････････････････････････ 389
　17.4　誰かがすでにその問題を解決していないか ･･･････ 391
　　　17.4.1　エクササイズ ････････････････････････ 392
　17.5　可能な限り処理を少なくする ････････････････ 392
　　　17.5.1　エクササイズ ････････････････････････ 399
　17.6　ベクトル化 ･････････････････････････････ 401
　　　17.6.1　エクササイズ ････････････････････････ 403
　17.7　コピーの回避 ･･･････････････････････････ 404
　17.8　バイトコードのコンパイル ･････････････････ 405
　17.9　ケーススタディ：t検定 ･･･････････････････ 406
　17.10　並列化 ･･･････････････････････････････ 409
　17.11　その他のテクニック ･････････････････････ 411

# 18　メモリ　　　　　　　　　　　　　　　　　　　413
　18.1　オブジェクトのサイズ ･････････････････････ 414
　　　18.1.1　エクササイズ ････････････････････････ 420
　18.2　メモリの使用量とガベージコレクション ･･･････ 420
　18.3　lineprofパッケージを用いたメモリプロファイリング ･･･ 423
　　　18.3.1　エクササイズ ････････････････････････ 427
　18.4　即時修正 ･･･････････････････････････････ 428
　　　18.4.1　ループ ･･････････････････････････････ 431
　　　18.4.2　エクササイズ ････････････････････････ 433

## 19 Rcppパッケージを用いたハイパフォーマンスな関数　435
### 19.1 C++ を始めよう　438
#### 19.1.1 引数がなく出力がスカラー　438
#### 19.1.2 引数がスカラー・出力がスカラー　439
#### 19.1.3 引数がベクトル・出力がスカラー　440
#### 19.1.4 引数がベクトル・出力がベクトル　442
#### 19.1.5 引数が行列・出力がベクトル　443
#### 19.1.6 sourceCpp() を使用する　444
#### 19.1.7 エクササイズ　446
### 19.2 属性とその他のクラス　448
#### 19.2.1 リストとデータフレーム　449
#### 19.2.2 関数　450
#### 19.2.3 その他の型　451
### 19.3 欠損値　451
#### 19.3.1 スカラー　451
#### 19.3.2 文字列　454
#### 19.3.3 論理値　454
#### 19.3.4 ベクトル　454
#### 19.3.5 エクササイズ　455
### 19.4 Rcppパッケージのシュガー　456
#### 19.4.1 算術・論理演算　456
#### 19.4.2 論理値の集約関数　457
#### 19.4.3 ベクトルのビュー　458
#### 19.4.4 その他の有益な関数　458
### 19.5 STL　459
#### 19.5.1 イテレータの使用　459
#### 19.5.2 アルゴリズム　461
#### 19.5.3 データ構造　462
#### 19.5.4 ベクタ　463
#### 19.5.5 セット　464
#### 19.5.6 マップ　466

|  |  |  |
|---|---|---|
| | 19.5.7 エクササイズ | 466 |
| 19.6 | ケーススタディ | 467 |
| | 19.6.1 ギブスサンプラー | 467 |
| | 19.6.2 R のベクトル化 vs. C++ のベクトル化 | 469 |
| 19.7 | パッケージでの **Rcpp** パッケージの利用 | 472 |
| 19.8 | さらに学ぶために | 473 |
| 19.9 | 謝辞 | 475 |

## 20 R と C 言語のインターフェイス　　　　477

|  |  |  |
|---|---|---|
| 20.1 | R から C 言語の関数を呼び出す | 479 |
| 20.2 | C 言語でのデータ構造 | 480 |
| 20.3 | ベクトルの生成と修正 | 482 |
| | 20.3.1 ベクトルの生成とガベージコレクション | 482 |
| | 20.3.2 欠損値や不定値 | 484 |
| | 20.3.3 ベクトルデータへのアクセス | 486 |
| | 20.3.4 文字ベクトルとリスト | 487 |
| | 20.3.5 引数の変更 | 488 |
| | 20.3.6 スカラーへの変換 | 489 |
| | 20.3.7 ロングベクトル | 490 |
| 20.4 | ペアリスト | 490 |
| 20.5 | 引数の検証 | 494 |
| 20.6 | 関数の C 言語ソースを探す方法 | 495 |

## 訳者あとがき　　　　501

## 索　引　　　　505

# 1
## 導入

　筆者がRでプログラミングを始めて10年以上になる．この間，R言語の仕組みについて考察し，理解を深めようとするのに十分な時間に恵まれてきた．本書においては，筆者がこの間に身に付けた知識や技術をまとめ，読者が効率的なRプログラミング技法を習得できるように手助けをしたい．ここに至るまで筆者自身も多くのミスや躓きを繰り返してきたが，読者が前轍を踏むことがないよう，さまざまなツールや技術，そして解決のための定石を本書では解説する．これらは読者が遭遇するであろう問題を解決するのにきっと役立つだろう．Rはかなり癖のある言語なので時にイライラさせられるが，それでもRが本質的にはエレガントで美しい言語であり，データ分析や統計処理を実行するのに適した工夫に満ちていることを，本書を通じて示したい．

　Rの経験のない読者は，こんな癖のあるプログラミング言語を学んで本当に役に立つのかと疑問に思うかもしれない．こうした疑問に対する筆者なりの回答を以下にいくつか記しておこう．

- Rはフリーでオープンソースのプロジェクトとして開発されており，主要なプラットフォームで利用できる．したがってRを使えば，第三者が簡単に分析を再現できる．
- 多数のパッケージが公開されており，統計モデリングや機械学習，可視化，データの読み込みや前処理のために利用できる．読者が実行しようとするモデルや作成したいグラフィックスは，すでに誰かがパッケージを公開している可能性が高い．そうでなくとも，誰かが試行していて，それを参考にすることができるだろう．
- Rは最先端のツールである．そのため統計学や機械学習の研究者たちが最新の論文の付録としてRのパッケージを公開することが少なくない

ので，最新の統計的技法とその実行方法を即座に試すことができる．
- Rはデータ分析特有の処理に狙いを定めた言語である．例えば欠損値への対応や，データを表計算フォーマットで表現する仕組み（データフレーム），さらにはデータからの部分抽出などの方法が用意されている．
- 世界中にRのためのコミュニティがある．つまりRについて質問を投げるとエキスパートから回答を得られる場がある．例えばR全般についての意見交換の場であるR-help[1]や，プログラマ向けQ&Aサイトであるstackoverflow[2]が役に立つ．R-SIG-mixed-models[3]やggplot2[4]のような特定のテーマに特化したメーリングリストもある[5]．またtwitterやLinkedInに投稿することでRユーザたちと交流できる．さらには世界各地でRコミュニティが活動している[6]．
- データ分析の結果をプレゼンテーションするための方法が多数用意されている．追加パッケージを導入することで，htmlやpdfのレポートを簡単に作成できる（例えば**knitr**[7]）．**Shiny**[8]を使うと，インタラクティブなWebアプリケーションを作成することもできる．
- Rは関数型プログラミングを土台としている．関数型プログラミングの考え方は，データ分析において遭遇する複雑な課題を解くのにとても役立つ．Rに備わった強力で柔軟なツールを使うと，簡潔であるが理解しやすいコードを書くことができる．
- 対話的なデータ分析と統計プログラミングに必須の機能を搭載した統合環境(IDE)であるRStudio[9]が利用できる．
- Rはメタプログラミングをサポートしている．Rはプログラミング言語であるだけでなく，対話的なデータ分析のための環境でもある．Rのメ

---

[1] https://stat.ethz.ch/mailman/listinfo/r-help
[2] http://stackoverflow.com
[3] https://stat.ethz.ch/mailman/listinfo/r-sig-mixed-models
[4] https://groups.google.com/forum/forum/ggplot2
[5] 訳注：SIGはSpecial Interest Groupの略．R関連ではそれらの一覧を http://www.r-project.org/mail.html で確認できる．
[6] http://blog.revolutionanalytics.com/local-r-groups.html
[7] http://yihui.name/knitr/
[8] http://shiny.rstudio.com/
[9] http://www.rstudio.com/products/rstudio/

タプログラミング機能を通して，驚くほど簡潔で機能的な関数を作成することができる．さらに特定のタスクに適した処理ツール（ドメイン特化言語）を設計するのに適した言語環境が，他ならぬ R である．
- C 言語や Fortran，そして C++ といったパフォーマンスの高い言語とのインターフェイスが R には用意されている．

もちろん R は完全ではない．そもそも R は，そのほとんどのユーザがプログラマではないという問題に立ち向かう必要がある．これには以下のような困難がある．

- 実務などで目にする R のコードは，ほとんどの場合，作成者の差し迫った問題を解決するために書かれており，決してエレガントとはいえず，また実行速度は遅く，さらには理解するのも困難である．しかし，こうした欠点を補うためにコードを書き直すユーザはほとんどいない．
- 他の言語のユーザたちに比べると，R のユーザたちは過程ではなく結果を重視する傾向にある．またソフトウェア工学で作業を効率化する実践手法に関する知識も断片的である．例えば，ソースコードを管理するためのツールを利用したり，動作テストを自動化する R プログラマも少ない．
- メタプログラミングは諸刃の剣となる．このトリックによって R の多くの関数はコード量が少なくなっているが，そのために理解しづらくなり，またトラブルの種ともなっている．
- 公開されているパッケージには矛盾した実装が多数見受けられる．R 本体ですら例外ではない．R を使うたびに，20 年を超える開発の過程で紛れ込んだ問題に突き当たることになる．また R を習得するのが難しいのは，そのつど覚えなければならない例外にあふれているからでもある．
- R は特に速いというプログラミング言語ではない．実装が悪ければ，それだけ R の実行速度は遅くなる．また R は，たいへんなメモリ喰いとして知られている．

筆者からすると，こうした課題があるからこそ，経験を積んだプログラマたちには R とそのコミュニティに深くコミットする甲斐があるのではない

だろうか．Rのユーザは，特にデータ分析の再現性を保証するためにも，質の高いコードを書くように心がけて欲しいのだが，そのためのスキルが十分に身に付いていないのも事実だ．本書を通じて，読者がRの単なるユーザから能動的なプログラマに変貌を遂げる，あるいは他言語のプログラマがRに貢献しようという意欲を抱いてくれることに筆者は期待している．

## 1.1 本書が想定する読者層

本書は，異なる2つの読者層を対象としている．

- Rについて中級程度の技能を有しているが，より深く詳しくRを知りたいと考えており，また種類の異なる課題を解決するのに汎用的に役立つ戦略を新たに身に付けたいと考えているプログラマ
- 他のプログラミング言語には通じているが，Rをまさに学習中であり，R特有の挙動を理解したいと考えるプログラマ

本書の内容を細部に至るまで理解するには，すでにRないし別言語で相当量のコードを書いてきた経験が必要かもしれない．しかし詳細まで熟知している必要はない．ただRで関数がどのように使えるのかは把握している必要はある．さらにいえば，いわゆるapply族の関数群（つまりapply()やlapply()など）の仕組みをまだ十分に理解できていなくとも，ある程度は使えるだけの経験はあったほうがよい．

## 1.2 本書から読者が得られるもの

本書には，Rプログラミングの上級者ならば身に付けておくべきだと筆者が考える技能を解説している．これは広範囲な問題に汎用的に使える良質のコードを書く技能である．本書を読了したとき，ユーザは以下のような能力を身に付けていることだろう．

- Rの基本原理を把握しているであろう．複雑なデータ型を理解しており，これらを効率的に処理する技術を身に付けているだろう．また関数

の原理について深く理解しており，4つのオブジェクト指向システムの仕組みを再認識し，効率的に利用できるだろう．
- 関数型プログラミングの意味とデータ分析にとっての重要性を認識しているであろう．そして既存のツールの使い方が理解でき，必要があれば自身で関数を作成してツールとして使いこなせる技能を習得しているだろう．
- メタプログラミングの長所と短所を心得ているだろう．これにより，非標準評価の原理を使って関数を作成でき，またコード量の少ないエレガントなコードで重要な処理を回せるようになっているだろう．さらにメタプログラミングの危険性を熟知しており，十分に用心深く利用できるようになっているはずだ．
- Rで処理が遅く，またメモリが大量に消費されるケースを予測することができ，パフォーマンスのボトルネックを探り当てるプロファイリングが行えるだろう．そしてC++について必要な知識を身に付けており，Rの遅い関数をC++の高速な関数に実装し直すことができるだろう
- Rのコードのほとんどを読んで理解する能力が身に付いているだろう．これらに共通する一般的なテクニックがわかり（自分自身で使うかどうかはまた別だが），他のプログラマの作成したコードを検証できるだろう．

## 1.3　メタテクニック

Rプログラマとしてスキルを磨くのに役立つメタテクニックが2つある．ソースコードを読むことと，科学的な思考法を身に付けることだ．

ソースコードを読むのが重要なのは，自分自身がより良いコードを書けるようになるからだ．まずは自分自身がよく利用しているパッケージや関数のソースコードを眺めることから始めるといいだろう．こうしたコードには，自身でも応用したくなる部分があるだろうし，やがてコードの質を向上させるキモのようなものが感覚的にわかるようになるだろう．こうしたソースコードの中には，必要性が理解できず，自分の好みにも合わない部分もあるかもしれない．こうしたコードであっても，自身にとって良い，あるいは悪

いコードを見分ける感覚を育てるには役に立つ．

　科学的な思考法はRを習得する上で大変重要である．筋道をつけて考え，仮説を構築し，実験を立案して実行する．そして結果を記録する．こうした経験の積み重ねが役に立つ．問題に突き当たって他人に助力を求める場合でも，手順を正確に説明できるようになっているからだ．正しい解決策を知ったときには，自分自身の世界観を抵抗なく更新する準備ができているようになる．筆者個人も，課題を他人に順序立てて説明してみると（これにはstackoverflowに投稿されている「再現性のヒント[10]」を参照するといいだろう），自分自身で解決策を見つけてしまう場合が多い．

## 1.4 推奨される文献

　Rは比較的新しい部類の言語なので，参照できる情報源もまだ豊富とはいえない．筆者自身はむしろ他のプログラミング言語に関する情報源から学ぶことが多かった．またRには関数型言語とオブジェクト指向言語（OO）の2つの側面がある．これらがRにどのように組み込まれているのかを知ることで，他のプログラミング言語に関する既存の知識がブラッシュアップされて，自身の技能のどこに改善の余地があるかを自覚できるだろう．

　Rのオブジェクト体系の仕組みを理解するにあたっては，Harold Abelsonと Gerald Jay Sussman による *The Structure and Interpretation of Computer Programs* (SICP)[11] がとても役に立つ．これは簡潔ではあるが深い技術書である．一読して，筆者はようやく自身でオブジェクト指向システムをデザインできそうな気になった．同書は，Rのオブジェクト指向システムで標準となっている総称関数スタイルとその利点，さらには弱点を筆者が理解する道標となってくれた．SICPは関数型プログラミングについても多くのページを割いており，シンプルな関数を作成し，これらを結合することで強力な機能が実現できることを解説している．

---

[10] http://stackoverflow.com/questions/5963269/how-to-make-a-great-r-reproducible-example

[11] 訳注：ハロルド・エイブルソン著，和田英一訳『計算機プログラミングの構造と解釈』翔泳社，2014年．

Rを他のプログラミング言語と比較した場合のトレードオフを知るには，Peter van Roy と Seif Haridi による *Concepts, Techniques and Models of Computer Programming*[12] を読むのが一番だ．同書によって，筆者はRのコピー修正 (copy-on-modify) セマンティクス[13]が，コードを論理的に考察する手助けとなることに気が付いた．ただ現在の実装は効率的とはいえないのだが，これは改善可能だろう．

より良いプログラマになりたいのならば，Andrew Hunt と David Thomas による *The Pragmatic Programmer*[14] を読むべきだ．同書には，どのプログラミング言語でも役立つアドバイスが豊富にあり，より良いプログラマとなる近道だろう．

## 1.5 助言を得る

Rの作業で行き詰まり，解決策を見い出せないような場合に頼るべき情報源として，本書執筆時点で推奨できるサイトが2つある．stackoverflow と R-help メーリングリスト[15]である．どちらも優れた回答を期待できる情報源ではあるが，それぞれに独自の文化と規約があるので，注意が必要だ．質問を投稿するのであれば，少し時間を割いてサイト規約に目を通しておくべきだ．

ここで，いくつかアドバイスをしておこう．

- 問題が生じた際に利用していたRとパッケージが最新のバージョンであることを確認しよう．読者が遭遇した問題はすでに修正されているかもしれないからだ．
- 問題を再現できるサンプル（再現可能な例）を用意しよう．実はサンプルの準備中に自身で問題の解決方法を発見できることも少なくない．

---

[12] 訳注：セイフ・ハリディ著，羽永洋訳『コンピュータプログラミングの概念・技法・モデル』翔泳社，2007年．
[13] 訳注：本書第18章「メモリ」を参照されたい．
[14] 訳注：アンドリュー・ハント著，村上雅章訳『達人プログラマー – システム開発の職人から名匠への道』ピアソンエデュケーション，2007年．
[15] https://www.r-project.org/mail.html

- 類似の質問がすでに投稿されていないかを確認しよう．すでに回答が示されていることも多いので，時間の節約になるだろう．

## 1.6 謝辞

筆者はこれまでR-helpメーリングリストや，最近ではstackoverflow[16)]の回答者たちから多くの助言を得てきた．すべての名前を挙げることはできないが，ここでは特にLuke Tierney, John Chambers, Dirk Eddelbuettel, JJ Allaire, Brian Ripleyらに，貴重な時間を割いて筆者の誤解を正してくれたことに感謝したい．

本書はオープンソースの著作であり，Github[17)]上でも公開されており，またtwitter[18)]を通じて広報してきた．本書の成立はコミュニティあってのものである．多くの方々が草稿に目を通し，誤植を修正し，内容についても改善点を指摘してくれた．こうした助力がなければ本書は完成していない．特に本書を通読し，多くのミスを指摘してくれたPeter Liに感謝したい．もちろん，他の多くの方々にも，この機会に感謝を伝えたい．紙面の許す範囲で，名前（あるいはアカウント）を挙げる．

Aaron Schumacher, @aaronwolen, Aaron Wolen, @absolutelyNoWarranty, Adam Hunt, @agrabovsky, @ajdm, @alexbbrown, @alko989, @allegretto, @AmeliaMN, @andrewla, Andy Teucher, Anthony Damico, Anton Antonov, @aranlunzer, @arilamstein, @avilella, @baptiste, @blindjesse, @blmoore, @bnjmn, Brandon Hurr, @BrianDiggs, @Bryce, @Carson, @cdrv, Ching Boon, @chiphogg, Christopher Brown, @christophergandrud, C. Jason Liang, Clay Ford, @cornelius1729, @cplouffe, Craig Citro, @crossfitAL, @crowding, @crtahlin, Crt Ahlin, @cscheid, @csgillespie, @cusanovich, @cwarden, @cwickham, Daniel Lee, @darrkj, @Dasonk, David Hajage, David LeBauer, @dchudz, dennis feehan, @dfeehan, Dirk Eddelbuettel, @dkahle, @dlebauer, @dlschweizer, @dmontaner, @dougmi-

---

[16)] R関連の質問は http://stackoverflow.com/questions/tagged/r で参照できる．
[17)] https://github.com/hadley/adv-r/
[18)] https://twitter.com/hadleywickham

tarotonda, @dpatschke, @duncandonutz, @EdFineOKL, @EDiLD, @eipi10, @elegrand, @EmilRehnberg, Eric C. Anderson, @etb, @fabian-s, Facundo Muoz, @flammy0530, @fpepin, Frank Farach, @freezby, @fyears, @garrettgman, Garrett Grolemund, @gavinsimpson, @gggtest, Gken Eraslan, Gregg Whitworth, @gregorp, @gsee, @gsk3, @gthb, @hassaad85, @i, Iain Dillingham, @ijlyttle, Ilan Man, @imanuelcostigan, @initdch, Jason Asher, @jasondavies, Jason Knight, @jastingo, @jcborras, Jeff Allen, @jeharmse, @jentjr, @JestonBlu, @JimInNashville, @jinlong25, JJ Allaire, Jochen Van de Velde, Johann Hibschman, @johnbaums, John Blischak, @johnjosephhorton, John Verzani, Joris Muller, Joseph Casillas, @juancentro, @kdauria, @kenahoo, @kent37, Kevin Markham, Kevin Ushey, @kforner, Kirill Mller, Kun Ren, Laurent Gatto, @Lawrence-Liu, @ldfmrails, @lgatto, @liangcj, Lingbing Feng, @lynaghk, Maarten Kruijver, Mamoun Benghezal, @mannyishere, @mattbaggott, Matthew Grogan, @mattmalin, Matt Pettis, @michaelbach, Michael Kane, @mjsduncan, @Mullefa, @myqlarson, Nacho Caballero, Nick Carchedi, @nstjhp, @ogennadi, Oliver Keyes, @otepoti, Parker Abercrombie, @patperu, Patrick Miller, @pdb61, @pengyu, Peter F Schulam, Peter Lindbrook, Peter Meilstrup, @philchalmers, @picasa, @piccolbo, @pierreroudier, @pooryorick, @ramnathv, Ramnath Vaidyanathan, @Rappster, Ricardo Pietrobon, Richard Cotton, @richardreeve, R. Mark Sharp, @rmflight, @rmsharp, Robert M Flight, @RobertZK, @robiRagan, Romain Franois, @rrunner, @rubenfcasal, @sailingwave, @sarunasmerkliopas, @sbgraves237, @scottko, @scottl, Scott Ritchie, Sean Anderson, Sean Carmody, Sean Wilkinson, @sebastian-c, Sebastien Vigneau, @shabbychef, Shannon Rush, Simon O'Hanlon, Simon Potter, @SplashDance, @ste-fan, Stefan Widgren, @stephens999, Steven Pav, @strongh, @stuttungur, @surmann, @swnydick, @taekyunk, @talgalili, Tal Galili, @tdenes, @Thomas, @thomasherbig, @thomaszumbrunn, Tim Cole, @tjmahr, Tom Buckley, Tom Crockett, @ttriche, @twjacobs, @tyhenkaline, @tylerritchie, @ulrichatz, @varun729, @victorkryukov, @vijaybarve, @vzemlys, @wchi144, @wibeasley, @WilCrofter, William Doane, Winston Chang, @wmc3, @wordnerd, Yoni Ben-Meshulam, @zackham, @zerokarmaleft, Zhongpeng Lin.

## 1.7 本書での表記

本書を通じて関数はタイプライター体で f() のように丸括弧を添えて表記している．変数名や関数の引数，あるいはフォルダパスについても，g や h/ のようにタイプライター体を利用している[19]．

比較的大きなコードブロックでは実行命令とその出力が混在している．そこで出力にはコメント記号 (#) を加えているので，本書の電子版[20] に掲載されたコードをコピーして実行する妨げにはならないはずだ．出力のコメントには #> を利用し，通常のコメント (#) とは区別している．

## 1.8 本書の公開にあたって

本書は RStudio[21] で R markdown パッケージ[22] を使って書かれている．Rmarkdown を html や pdf に変換するのには **knitr** パッケージ[23] と pandoc[24] を利用した．サイトへの公開では jekyll[25] と bootstrap[26] を利用し，Amazon の S3[27] との連携には travis-ci[28] を活用している．本書の全ソースは Github[29] で公開している．なお原書でコード表示には inconsolata フォント[30] を利用した．

---

[19] 訳注：翻訳では原書のスタイルを踏襲しているが，パッケージについてはゴシック体を採用するなど，フォントスタイルについては多少変更を加えた．
[20] http://adv-r.had.co.nz
[21] https://www.rstudio.com/products/rstudio/
[22] http://rmarkdown.rstudio.com/
[23] http://yihui.name/knitr/
[24] http://pandoc.org/
[25] http://jekyllrb.com/
[26] http://getbootstrap.com/
[27] http://aws.amazon.com/jp/s3/
[28] https://travis-ci.org/
[29] https://github.com/hadley/adv-r
[30] http://levien.com/type/myfonts/inconsolata.html

# 第Ⅰ部

# 基本編

# 2
# データ構造

本章ではRにおけるデータ構造 (data structure) について概観する．読者はおそらくこれらのデータ構造の多くを使った経験があると思われるが，データ構造間の関係性について考えたことはないだろう．本章においては筆者は個々のデータ型 (individual types) について深く議論するつもりはない．代わりに，データ型相互の整合性について述べていこう．詳細について知りたい読者は，Rの公式ドキュメント群を参照してほしい．

Rにおける基本データ構造はその次元数（1次元，2次元など）および型の同一性（その構造に含まれる値がすべて同じ型かどうか）で分類できるだろう．データ分析において多く用いられるデータ型は以下の5つにまとめられる．

|    | 共通の型                          | 異なる型が許容される         |
|----|-----------------------------------|------------------------------|
| 1d | アトミックベクトル (Atomic vector) | リスト (List)                |
| 2d | 行列 (Matrix)                      | データフレーム (Data frame)  |
| nd | 配列 (Array)                       |                              |

これ以外のほぼすべてのオブジェクトはこれらの基礎型によって構築されている．詳しくは第7章「オブジェクト指向実践ガイド」で述べるが，複雑な構造をもつオブジェクトもこれらの単純な部品で組み立てられている．なお，Rには0次元，つまりスカラー型はないことに注意しておきたい．一般にスカラーとされる個別の数値や文字列も，実際には長さが1のベクトルに他ならない．

あるオブジェクトについて，そのデータ構造を知るには str() を用いる．

str() は structure の短縮形であり，R のデータ構造について，人間にもわかりやすいように簡潔でまとまった情報を返す．

## クイズ：

以下のテストは本章を読む必要があるかどうかを判定する．答えがすぐに頭に浮かぶようであれば本章はとばしてもよい．答えは章末の解答を参照のこと．

1. ベクトルの特性を，その内容以外に3つ挙げよ．
2. アトミックベクトルにおいて，よく用いられる型を4つ，稀な型を2つ挙げよ．
3. 属性 (attribute) とは何か？ 属性情報はどのようにして取得し，どのように設定するか？
4. アトミックベクトルとリストの違いは何か4つ挙げよ．
5. 行列であるリストは存在するか？ 構成している列が行列であるデータフレームは存在するか？

## 本章の概要：

- 2.1 節「ベクトル」では R における 1 次元のデータ構造であるベクトル (atomic vector) およびリストについて触れる．
- 2.2 節「属性」では属性について少し詳しく説明する．R における属性は柔軟性の高いメタデータである．例として，因子 (factor) をとりあげる．因子はよく使われるデータ構造であり，ベクトルで属性を設定することで作られる．
- 2.3 節「行列および配列」では行列と配列について触れる．これらは 2 次元以上の高次元のデータを格納するデータ構造である．
- 2.4 節「データフレーム」ではデータフレームについて述べる．データフレームは R において最も重要なデータ構造であり，リストおよび行列の性質を併せ持ち，統計的データを扱うのに適したデータ構造となっている．

## 2.1 ベクトル

Rにおける最も基本的な構造がベクトルである．ここでいうベクトルには，アトミックベクトルとリストが含まれる．また以下に示す3つの性質を持つ．

- 型，`typeof`，そのオブジェクトが何かを示す．
- 長さ，`length`，そのオブジェクトが持つ要素数を示す．
- 属性，`attributes`，そのオブジェクトに付加された任意のメタ情報を示す．

アトミックベクトルとリストはその構成要素の型において相違点がある．アトミックベクトルは構成要素すべてが同じ型を持つ一方，リストは異なる型を許容する．

注意：`is.vector()` はそのオブジェクトがベクトルであるか否かを判定しない．その代わり，対象となるオブジェクトが名前以外の属性を持たない場合のみ TRUE を返す．ベクトルであるか否かを判定したい際は `is.atomic(x) || is.list(x)` を用いること．

### 2.1.1 アトミックベクトル

アトミックベクトルでよく使われる型に論理型 (logical)，整数型 (integer)，倍精度小数点型 (double)（数値型とも呼ばれる），文字型 (character) の4つがある．また稀に使われるものとして，複素数型 (complex)，バイト型 (raw) の2つがあるが，詳細は割愛する．

アトミックベクトルは `c()` によって生成することが多い．c は combine の短縮形である．

```
dbl_var <- c(1, 2.5, 4.5)

# Lをつけることでdouble型ではなく整数型が生成される
int_var <- c(1L, 6L, 10L)

# TRUE(T)もしくはFALSE(F)で論理型のベクトルが生成される
```

```
log_var <- c(TRUE, FALSE, T, F)

chr_var <- c("these are", "some strings")
```

アトミックベクトルはフラットな構造となっており，`c()`をネストにした場合でもネスト構造は保持されない．

```
c(1, c(2, c(3, 4)))
#> [1] 1 2 3 4

# これは以下と変わらない
c(1, 2, 3, 4)
#> [1] 1 2 3 4
```

欠損値は長さ1の論理型の値である`NA`として表現される．`NA`は`c()`の中で用いられると適切な型に変換されるが，`NA_real_`（倍精度小数点型のベクトル），`NA_integer_`，`NA_character_`のように型を指定して作成することも可能である．

#### 2.1.1.1 型とその判定

あるベクトルの型を調べるには`typeof()`を用いる．また，特定の型であるかどうかを判定する際は`is.character()`，`is.double()`，`is.integer()`，`is.logical()`，`is.atomic()`といった`is`関数群が使える．

```
int_var <- c(1L, 6L, 10L)
typeof(int_var)
#> [1] "integer"

is.integer(int_var)
#> [1] TRUE

is.atomic(int_var)
#> [1] TRUE

dbl_var <- c(1, 2.5, 4.5)
typeof(dbl_var)
#> [1] "double"

is.double(dbl_var)
#> [1] TRUE
```

```
is.atomic(dbl_var)
#> [1] TRUE
```

注意：is.numeric() は対象の値が数値であるかどうかを判定する汎用的な関数であり，整数型，倍精度小数点型のいずれにおいても TRUE を返す．倍精度小数点型は数値型 (numeric) と呼ばれることが多いが，is.numeric() は倍精度小数点型を判定する関数ではないことに注意してほしい．

```
is.numeric(int_var)
#> [1] TRUE

is.numeric(dbl_var)
#> [1] TRUE
```

#### 2.1.1.2 型変換

アトミックベクトルはその構成要素がすべて同一の型である必要がある．したがって，異なる型の要素を結合して1つのベクトルとする際，各要素は最も柔軟性の高い型に**型変換** (coerced) される．型を柔軟性の低い順に並べると，論理型，整数型，倍精度小数点型，文字型の順になる．

例えば，文字型と整数型を結合した場合，結合後のベクトルは文字型となる．

```
str(c("a", 1))
#>  chr [1:2] "a" "1"
```

論理型を整数型もしくは倍精度小数点型に変換すると，TRUE は 1 となり，FALSE は 0 となる．この性質は sum() および mean() と組み合わせると大変便利である．

```
x <- c(FALSE, FALSE, TRUE)
as.numeric(x)
#> [1] 0 0 1

# TRUE の数をカウント
sum(x)
#> [1] 1

# TRUE の割合を算出
mean(x)
```

```
#> [1] 0.3333333
```

多くの場合，型変換は関数適用時に自動的に行われる．多くの数学的関数群（+, log, abs など）は値を倍精度小数点型または整数型に変換し，多くの論理演算子 (logical operations) は論理型に変換して解釈する．型変換により情報が失われる場合は，警告メッセージが出力される．混乱を避けたい場合は，as.character(), as.double(), as.integer(), as.logical() といった関数を用いて明示的に変換するとよい．

### 2.1.2 リスト

リスト (list) はその構成要素として任意の型を指定できる点でアトミックベクトルと異なる．構成要素にはリスト自身も含まれていても構わない．リストを生成する際には c() ではなく list() を用いる．

```
x <- list(1:3, "a", c(TRUE, FALSE, TRUE), c(2.3, 5.9))
str(x)
#> List of 4
#>  $ : int [1:3] 1 2 3
#>  $ : chr "a"
#>  $ : logi [1:3] TRUE FALSE TRUE
#>  $ : num [1:2] 2.3 5.9
```

リストは**再帰的な**ベクトルと呼ばれることがある．これはリストはその構成要素にリストを含めることができるからである．これがアトミックベクトルとは根本的に異なる点である．

```
x <- list(list(list(list())))
str(x)
#> List of 1
#>  $ :List of 1
#>   ..$ :List of 1
#>   .. ..$ : list()

is.recursive(x)
#> [1] TRUE
```

c() は複数のリストを1つに結合する．アトミックベクトルとリストを組

み合わせた場合，c() はベクトルをリストに変換した上で結合する．以下に list() と c() をそれぞれ用いた結果を示す．

```
x <- list(list(1, 2), c(3, 4))
y <- c(list(1, 2), c(3, 4))
str(x)
#> List of 2
#>  $ :List of 2
#>   ..$ : num 1
#>   ..$ : num 2
#>  $ : num [1:2] 3 4

str(y)
#> List of 4
#>  $ : num 1
#>  $ : num 2
#>  $ : num 3
#>  $ : num 4
```

リストに対して typeof() を適用した場合，list という結果が返る．あるオブジェクトがリストかどうかを判定するには is.list() が使える．また，リストに変換したい場合は as.list() を用いる．リストをアトミックベクトルに変換する際は unlist() を使う．リストが異なる型の要素で構成されている場合，unlist() は c() と同じ変換ルールに従ってその構成要素を変換する．

リストはより複雑なデータ構造を構築するのに用いられる．例えば，データフレーム（2.4 節「データフレーム」で述べる）や，lm() によって作られる線形モデルオブジェクトの構成要素はいずれもリストである．

```
is.list(mtcars)
#> [1] TRUE

mod <- lm(mpg ~ wt, data = mtcars)
is.list(mod)
#> [1] TRUE
```

### 2.1.3 エクササイズ

1. アトミックベクトルの 6 つのデータ型を挙げよ．また，リストとアト

ミックベクトルの違いは何か？
2. is.vector() と is.numeric() が is.list() および is.character() と根本的に異なる点は何か？
3. 以下の例において c() が出力する結果を予想して，ベクトルの変換ルールの理解度を確認せよ．

```
c(1, FALSE)
c("a", 1)
c(list(1), "a")
c(TRUE, 1L)
```

4. なぜリストをアトミックベクトルに変換する際に unlist() を用いる必要があるか？ なぜ as.vector() では駄目なのか？
5. なぜ 1 == "1"や-1 < FALSE は TRUE となるのか？ 一方，"one" < 2 は FALSE となるのはなぜか？
6. なぜ欠損値の初期値は論理型なのか？ 論理型の特殊な点は何か（ヒント：c(FALSE, NA_character_) について考えてみるとよい）．

## 2.2 属性

すべてのオブジェクトは任意の属性 (attributes) を付与することができる．属性とはそのオブジェクトに関するメタデータである．属性は一意の名前をもつ名前付きリストと考えるとよい．個々の要素に対して属性を取得するには attr()，構成要素すべての属性をリストとして取得するには attributes() を用いる．

```
y <- 1:10
attr(y, "my_attribute") <- "This is a vector"
attr(y, "my_attribute")
#> [1] "This is a vector"

str(attributes(y))
#> List of 1
#>  $ my_attribute: chr "This is a vector"
```

structure() はオブジェクトの属性を変更し，新しいオブジェクトとして

返す.

```
structure(1:10, my_attribute = "This is a vector")
#>  [1]  1  2  3  4  5  6  7  8  9 10
#> attr(,"my_attribute")
#> [1] "This is a vector"
```

デフォルトではほとんどの属性はベクトルを変更した際に失われる.

```
attributes(y[1])
#> NULL

attributes(sum(y))
#> NULL
```

以下3つの重要な属性はベクトルを変更しても失われない.

- 名前：構成要素の名前を示す文字型のベクトルである．下記「ベクトルの名前」で述べる．
- 次元：ベクトルを行列ないし配列に変更する際に使われる．2.3節「行列および配列」で述べる．
- クラス：S3オブジェクトシステム (the S3 object system) を実装する際に用いる．7.2節「S3」で述べる．

以上の属性情報を取得もしくは設定する際は専用のアクセス関数を用いる．例えば`attr(x, "names")`, `attr(x, "dim")`, `attr(x, "class")` ではなく，`names(x)`, `dim(x)`, `class(x)` を使う．

### 2.2.0.1 ベクトルの名前

ベクトルに名前をつけるには以下の3つの方法がある．

- ベクトル生成時に名前をつける: `x <- c(a = 1, b = 2, c = 3)`
- 既存のベクトルに名前をつける: `x <- 1:3; names(x) <- c("a", "b", "c")`
- ベクトルの変更済みコピー (modified copy) を生成する: `x <- setNames(1:3, c("a", "b", "c"))`.

名前は一意である必要はない．しかし，名前をつける用途としては 3.4.1 項「ルックアップテーブル」で述べているように，文字列の一部を取り出すというケースが最も多いため，一意な名前をつけておくと便利である．

すべての構成要素が名前を持つ必要はない．いくつかの構成要素において名前がない場合，`names()` はその要素については空の文字列を返す．すべての構成要素に名前がない場合は `names()` は `NULL` を返す．

```
y <- c(a = 1, 2, 3)
names(y)
#> [1] "a" "" ""

z <- c(1, 2, 3)
names(z)
#> NULL
```

名前付きのベクトルから名前をつけていないベクトルを新しく作る場合は `unname(x)` を用いるか，`names(x) <- NULL` で名前を消去する．

### 2.2.1 因子

属性の用途として最も重要なものに因子 (factor) の定義が挙げられる．因子とは，あらかじめ定義された値を格納するベクトルでありカテゴリカルデータを格納する際に用いられる．因子は 2 つの属性，`class` と `levels` で構成され，`class()` と `levels()` で設定されている値を確認，指定できる．前者には因子が設定され，これにより通常の整数型ベクトルとは異なる挙動を示すようになる．また後者は許容される値の集合を定義する．

```
x <- factor(c("a", "b", "b", "a"))
x
#> [1] a b b a
#> Levels: a b

class(x)
#> [1] "factor"

levels(x)
#> [1] "a" "b"

# 水準に含まれない値を用いることはできない
```

```
x[2] <- "c"
#> Warning in `[<-.factor`(`*tmp*`, 2, value = "c"): invalid factor level, NA
#> generated
x
#> [1] a    <NA> b    a
#> Levels: a b

# 注意: 因子同士を結合することはできない
c(factor("a"), factor("b"))
#> [1] 1 1
```

因子は変数のとりうる値がわかっている際には有用である．これはデータセットの中にとりうるすべての値が含まれていない場合にもいえる．例えば以下のように，因子を文字型ベクトルの代わりに用いることで，観測値に含まれていない水準が明確になる．

```
sex_char <- c("m", "m", "m")
sex_factor <- factor(sex_char, levels = c("m", "f"))

table(sex_char)
#> sex_char
#> m
#> 3

table(sex_factor)
#> sex_factor
#> m f
#> 3 0
```

データフレームをファイルから読み込んだ際，一部の列において，数値型のベクトルを期待していたのに因子になっている場合がある．これはその列に数値型ではない値が含まれていたからである．よくある例としては欠損値を．や-といった値で入力しているというものが挙げられる．対策としては因子を文字型ベクトルに変換した上でさらに倍精度小数点型に変換するという方法がある（この方法を適用した際には欠損値をチェックしておくこと）．もちろんこのような場当たり的な方法ではなく，原因を確認して解決する方法が望ましいことは言うまでもない．欠損値を指定する文字列が把握できた場合は，read.csv()の引数であるna.stringsで対象となる文字列を指定す

るとよい．

```
# ここではファイルの代わりにテキストを読みこんでいる
z <- read.csv(text = "value\n12\n1\n.\n9")
typeof(z$value)
#> [1] "integer"

as.double(z$value)
#> [1] 3 2 1 4

# 3 2 1 4 は因子のレベルであり，今回読み込みたい値とは異なる
class(z$value)
#> [1] "factor"

# 修正する
as.double(as.character(z$value))
#> Warning: 強制変換により NA が生成されました
#> [1] 12  1 NA  9

# もしくは読み込み方を変更する
z <- read.csv(text = "value\n12\n1\n.\n9", na.strings=".")
typeof(z$value)
#> [1] "integer"

class(z$value)
#> [1] "integer"

z$value
#> [1] 12  1 NA  9

# これで完璧
```

　残念なことにRのデータ読み込み関数群の多くは文字型ベクトルを自動的に因子に変換してしまう．これは最善の方法とは言いがたい．なぜなら，これらの関数にはデータの水準の集合や順序を識別する方法がないからである．むしろデータ読み込み関数群の引数に stringsAsFactors = FALSE を指定し，因子に自動的に変換されないようにするべきだ．その上で，ユーザがデータに関する知識（水準の集合や順序など）を用いて文字型ベクトルから因子にあらためて変換した方がよい．グローバルオプションで options(stringsAsFactors = FALSE) を使う手もあるが，筆者は勧めない．グローバルオプションの変更は，外部パッケージや source() によって読み

込まれた他のコードに予期しない結果を招くことがあるからである．またグローバルオプションの指定は1行のコードの挙動を理解するのに，より多くのコードを読まざるえなくなるからだ．

　因子は挙動を含め，文字型ベクトルと似ているが，その実態は整数値である．したがって文字列として扱う際には注意してほしい．gsub()やgrepl()といった文字列を扱う関数の一部は因子を文字列に自動的に変換してくれるが，nchar()などの関数はエラーを返す．c()のように整数値として扱う関数もある．以上の理由から，因子を文字列として扱いたい場合は，明示的に因子から文字型ベクトルに変換するのがベストである．なお，Rの初期バージョンでは因子は文字型ベクトルに比べてメモリの消費量が少ないという利点があったが，現在はそのような差はなくなっている．

### 2.2.2　エクササイズ

1. structure()の実行例を1つ示そう．

    ```
    structure(1:5, comment = "my attribute")
    #> [1] 1 2 3 4 5
    ```

    しかしこのオブジェクトをprintすると，このオブジェクトの属性（コメント）は表示されない．これはなぜか？　属性が失われた，もしくは何か特殊な事情があるのだろうか？（ヒント：comment()のヘルプ参照）

2. 以下のように因子のレベルを変更すると何が起きるだろうか？

    ```
    f1 <- factor(letters)
    levels(f1) <- rev(levels(f1))
    ```

3. 以下のコードの結果はどうなるだろうか？　f2およびf3とf1の違いは何だろうか？

    ```
    f2 <- rev(factor(letters))
    f3 <- factor(letters, levels = rev(letters))
    ```

## 2.3　行列および配列

　アトミックベクトルにdim属性を加えることで多次元配列(array)として

操作できる．配列の特殊な形式が，次元数が 2 の行列 (matrix) である．行列は統計学の数学処理で欠かせない要素である．なお，行列に比べて配列を用いることは稀だが，知っておいて損はない．

行列および配列は matrix(), array() を用いるか，dim() を用いて属性を設定することで生成できる．

```
# 下記は次元（行および列）を個別に 2 つのスカラーで指定している
a <- matrix(1:6, ncol = 3, nrow = 2)

# 下記は次元を 1 つのベクトルで一度に指定している
b <- array(1:12, c(2, 3, 2))

# dim() を用いることでオブジェクトを変換できる
c <- 1:6
dim(c) <- c(3, 2)
c
#>      [,1] [,2]
#> [1,]    1    4
#> [2,]    2    5
#> [3,]    3    6

dim(c) <- c(2, 3)
c
#>      [,1] [,2] [,3]
#> [1,]    1    3    5
#> [2,]    2    4    6
```

length() および names() はそれぞれ高次元で同じ役割をもつ関数が用意されている．

- length() の高次元版として，行列には nrow() と ncol()，配列には dim() が用意されている．
- names() の高次元版として行列には rownames() と colnames()，配列には dimnames() が用意されている．dimnames() は文字型ベクトルのリストである．

```
length(a)
#> [1] 6
```

```
nrow(a)
#> [1] 2

ncol(a)
#> [1] 3

rownames(a) <- c("A", "B")
colnames(a) <- c("a", "b", "c")
a
#>   a b c
#> A 1 3 5
#> B 2 4 6

length(b)
#> [1] 12

dim(b)
#> [1] 2 3 2

dimnames(b) <- list(c("one", "two"), c("a", "b", "c"), c("A", "B"))
b
#> , , A
#>
#>     a b c
#> one 1 3 5
#> two 2 4 6
#>
#> , , B
#>
#>     a  b  c
#> one 7  9 11
#> two 8 10 12
```

　c() を高次元に対応させたものとして，行列には cbind() と rbind()，配列には abind()（ただしこれは **abind** パッケージが必要）がある．行列の転置には t() が用いられる．配列に関してこれと同等の役割をもつ関数としては aperm() がある．

　オブジェクトが行列か配列か判定するには is.matrix()，is.array() を用いるか，dim() によって次元数を確認するとよい．また，既存のベクトルを行列および配列に変換するには as.matrix()，as.array() を用いるのが簡単

である．

　ベクトルのみが1次元のデータ構造ではない．1つの行（または列）のみをもつ行列や，1次元の配列を生成することは可能である．これらは外観が同一だが，異なる挙動を示す．その違いはそこまで重要なものではないが，関数の出力に差異が出ることは知っておくと有用だろう（tapply()の出力において困ることが多い）．str()を用いることでベクトル，行列，配列は見分けることができる．

```
str(1:3)                  # 1次元のベクトル 1d vector
#>  int [1:3] 1 2 3

str(matrix(1:3, ncol = 1)) # 行列の列ベクトル column vector
#>  int [1:3, 1] 1 2 3

str(matrix(1:3, nrow = 1)) # 行列の行ベクトル row vector
#>  int [1, 1:3] 1 2 3

str(array(1:3, 3))        # 配列 "array" vector
#>  int [1:3(1d)] 1 2 3
```

　アトミックベクトルから行列への変換はよく利用されるが，下記例のように次元属性をリストに付与することでリスト－行列や，リスト－配列を作ることができる．

```
l <- list(1:3, "a", TRUE, 1.0)
dim(l) <- c(2, 2)
l
#>      [,1]       [,2]
#> [1,] Integer,3  TRUE
#> [2,] "a"        1
```

　リスト－行列やリスト－配列はあまり使われないが，オブジェクトをグリッド状の構造に構成したいときは有用である．例えば，空間－時間グリッドの上でモデルを走らせる際，3次元配列にモデルを格納したグリッド構造を用いるのが自然だろう．

### 2.3.1　エクササイズ

1. dim()をベクトルに適用した場合，どのような結果が返ってくるか？

2. `is.matrix(x)` が `TRUE` だった場合，`is.array(x)` はどのような結果となるか？
3. 以下の3つのオブジェクトはどのように説明されるか？ `1:5` との違いは何か？

```
x1 <- array(1:5, c(1, 1, 5))
x2 <- array(1:5, c(1, 5, 1))
x3 <- array(1:5, c(5, 1, 1))
```

## 2.4 データフレーム

データフレームはRにおいてデータを格納するもっとも標準的な方法である．またシステマティックに用いる[1]ことで，データ分析がより楽になる．データフレームは長さが同一のベクトルのリストである．したがって，データフレームは2次元のデータ構造であり，行列とリストの両方の性質を併せ持っている．これはデータフレームは `names()`, `colnames()`, `rownames()` に対応していることを意味する．ただしデータフレームにおいては `names()` と `colnames()` は同じものを指している．データフレームの `length()` はデータフレームを構成するリストの長さ，つまり `ncol()` と同一のものを指す．`nrow()` は行数を表示する．

第3章「データ抽出」で後述するが，データフレームの一部を1次元のデータ構造（この場合リストと同じである）や，2次元のデータ構造（この場合は行列と変わらない）として取り出すことができる．

### 2.4.1 データフレームの生成

`data.frame()` を用いることでデータフレームを生成できる．この場合の入力としては名前付きのベクトルを用いる．

```
df <- data.frame(x = 1:3, y = c("a", "b", "c"))
str(df)
#> 'data.frame':   3 obs. of  2 variables:
#>  $ x: int  1 2 3
```

---

[1] システマティックに用いる例は http://vita.had.co.nz/papers/tidy-data.pdf を参照．

```
#>  $ y: Factor w/ 3 levels "a","b","c": 1 2 3
```

data.frame() はデフォルトでは文字列を因子に変換してしまうことに注意してほしい．この挙動を抑制するには引数に stringsAsFactors = FALSE を指定する．

```
df <- data.frame(
  x = 1:3,
  y = c("a", "b", "c"),
  stringsAsFactors = FALSE)
str(df)
#> 'data.frame':    3 obs. of  2 variables:
#>  $ x: int  1 2 3
#>  $ y: chr  "a" "b" "c"
```

### 2.4.2 データフレームの判定および変換

data.frame() は S3 クラスなので，その型には構成要素が反映されており，リストとして判定される．オブジェクトがデータフレームであるか否かを判定するには，class() か，あるいは明示的に is.data.frame() を用いる．

```
typeof(df)
#> [1] "list"

class(df)
#> [1] "data.frame"

is.data.frame(df)
#> [1] TRUE
```

as.data.frame() を用いることでオブジェクトをデータフレームに変換できる．

- ベクトルを変換した場合，1 列のデータフレームとなる．
- リストを変換した場合，各構成要素が列を構成するデータフレームとなる．長さが異なるリストで構成されている場合はエラーとなる．
- 行列を変換した場合，行数，列数が同じデータフレームが生成される．

### 2.4.3 データフレームの結合

データフレームを結合するには cbind() および rbind() を用いる.

```
cbind(df, data.frame(z = 3:1))
#>   x y z
#> 1 1 a 3
#> 2 2 b 2
#> 3 3 c 1

rbind(df, data.frame(x = 10, y = "z"))
#>   x y
#> 1 1 a
#> 2 2 b
#> 3 3 c
#> 4 10 z
```

列方向に結合する場合は，結合するデータフレーム間で行数が一致している必要があり，行の名前は無視される．行方向に結合する場合は列の数と列の名前が一致している必要がある．なお，plyr::rbind.fill() を用いると，列が一致していなくても結合できる．

ベクトルを cbind() で結合してデータフレームを生成しようとするのは，よくある間違いだ．これは意図通りにはならない．なぜなら cbind() は適用する要素の少なくとも1つがデータフレームでない限り行列を生成するからである．代わりに data.frame() を用いるべきである．

```
bad <- data.frame(cbind(a = 1:2, b = c("a", "b")))
str(bad)
#> 'data.frame':    2 obs. of  2 variables:
#>  $ a: Factor w/ 2 levels "1","2": 1 2
#>  $ b: Factor w/ 2 levels "a","b": 1 2

good <- data.frame(a = 1:2, b = c("a", "b"),
  stringsAsFactors = FALSE)
str(good)
#> 'data.frame':    2 obs. of  2 variables:
#>  $ a: int  1 2
#>  $ b: chr  "a" "b"
```

cbind() の変換ルールは複雑でありすべての入力データが同一の型である

とき以外は避けた方がよい．

### 2.4.4 特殊な列

データフレームはベクトルのリストであるため，データフレームはリストを列にすることができる．

```
df <- data.frame(x = 1:3)
df$y <- list(1:2, 1:3, 1:4)
df
#>   x       y
#> 1 1    1, 2
#> 2 2 1, 2, 3
#> 3 3 1, 2, 3, 4
```

だが，リストを data.frame() に入れると，リストの各構成要素を列とするデータフレームを生成しようとしてエラーになる．

```
data.frame(x = 1:3, y = list(1:2, 1:3, 1:4))
#> Error in data.frame(1:2, 1:3, 1:4, check.names = FALSE, stringsAsFactors
#>   = TRUE): arguments imply differing number of rows: 2, 3, 4
```

これを防ぐには I() を用いる．これにより，data.frame() は指定したリストを1つの構成要素として扱ってくれる．

```
dfl <- data.frame(x = 1:3, y = I(list(1:2, 1:3, 1:4)))
str(dfl)
#> 'data.frame':   3 obs. of  2 variables:
#>  $ x: int  1 2 3
#>  $ y:List of 3
#>   ..$ : int  1 2
#>   ..$ : int  1 2 3
#>   ..$ : int  1 2 3 4
#>   ..- attr(*, "class")= chr "AsIs"

dfl[2, "y"]
#> [[1]]
#> [1] 1 2 3
```

I() は入力に AsIs クラスを付与するのだが，通常，関数を適用する際などは無視されるので，問題とはならない．

行数さえ一致していれば，リストと同様に，各列が行列もしくは配列であるデータフレームを生成することも可能である．

```
dfm <- data.frame(x = 1:3, y = I(matrix(1:9, nrow = 3)))
str(dfm)
#> 'data.frame':   3 obs. of  2 variables:
#>  $ x: int  1 2 3
#>  $ y: 'AsIs' int [1:3, 1:3] 1 2 3 4 5 6 7 8 9

dfm[2, "y"]
#>      [,1] [,2] [,3]
#> [1,]    2    5    8
```

リストおよび配列によって構成される列をあえて利用する際には注意が必要である．データフレームに適用できる関数の多くは列がアトミックベクトルであることを前提にしているからである．

### 2.4.5 エクササイズ

1. データフレームの属性を挙げよ．
2. 列の型がそれぞれ異なるデータフレームを as.matrix() を使って変換するとどうなるか？
3. 行数 0 のデータフレームを生成できるか？ 列数が 0 の場合は？

## 2.5 クイズの解答

1. ベクトルの 3 つのプロパティ (property) とは型，長さ，属性である．
2. よく使われるアトミックベクトルの 4 つの型は論理型，整数型，倍精度小数点型（数値型と呼ばれることもある），文字型である．稀に使われる 2 つの型は複素数型，バイト型である．
3. 属性によってオブジェクトに対してメタデータを付与することができる．属性の取得および付与はそれぞれ attr(x, "y")，attr(x, "y") <- value で可能である．一度に取得ないし付与したい場合は attributes() を用いる．
4. リストの構成要素としてはリストを含めてどんな型も許容される．アト

ミックベクトルはその構成要素がすべて同一の型でなければならない．行列も同様である．データフレームは列単位で異なる型が許容される．
5. リストに次元を付与することで"リスト–配列"を生成することができる．df$x <- matrix() とすることでデータフレームの列に行列を格納することも可能である．行列を列要素とするデータフレームを新しく生成する場合は I() を用いて data.frame(x = I(matrix())) とする．

# 3

# データ抽出

Rのデータ抽出演算子はパワフルで高速である．いったんデータ抽出をマスターすると，他のプログラミング言語にはない簡潔な方法でより複雑なデータ操作ができるようになる．ただし，データ抽出は以下に示すような概念を知っておく必要があるため，決して簡単な技法ではない．

- 3つのデータ抽出演算子
- 6つのデータ抽出方法
- ベクトル，リスト，因子，行列，データフレームといった異なるオブジェクトに適用した場合の挙動の違い
- データ抽出と付値（assignment，代入とも表現される）との組み合わせ

なお，これらの概念は相互に深く関連している．

本章は，まずアトミックベクトルから [ 演算子によってデータ抽出を行う簡単な事例から始め，読者がデータ抽出をマスターする手助けを行う．そして少しずつ知識の幅を広げていく．ベクトルの次は，配列やリストといったより複雑なデータ構造を対象とし，さらに [[ や $ といった他のデータ抽出演算子の説明に移る．読者は，データ抽出と付値を組み合わせることで，オブジェクトの一部を変更できることを学ぶだろう．最後に多くの応用例を示しておこう．

データ抽出は str() と対応している．str() はオブジェクトの構造を示す操作である一方，データ抽出はデータにおいて興味のある一部分を取り出してくるという操作であるからである．

クイズ：

以下のテストは本章を読む必要があるかどうかを判定するテストである．

第3章　データ抽出

答えがすぐに頭に浮かぶようであれば本章はとばしてもよい．答えは章末の解答を参照のこと．

1. ベクトルから以下の条件でデータ抽出を行ったときの結果はどうなるか？　条件：正の整数，負の整数，論理値，文字列
2. [, [[, $をそれぞれリストに適用した際の違いは何か？
3. drop = FALSE を使うのはどのような場合か？
4. x が行列の場合，x[] <- 0 の結果はどうなるか？　x <- 0 との違いは何か？
5. カテゴリカル変数のラベルを付け直す際，名前付きベクトルをどのように使うとよいか？

**本章の概要：**

- 3.1節「データ抽出の型」では [ の使い方から始める．アトミックベクトルからデータ抽出する際に用いる6つのデータ型を学んだ上で，それらがリスト，行列，データフレーム，S3オブジェクトを対象に部分抽出を行う場合の挙動を習得する．
- 3.2節「データ抽出演算子」では，続けて [[ および $ といったデータ抽出演算子について知識を広げる．特にデータ抽出における簡易化 (simplifying) と構造維持 (preserving) の違いに焦点を当てる．
- 3.3節「データ抽出と付値」では，データ抽出と付値を組み合わせたオブジェクトの変更方法について学ぶ．
- 3.4節「応用例」では，データ分析で頻出する問題に対応するための8つの重要な，しかしあまり知られていない応用例を学ぶ．

## 3.1　データ抽出の型

　データ抽出について学ぶには，アトミックベクトルに対するデータ抽出の仕組みについて知った上で，行列やリストといったより高次元のデータ構造やさらに複雑なオブジェクトに対して一般化していくのが最も簡単な方法である．本項では頻用される [ 演算子の説明から始める．なお，[[ および $ に

ついては次節「データ抽出演算子」で説明する．

### 3.1.1 アトミックベクトルからのデータ抽出

以下のシンプルなベクトル x からのデータ抽出について，どのようなタイプがあるか検討してみよう．

```
x <- c(2.1, 4.2, 3.3, 5.4)
```

ここで小数点の後につけている数字はベクトルの元の位置を示していることを覚えておいてほしい（2.1 であれば小数点後の 1 がベクトルの 1 番目であることを示している）．ベクトルからデータ抽出する際に使う 5 つの方法をここに示す．

1. **正の整数による指定**はその値で指定した位置の要素を返す:

```
x[c(3, 1)]
#> [1] 3.3 2.1

x[order(x)]
#> [1] 2.1 3.3 4.2 5.4

# 重複した添字は値を重複して呼び出す
x[c(1, 1)]
#> [1] 2.1 2.1

# 実数は警告なく整数に丸められる
x[c(2.1, 2.9)]
#> [1] 4.2 4.2
```

2. **負の整数による指定**は指定した位置以外の値を返す:

```
x[-c(3, 1)]
#> [1] 4.2 5.4
```

なお，同一のデータ抽出操作内で正と負を混ぜた形での指定はできない．

```
x[c(-1, 2)]
#> Error in x[c(-1, 2)]:  負の添字と混在できるのは 0 という添字だけです
```

3. **論理値による指定** は TRUE が対応する位置にある要素が抽出される．これはデータ抽出の方法の中で最も有用である．なぜなら以下の例のような

形で論理型のベクトルを生成するような式を書きさえすればデータ抽出が可能になるからである．

```
x[c(TRUE, TRUE, FALSE, FALSE)]
#> [1] 2.1 4.2

x[x > 3]
#> [1] 4.2 3.3 5.4
```

もし指定する論理型のベクトルがデータ抽出しようとする対象のベクトルより短い場合は同じ長さになるようにリサイクル処理がかけられる．

```
x[c(TRUE, FALSE)]
#> [1] 2.1 3.3

# 下記と同じ意味を表す
x[c(TRUE, FALSE, TRUE, FALSE)]
#> [1] 2.1 3.3
```

添字において欠損値(NA)を用いると出力結果にも欠損値が生じる．

```
x[c(TRUE, TRUE, NA, FALSE)]
#> [1] 2.1 4.2  NA
```

4. 何も指定しない場合は元のベクトルを返す．これはベクトルでは役に立たないが，行列やデータフレーム，配列に適用する場合には非常に有用なものとなる．また付値と組み合わせても便利な方法である．

```
x[]
#> [1] 2.1 4.2 3.3 5.4
```

5. 0による指定は長さ0のベクトルを返す．この方法をわざわざ使うことは少ないが，テストデータを生成する際は有用である．

```
x[0]
#> numeric(0)
```

もしベクトルに名前が付与されていれば，先の5つに加えて以下の指定も使える：

6. 文字列ベクトルによる指定は名前が一致する要素を返す．

```
(y <- setNames(x, letters[1:4]))
#>   a   b   c   d
#> 2.1 4.2 3.3 5.4

y[c("d", "c", "a")]
#>   d   c   a
#> 5.4 3.3 2.1

# 整数添字による指定と同様に，同じ添字を繰り返して用いることもできる
y[c("a", "a", "a")]
#>   a   a   a
#> 2.1 2.1 2.1

# [を用いてデータ抽出する際は，名前が正確に一致している必要がある
z <- c(abc = 1, def = 2)
z[c("a", "d")]
#> <NA> <NA>
#>   NA   NA
```

### 3.1.2 リストからのデータ抽出

リストからデータを抽出する方法はアトミックベクトルの場合と変わらない．後ほど詳しく説明するが，[ はリストを返す一方，[[や$はそのリストの構成要素の形で結果を返す．

### 3.1.3 行列や配列からのデータ抽出

行列や配列といった高次元のデータ構造については以下の3つの方法でデータ抽出を行える．

- 複数のベクトルによる指定
- 単数のベクトルによる指定
- 行列による指定

行列（2次元），配列（2次元以上）を対象とする場合でも，アトミックベクトル（1次元）の場合を単純に応用した方法がもっとも使われている．つまり，1次元の添字を各次元に対してカンマで区切って指定する．空白による指定がここでは重要になってくる．なぜなら空白による指定は，すべての

行または列を返すからである．

```
a <- matrix(1:9, nrow = 3)
colnames(a) <- c("A", "B", "C")
a[1:2, ]
#>      A B C
#> [1,] 1 4 7
#> [2,] 2 5 8

a[c(T, F, T), c("B", "A")]
#>      B A
#> [1,] 4 1
#> [2,] 6 3

a[0, -2]
#>      A C
```

デフォルトでは [ は結果をできるだけ低い次元のオブジェクトにまで単純化して返す．これを避ける方法については3.2.1項「データ抽出における簡易形式と構造保存形式の違い」を参照してほしい．

行列や配列は特殊な属性を追加されたベクトルとして実装されているため，単独のベクトルを用いてデータ抽出を行うことができる．この場合，ベクトルからのデータ抽出と同じである．なお，Rにおける配列は列指向の順序で格納されている．

```
(vals <- outer(1:5, 1:5, FUN = "paste", sep = ","))
#>      [,1]  [,2]  [,3]  [,4]  [,5]
#> [1,] "1,1" "1,2" "1,3" "1,4" "1,5"
#> [2,] "2,1" "2,2" "2,3" "2,4" "2,5"
#> [3,] "3,1" "3,2" "3,3" "3,4" "3,5"
#> [4,] "4,1" "4,2" "4,3" "4,4" "4,5"
#> [5,] "5,1" "5,2" "5,3" "5,4" "5,5"

vals[c(4, 15)]
#> [1] "4,1" "5,3"
```

高次元のデータ構造に対して，整数値の行列（名前付きの行列であるなら文字列行列）でもってデータ抽出を行うこともできる．データ抽出に用いる行列の各行は値の位置を示しており，各列はデータ抽出を適用する次元に対応している．これは行列からのデータ抽出においては2列の行列を用い，3

次元の配列に対しては3列の行列を使い，$n$ 次元の配列に対しては $n$ 列の行列をあてることを意味する．結果はベクトルの形で返ってくる．

```
vals <- outer(1:5, 1:5, FUN = "paste", sep = ",")
select <- matrix(ncol = 2, byrow = TRUE, c(
  1, 1,
  3, 1,
  2, 4
))
vals[select]
#> [1] "1,1" "3,1" "2,4"
```

### 3.1.4 データフレームからのデータ抽出

データフレームはリストと行列双方の特性を併せ持つ．単独のベクトルでデータ抽出を行うのであれば，リストの場合と変わらない．ベクトルを2つ用いる場合は行列に対する操作と同じになる．

```
df <- data.frame(x = 1:3, y = 3:1, z = letters[1:3])

df[df$x == 2, ]
#>   x y z
#> 2 2 2 b

df[c(1, 3), ]
#>   x y z
#> 1 1 3 a
#> 3 3 1 c

# データフレームから列を指定して抽出するには2つの方法がある
# リストと同様の方法
df[c("x", "z")]
#>   x z
#> 1 1 a
#> 2 2 b
#> 3 3 c

# 行列と同様の方法
df[, c("x", "z")]
#>   x z
#> 1 1 a
```

```
#> 2 2 b
#> 3 3 c
```

```
# 一列のみを抽出する際，リストと同様の方法ではデータフレームの構造を維持した結果が返るが
# 行列と同様の方法では構成要素 (ここではベクトル) を返す，という大きな違いがある
str(df["x"]) # リストと同様の方法
#> 'data.frame':	3 obs. of  1 variable:
#>  $ x: int  1 2 3
str(df[, "x"]) # 行列と同様の方法
#>  int [1:3] 1 2 3
```

### 3.1.5 S3オブジェクトからのデータ抽出

S3オブジェクトはアトミックベクトル，配列，リストで構成されている．したがって，これまで解説してきた方法や str() の出力にもとづいて，S3オブジェクトを分解することができる．

### 3.1.6 S4オブジェクトからのデータ抽出

ここまで紹介した以外にもさらに2つの抽出演算子があり，これらはS4オブジェクトの操作に必要となる．$ と同様の働きをもつ @ と，[[ と同様の働きをもつ slot() だ．@は指定したスロットが存在しない場合エラーを返すという点で $ に比べると制約が強い．これらの演算子については7.3節「S4」で詳しく述べる．

### 3.1.7 エクササイズ

1. データフレームからデータ抽出する際よく見られる下記のエラーを修正せよ．

   ```
   mtcars[mtcars$cyl = 4, ]
   mtcars[-1:4, ]
   mtcars[mtcars$cyl <= 5]
   mtcars[mtcars$cyl == 4 | 6, ]
   ```

   なぜ x <- 1:5; x[NA] の結果は5つの欠損値 (NA) となるのか？（ヒン

ト：x[NA_real_] との違いを考える）

2. upper.tri() はどのような結果を返すか？ この関数を使って行列からデータを抽出するとどうなるか？ この挙動を説明するために追加のデータ抽出ルールが必要か？

```
x <- outer(1:5, 1:5, FUN = "*")
x[upper.tri(x)]
```

3. なぜ mtcars[1:20] はエラーを返すのか？ mtcars[1:20, ] との違いは何か？
4. 行列の対角要素を取り出す関数を定義せよ（行列 x に diag(x) を適用する場合と同じ結果を返すこと）．
5. df[is.na(df)] <- 0 の結果はどうなるか？ どのような仕組みなのか？

## 3.2 データ抽出演算子

データ抽出演算子には [ の他に [[ と $ の 2 つがある．[[ は [ と似ているが，1 つの値しか返さない，そしてリストから値を抽出して構成要素のデータ構造として結果を返す，という点で異なる．$ は文字列を用いた [[ の有用な略記法である．

リストからデータ抽出を行う場合は [[ を用いる必要がある．なぜなら [ はリストの形で結果を返し，リストに含まれるデータ構造を返すわけではないからである．リストに含まれるデータ構造の形式で結果を得たい場合は [[ を用いる必要がある．

> 「リスト x を列車に例えるなら x[[5]] は 5 つ目の車両の客を，x[4:6] は 4–6 番目の車両を示している．」— @RLangTip

[[ は 1 つのベクトルしか返さないため，1 つの正の整数値もしくは文字列を用いる必要がある．

```
a <- list(a = 1, b = 2)
a[[1]]
#> [1] 1
```

```
a[["a"]]
#> [1] 1
# ベクトルを指定した場合，再帰的に用いられる
b <- list(a = list(b = list(c = list(d = 1))))
b[[c("a", "b", "c", "d")]]
#> [1] 1
# 以下も同様
b[["a"]][["b"]][["c"]][["d"]]
#> [1] 1
```

データフレームは列方向に並んだリストであるため，データフレームから列単位でデータ抽出する際，`mtcars[[1]]`, `mtcars[["cyl"]]` のように `[[` を用いることができる．

S3 および S4 オブジェクトでは `[`, `[[` はオーバーライドされており，オブジェクトの型によって異なる挙動を示す．重要な違いは，簡易形式か構造保存形式のどちらを返すのか，またデフォルトはどちらなのかである．

## 3.2.1 データ抽出における簡易形式と構造保存形式の違い

データ抽出における簡易形式 (simplified) と構造保存形式 (preserved) の違いを理解しておくことは重要である．簡易形式はその出力結果を最もシンプルな形で表現できるデータ型に変えて結果を返す．これはユーザが必要とする形式で結果が得られるため，対話的に R を使っている際には便利である．構造保存形式は，入力と同じデータ型で結果を返すため，バッチ処理などのプログラミング処理で役に立つ．たとえば行列やデータフレームからデータ抽出を行う際，`drop = FALSE` の指定を忘れるなどして，エラーが引き起こされることがよくある．テストケースでは動作するが，実際の運用においては 1 列しかないデータフレームが入力されることもあり，その結果，一見すると原因のわからないエラーにみまわれることもあるのだ．

残念ながら，簡易形式と構造保存形式の切り替えは以下の表にあるようにデータ型によって異なる．

## 3.2 データ抽出演算子

|  | 簡易形式 | 構造保存形式 |
|---|---|---|
| ベクトル (Vector) | x[[1]] | x[1] |
| リスト (List) | x[[1]] | x[1] |
| 因子 (Factor) | x[1:4, drop = T] | x[1:4] |
| 配列 (Array) | x[1, ] or x[, 1] | x[1, , drop = F] or x[, 1, drop = F] |
| データフレーム (Data frame) | x[, 1] or x[[1]] | x[, 1, drop = F] or x[1] |

構造保存形式でのデータ抽出の結果はすべてのデータ型で同一である，つまり入力と同じ型の出力が得られる．簡易形式でのデータ抽出では，以下に示すように入力されたデータ型ごとに異なる．

アトミックベクトルの場合：名前が除かれた形で返す．

```
x <- c(a = 1, b = 2)
x[1]
#> a
#> 1

x[[1]]
#> [1] 1
```

リストの場合：リストではなくリストに格納されているオブジェクトのデータ構造で返す．

```
y <- list(a = 1, b = 2)
str(y[1])
#> List of 1
#>  $ a: num 1

str(y[[1]])
#>  num 1
```

因子の場合：使われていない水準を削除して返す．

```
z <- factor(c("a", "b"))
z[1]
#> [1] a
#> Levels: a b

z[1, drop = TRUE]
```

```
#> [1] a
#> Levels: a
```

**行列または配列の場合**：いずれかの次元において長さが1になる場合その次元は削除した形で結果が返される.

```
a <- matrix(1:4, nrow = 2)
a[1, , drop = FALSE]
#>      [,1] [,2]
#> [1,]    1    3

a[1, ]
#> [1] 1 3
```

**データフレームの場合**：結果が1列になる場合，データフレームの代わりにベクトルを返す.

```
df <- data.frame(a = 1:2, b = 1:2)
str(df[1])
#> 'data.frame':   2 obs. of  1 variable:
#>  $ a: int  1 2

str(df[[1]])
#>  int [1:2] 1 2

str(df[, "a", drop = FALSE])
#> 'data.frame':   2 obs. of  1 variable:
#>  $ a: int  1 2

str(df[, "a"])
#>  int [1:2] 1 2
```

## 3.2.2  $演算子

$は別の演算子のショートカットであり，x$yは実際にはx[["y", exact = FALSE]]となる．これは，mtcars$cylやdiamonds$caratのようにデータフレーム内で変数にアクセスする際によく使われる．

よくある間違いに，アクセスしたい列名を変数に入れて$変数という形でアクセスするケースがある．

```
var <- "cyl"
```

```
# これは機能しない. なぜなら mtcars$var は mtcars[["var"]] と解釈されるから
である.
mtcars$var
#> NULL

# この場合 $ の代わりに [[ を用いる
mtcars[[var]]
#>  [1] 6 6 4 6 8 6 8 4 4 6 6 8 8 8 8 8 8 4 4 4 4 8 8 8 8 4 4 4 8 6 8 4
```

$ と [[ の重要な違いとして，$ では名前の部分一致が使える．

```
x <- list(abc = 1)
x$a
#> [1] 1

x[["a"]]
#> NULL
```

もし部分一致を許したくない場合は，（options() を用いるなどして）グローバルオプションに warnPartialMatchDollar = TRUE を設定すればよい．ただし外部パッケージなどからロードした他のコードにも影響を及ぼすので注意して使うこと．

### 3.2.3 欠損/範囲外の添字

[ および [[ は添字がデータ範囲を超えた際の挙動が若干異なる．以下に，長さ 4 のベクトルから 5 番目の要素を抽出しようとした場合や，NA や NULL を用いてベクトルの部分抽出を行った例を示す．

```
x <- 1:4
# データ範囲外の添字指定
str(x[5])
#>  int NA

# NA による添字指定
str(x[NA_real_])
#>  int NA

# NULL による添字指定
str(x[NULL])
#>  int(0)
```

48    第3章 データ抽出

以下の表はアトミックベクトルおよびリストで，[および[[によってデータ範囲外，欠損値，NULLによる添字指定を行った場合の結果を示している．

| 演算子 | 添字の種類 | アトミックベクトル | リスト |
|---|---|---|---|
| [ | データ範囲外 | NA | list(NULL) |
| [ | NA_real_ | NA | list(NULL) |
| [ | NULL | x[0] | list(NULL) |
| [[ | データ範囲外 | Error | Error |
| [[ | NA_real_ | Error | NULL |
| [[ | NULL | Error | Error |

入力ベクトルが名前付きだった場合，範囲外，欠損値，NULLの名前は<NA>となる．

### 3.2.4 エクササイズ

1. `mod <- lm(mpg ~ wt, data = mtcars)`のような線形モデルが与えられた場合，残差自由度はどのように抽出するか．また，summary(mod)によって得られたサマリーから$R^2$値を取り出すにはどうするか？

## 3.3 データ抽出と付値

データ抽出演算子は付値と組み合わせることで，入力ベクトルの選択した値を変更することができる．

```
x <- 1:5
x[c(1, 2)] <- 2:3
x
#> [1] 2 3 3 4 5

# 左辺と右辺の長さは一致している必要がある
x[-1] <- 4:1
x
#> [1] 2 4 3 2 1

# 添字が重複していても警告はでないことに注意
x[c(1, 1)] <- 2:3
x
#> [1] 3 4 3 2 1
```

## 3.3 データ抽出と付値

```r
# 整数の添字と NA を組み合わせることはできない
x[c(1, NA)] <- c(1, 2)
#> Error in x[c(1, NA)] <- c(1, 2): 添字付きの付値で NA は許されていません

# 論理値と NA を組み合わせることはできる
# NA は FALSE として扱われる
# (where they're treated as false).
x[c(T, F, NA)] <- 1
x
#> [1] 1 4 3 1 1

# これは条件を設定してベクトルを変更する際に有用である
df <- data.frame(a = c(1, 10, NA))
df$a[df$a < 5] <- 0
df$a
#> [1]  0 10 NA
```

添字を指定しないデータ抽出を付値と組み合わせると有用である．なぜなら元のオブジェクトのクラスおよびデータ構造を保持するからである．以下の2つの式を比較してみてほしい．1つ目では mtcars はデータフレームのままだが，2つ目ではリストになってしまう．

```r
mtcars[] <- lapply(mtcars, as.integer)
mtcars <- lapply(mtcars, as.integer)
```

リストを扱う際，データ抽出と付値，そして NULL を組み合わせることで，リストから要素を削除することができる．また NULL をリストに加えるには [ および list(NULL) を用いる．

```r
x <- list(a = 1, b = 2)
x[["b"]] <- NULL
str(x)
#> List of 1
#>  $ a: num 1

y <- list(a = 1)
y["b"] <- list(NULL)
str(y)
#> List of 2
#>  $ a: num 1
#>  $ b: NULL
```

## 3.4 応用例

これまで紹介してきた基本原理はさまざまな場面で応用できる．重要な例をいくつか以下に示す．これらの基本テクニックは，実は組み込み関数など（例：subset(), merge(), plyr::arrange()）で実装されているが，これらがデータ抽出する仕組みを理解しておくことは役に立つだろう．既存の関数では対応できないような場面に遭遇しても応用がきくからである．

### 3.4.1 ルックアップテーブル（文字列によるデータ抽出）

文字列によるマッチングはルックアップテーブルを作成するにあたって非常にパワフルな技術である．ここでは略称を変換するルックアップテーブルを作ってみよう．

```
x <- c("m", "f", "u", "f", "f", "m", "m")
lookup <- c(m = "Male", f = "Female", u = NA)
lookup[x]
#>        m        f        u        f        f        m        m
#>   "Male" "Female"       NA "Female" "Female"   "Male"   "Male"

unname(lookup[x])
#> [1] "Male"   "Female" NA       "Female" "Female" "Male"   "Male"

# 出力値をより少ないものとした例
c(m = "Known", f = "Known", u = "Unknown")[x]
#>         m         f         u         f         f         m         m
#>   "Known"   "Known" "Unknown"   "Known"   "Known"   "Known"   "Known"
```

もし出力に名前が不要であればunname()を使うとよい．

### 3.4.2 マッチングおよび結合（整数値によるデータ抽出）

複数の列の情報をマッチさせた複雑なルックアップテーブルがあるとしよう．ここで成績を整数値ベクトルで表し，その成績の詳細を説明したテーブルを用意する．

```
grades <- c(1, 2, 2, 3, 1)
```

## 3.4 応用例

```
info <- data.frame(
  grade = 3:1,
  desc = c("Excellent", "Good", "Poor"),
  fail = c(F, F, T)
)
```

ここでは grades の各値と info テーブルの情報を紐づけたい．方法は 2 つあり，一方は match() と整数値によるデータ抽出を適用し，もう 1 つは rownames() と文字列によるデータ抽出を行う．

```
grades
#> [1] 1 2 2 3 1

# match を用いる方法
id <- match(grades, info$grade)
info[id, ]
#>     grade      desc  fail
#> 3       1      Poor  TRUE
#> 2       2      Good FALSE
#> 2.1     2      Good FALSE
#> 1       3 Excellent FALSE
#> 3.1     1      Poor  TRUE

# rownames を用いる方法
rownames(info) <- info$grade
info[as.character(grades), ]
#>     grade      desc  fail
#> 1       1      Poor  TRUE
#> 2       2      Good FALSE
#> 2.1     2      Good FALSE
#> 3       3 Excellent FALSE
#> 1.1     1      Poor  TRUE
```

もし複数列がマッチするようなら，まず最初にそれらを 1 列に変換する必要がある（この際，interaction()，paste()，plyr::id() を用いる）．また，merge() や plyr::join() を使ってもよい．これらの関数がどのように実装されているかソースコードを確認してみてほしい．

### 3.4.3 ランダムサンプリングとブートストラップ（整数値によるデータ抽出）

ベクトルやデータフレームに対してランダムサンプリングやブートストラップを行う際，整数値の添字が使える．sample() は添字ベクトルを生成するのでこれを用いて値にアクセスできる．

```
df <- data.frame(x = rep(1:3, each = 2), y = 6:1, z = letters[1:6])

# 再現性を保つために乱数の種を設定する
set.seed(10)

# ランダムに並べ替える
df[sample(nrow(df)), ]
#>   x y z
#> 4 2 3 d
#> 2 1 5 b
#> 5 3 2 e
#> 3 2 4 c
#> 1 1 6 a
#> 6 3 1 f

# ランダムに3行抽出する
df[sample(nrow(df), 3), ]
#>   x y z
#> 2 1 5 b
#> 6 3 1 f
#> 3 2 4 c

# ブートストラップで6行抽出する
df[sample(nrow(df), 6, rep = T), ]
#>     x y z
#> 3   2 4 c
#> 4   2 3 d
#> 4.1 2 3 d
#> 1   1 6 a
#> 4.2 2 3 d
#> 3.1 2 4 c
```

sample() の引数では，サンプルサイズの他に，復元抽出か非復元抽出を設定できる．

### 3.4.4 並べ替え（整数値によるデータ抽出）

order() はベクトルを入力にとり，そのベクトルの並び順を指定する整数値ベクトルを返す．

```
x <- c("b", "c", "a")
order(x)
#> [1] 3 1 2

x[order(x)]
#> [1] "a" "b" "c"
```

変数に同順がある場合は，order() に順序を決めるために別の変数を追加することができる．また引数を decreasing = TRUE とすると昇順から降順に変更できる．なおデフォルトでは欠損値はベクトルの最後に並べられるが，引数に na.last = NA と指定することで除くこともできる．欠損値をベクトルの最初に並べたい場合は na.last = FALSE と指定する．

2次元以上のデータ構造に適用する場合，order() と整数値によるデータ抽出を用いることでオブジェクトの行および列の並べ替えが楽になる．

```
# df をランダムに並べ替える
df2 <- df[sample(nrow(df)), 3:1]
df2
#>   z y x
#> 3 c 4 2
#> 1 a 6 1
#> 2 b 5 1
#> 4 d 3 2
#> 6 f 1 3
#> 5 e 2 3

df2[order(df2$x), ]
#>   z y x
#> 1 a 6 1
#> 2 b 5 1
#> 3 c 4 2
#> 4 d 3 2
#> 6 f 1 3
#> 5 e 2 3

df2[, order(names(df2))]
```

```
#>   x y z
#> 3 2 4 c
#> 1 1 6 a
#> 2 1 5 b
#> 4 2 3 d
#> 6 3 1 f
#> 5 3 2 e
```

柔軟性では order() に及ばないが，操作が簡潔な関数としてベクトルには sort()，データフレームには plyr::arrange() がある．

### 3.4.5 集約されたデータ行を復元する（整数値によるデータ抽出）

稀に，同じ内容の行を1行にまとめてしまい，代わりに重複していた回数を示すカウント列が追加されたデータフレームに出会うことがある．この場合，rep() と整数値によるデータ抽出を組み合わせて，反復した行の添字を指定することで元通りにデータを展開できる．

```
df <- data.frame(x = c(2, 4, 1), y = c(9, 11, 6), n = c(3, 5, 1))
rep(1:nrow(df), df$n)
#> [1] 1 1 1 2 2 2 2 2 3

df[rep(1:nrow(df), df$n), ]
#>     x  y  n
#> 1   2  9  3
#> 1.1 2  9  3
#> 1.2 2  9  3
#> 2   4 11  5
#> 2.1 4 11  5
#> 2.2 4 11  5
#> 2.3 4 11  5
#> 2.4 4 11  5
#> 3   1  6  1
```

### 3.4.6 データフレームから列を削除する（文字列を用いたデータ抽出）

データフレームから列を削除するには2つの方法がある．1つは対象列に対して NULL を付値する．

```
df <- data.frame(x = 1:3, y = 3:1, z = letters[1:3])
```

```
df$z <- NULL
```

または必要な列のみ返すように抽出する方法もある．

```
df <- data.frame(x = 1:3, y = 3:1, z = letters[1:3])
df[c("x", "y")]
#>   x y
#> 1 1 3
#> 2 2 2
#> 3 3 1
```

不要な列がわかっている場合は集合を扱う関数を用いて，残したい列を抽出できる．

```
df[setdiff(names(df), "z")]
#>   x y
#> 1 1 3
#> 2 2 2
#> 3 3 1
```

### 3.4.7 条件に応じて行を抽出する（論理値を用いたデータ抽出）

論理値によるデータ抽出は，データフレームから行を抽出する際にもっともよく使われる方法である．なぜならば，論理値を用いることで複数列の抽出条件を組み合わせることが容易になるからである．

```
mtcars[mtcars$gear == 5, ]
#>     mpg cyl  disp  hp drat    wt qsec vs am gear carb
#> 27 26.0   4 120.3  91 4.43 2.140 16.7  0  1    5    2
#> 28 30.4   4  95.1 113 3.77 1.513 16.9  1  1    5    2
#> 29 15.8   8 351.0 264 4.22 3.170 14.5  0  1    5    4
#> 30 19.7   6 145.0 175 3.62 2.770 15.5  0  1    5    6
#> 31 15.0   8 301.0 335 3.54 3.570 14.6  0  1    5    8
mtcars[mtcars$gear == 5 & mtcars$cyl == 4, ]
#>     mpg cyl  disp  hp drat    wt qsec vs am gear carb
#> 27 26.0   4 120.3  91 4.43 2.140 16.7  0  1    5    2
#> 28 30.4   4  95.1 113 3.77 1.513 16.9  1  1    5    2
```

この際ベクトル単位の論理演算子&と|を使うよう心がけるべきだ．短絡評価の性質をもつスカラー単位の演算子 && および ||は，このような場合に

使うべきではない．これらは if 文の中で使うとよい．ド・モルガンの法則 (De Morgan's laws) も忘れてはいけない．これは否定条件をシンプルに表現する際に役に立つ．

- !(X & Y) は !X | !Y と同一である
- !(X | Y) は !X & !Y と同一である

例えば，!(X & !(Y | Z)) は !X | !!(Y|Z) とも書け，これはさらに !X | Y | Z とシンプルに表現できる．

subset() はデータフレームからのデータ抽出に特化した関数である．この関数を用いることで，データフレームの名前をくり返しタイプすることを避けられる．この関数の仕組みについては第 13 章「非標準評価」を参照してほしい．

```
subset(mtcars, gear == 5)
#>     mpg cyl  disp  hp drat    wt qsec vs am gear carb
#> 27 26.0   4 120.3  91 4.43 2.140 16.7  0  1    5    2
#> 28 30.4   4  95.1 113 3.77 1.513 16.9  1  1    5    2
#> 29 15.8   8 351.0 264 4.22 3.170 14.5  0  1    5    4
#> 30 19.7   6 145.0 175 3.62 2.770 15.5  0  1    5    6
#> 31 15.0   8 301.0 335 3.54 3.570 14.6  0  1    5    8

subset(mtcars, gear == 5 & cyl == 4)
#>     mpg cyl  disp  hp drat    wt qsec vs am gear carb
#> 27 26.0   4 120.3  91 4.43 2.140 16.7  0  1    5    2
#> 28 30.4   4  95.1 113 3.77 1.513 16.9  1  1    5    2
```

### 3.4.8　ブール代数と集合（論理値および整数値を用いたデータ抽出）

集合演算による抽出（整数値によるデータ抽出）とブール代数による抽出（論理値によるデータ抽出）が等価であることを知っておくと便利だ．以下のような場面では集合演算を用いると便利である．

- 最初に（あるいは最後に）TRUE となるデータを見つけたいとき
- TRUE はわずかでほとんどが FALSE であるような場合．このとき，集合で表現した方が計算が速く，メモリの効率も高い．

## 3.4 応用例

which() はブール表現を，整数値による表現に変換する関数である．この逆の処理を行う関数はRの基本実装には含まれていないが，以下のように簡単に実装できる．

```
x <- sample(10) < 4
which(x)
#> [1]  3  7 10

unwhich <- function(x, n) {
  out <- rep_len(FALSE, n)
  out[x] <- TRUE
  out
}
unwhich(which(x), 10)
#>  [1] FALSE FALSE  TRUE FALSE FALSE FALSE  TRUE FALSE FALSE  TRUE
```

ここで2つの論理値ベクトルと，それぞれに等価な整数値ベクトルを生成し，ブール演算と集合演算の関係を確認してみよう．

```
(x1 <- 1:10 %% 2 == 0)
#>  [1] FALSE  TRUE FALSE  TRUE FALSE  TRUE FALSE  TRUE FALSE  TRUE

(x2 <- which(x1))
#> [1]  2  4  6  8 10

(y1 <- 1:10 %% 5 == 0)
#>  [1] FALSE FALSE FALSE FALSE  TRUE FALSE FALSE FALSE FALSE  TRUE

(y2 <- which(y1))
#> [1]  5 10

# X & Y と intersect(x, y) は等価
x1 & y1
#>  [1] FALSE FALSE FALSE FALSE FALSE FALSE FALSE FALSE FALSE  TRUE

intersect(x2, y2)
#> [1] 10

# X | Y と union(x, y) は等価
x1 | y1
#>  [1] FALSE  TRUE FALSE  TRUE  TRUE  TRUE FALSE  TRUE FALSE  TRUE

union(x2, y2)
```

```
#> [1]  2  4  6  8 10  5
```

```
# X & !Y と setdiff(x, y) は等価
x1 & !y1
#> [1] FALSE  TRUE FALSE  TRUE FALSE  TRUE FALSE  TRUE FALSE FALSE
setdiff(x2, y2)
#> [1] 2 4 6 8
```

```
# xor(X, Y) と setdiff(union(x, y), intersect(x, y)) は等価
xor(x1, y1)
#> [1] FALSE  TRUE FALSE  TRUE  TRUE  TRUE FALSE  TRUE FALSE FALSE
setdiff(union(x2, y2), intersect(x2, y2))
#> [1] 2 4 6 8 5
```

データ抽出に不慣れな頃によくあるミスだが x[y] の代わりに x[which(y)] を用いてしまうことがある．この場合，which() は何の意味ももたない．論理値を用いたデータ抽出から整数値を用いたデータ抽出に変換しているだけであり結果は同じである．また x[-which(y)] は x[!y] と等価ではないことにも注意しておきたい．もし y がすべて FALSE だった場合，which(y) は integer(0) という結果を返し，-integer(0) と integer(0) は同一であるため，本来ならすべての値が結果として返ってくるところ，空の結果が返ってきてしまう．一般的に論理値から整数値によるデータ抽出は，最初もしくは最後の TRUE となる値を得たいというような場合以外では避けた方がよい．

### 3.4.9 エクササイズ

1. どのようにすればデータフレームの各列をランダムに並べ替えることができるか？（これはランダムフォレストを実装する上で必要なテクニックである．）また一度に行と列を並べ替えることはできるか？
2. データフレームから m 個の行をランダムサンプリングするにはどうしたらよいか？さらに2つの行をランダムにサンプリングし，これらに挟まれた範囲をまとめて取得できるようにするにはどうしたらよいか？
3. データフレームの列名をアルファベット順に並べるにはどうしたらよいか？

## 3.5 クイズの解答

1. 正の整数値は指定した位置の要素を抽出し，負の整数値は指定した位置の要素を除く．論理値ベクトルは TRUE に対応した位置の要素を抽出し，文字列ベクトルは名前が一致した要素を抽出する．
2. [はサブリストを抽出する．通常これはリストを返す．例えば正の整数値1つを添字に指定した場合，長さ1のリストを返す．[[はリスト内部の要素を返す．$は[[の便利な省略形である．例えばx$y は X[["y"]] と等価である．
3. 行列，配列，データフレームからデータ抽出を行い，なおかつ元の次元数を保ちたい場合は drop = FALSE を用いる．関数内でデータ抽出を行う場合は，必ず指定すべきである．
4. xが行列の場合，x[] <- 0 は行数および列数を保ったまますべての要素を0に置き換える．x <- 0 は行列そのものを0という値に置き換えてしまう．
5. 名前付きのベクトルは，以下のように簡単なルックアップテーブルとして使える．c(x = 1, y = 2, z = 3)[c("y", "z", "x")]

# 4
# ボキャブラリ

　Rを使いこなすための重要なステップとして，作業用ボキャブラリを自分なりにもっておくとよい．以下に，そのようなボキャブラリとして押さえておきたい関数を列挙した．それぞれの関数に対して深く踏み込む必要はないが，その存在は頭に入れておくとよい．もし以下のリストの中に全く聞いたことのない関数があれば，そのドキュメントを読んでおくことを強く勧める．

　以下のリストは base，stats，utils パッケージの中から筆者が最も有用だと思う関数を抜き出してきている．また，このリストには他パッケージの重要な関数や，options() による重要な指定についての項目も含まれている．

## 4.1　基本的な関数群

```
# まず最初に知っておくべき関数
?
str

# 重要な演算子および付値演算子
%in%, match
=, <-, <<-
$, [, [[, head, tail, subset
with
assign, get

# 比較
all.equal, identical
!=, ==, >, >=, <, <=
```

```
is.na, complete.cases
is.finite

# 基本的な数学関数
*, +, -, /, ^, %%, %/%
abs, sign
acos, asin, atan, atan2
sin, cos, tan
ceiling, floor, round, trunc, signif
exp, log, log10, log2, sqrt

max, min, prod, sum
cummax, cummin, cumprod, cumsum, diff
pmax, pmin
range
mean, median, cor, sd, var
rle

# 関数定義に関連した関数
function
missing
on.exit
return, invisible

# 論理演算および集合演算
&, |, !, xor
all, any
intersect, union, setdiff, setequal
which

# ベクトルと行列
c, matrix
# データ型の強制変換の優先順位は 文字型 > 数値型 > 論理型の順
length, dim, ncol, nrow
cbind, rbind
names, colnames, rownames
t
diag
sweep
as.matrix, data.matrix
```

```
# ベクトルの生成
c
rep, rep_len
seq, seq_len, seq_along
rev
sample
choose, factorial, combn
(is/as).(character/numeric/logical/...)

# リストとデータフレーム
list, unlist
data.frame, as.data.frame
split
expand.grid

# 制御構文
if, &&, || (最小評価演算子)
for, while
next, break
switch
ifelse

# apply関数群
lapply, sapply, vapply
apply
tapply
replicate
```

## 4.2 よく使われるデータ構造

```
# 時間
ISOdate, ISOdatetime, strftime, strptime, date
difftime
julian, months, quarters, weekdays
library(lubridate)

# 文字列操作
grep, agrep
gsub
```

```
strsplit
chartr
nchar
tolower, toupper
substr
paste
library(stringr)

# 因子
factor, levels, nlevels
reorder, relevel
cut, findInterval
interaction
options(stringsAsFactors = FALSE)

# 配列操作
array
dim
dimnames
aperm
library(abind)
```

## 4.3 統計学関連

```
# 順序および表作成
duplicated, unique
merge
order, rank, quantile
sort
table, ftable

# 線形モデル
fitted, predict, resid, rstandard
lm, glm
hat, influence.measures
logLik, df, deviance
formula, ~, I
anova, coef, confint, vcov
contrasts
```

```
# 検定関係
apropos("\\.test$")

# 乱数
(q, p, d, r) * (beta, binom, cauchy, chisq, exp, f, gamma, geom,
  hyper, lnorm, logis, multinom, nbinom, norm, pois, signrank, t,
  unif, weibull, wilcox, birthday, tukey)

# 線形代数
crossprod, tcrossprod
eigen, qr, svd
%*%, %o%, outer
rcond
solve
```

## 4.4 Rを制御する関数群

```
# ワークスペース
ls, exists, rm
getwd, setwd
q
source
install.packages, library, require

# ヘルプ
help, ?
help.search
apropos
RSiteSearch
citation
demo
example
vignette

# デバッグ
traceback
browser
recover
```

```
options(error = )
stop, warning, message
tryCatch, try
```

## 4.5 入出力関連

```
# 出力
print, cat
message, warning
dput
format
sink, capture.output

# データの入出力
data
count.fields
read.csv, write.csv
read.delim, write.delim
read.fwf
readLines, writeLines
readRDS, saveRDS
load, save
library(foreign)

# ファイルおよびディレクトリ操作
dir
basename, dirname, tools::file_ext
file.path
path.expand, normalizePath
file.choose
file.copy, file.create, file.remove, file.rename, dir.create
file.exists, file.info
tempdir, tempfile
download.file, library(downloader)
```

# 5
# コーディングスタイルガイド

　良いコーディングスタイルは，適切な句読点の使い方に似ている．それなしでもやっていけるが，使った方が俄然コードは読みやすくなる．句読点のスタイルと同様，コーディングスタイルにも様々な流儀がある．本章で示すガイドは，筆者が本書を含めた各所で用いているコーディングスタイルを紹介したものである．原則として R style guide[1] に則っているが，一部に修正を加えている．もちろん読者は必ずしも筆者のコーディングスタイルに沿う必要はないが，自分の中で一貫したものを持つようにはしておいてほしい．

　コードは一人で書いていても，それを読む人はたいていの場合複数になる．その意味で良いコーディングスタイルを身につけておくことは大切である．特に他者とコードを書いていく場合にそのことはいえる．この場合，前もって共通のコーディングスタイルを用いるようにしておくのがよいだろう．なおコーディングスタイルに明らかな優劣はないため，他者とコードを書いていく際は，自分が用いるコーディングスタイルの良い部分を多少はあきらめて他者のものとすり合わせる必要がある．

　Yihui Xie が開発した **formatR** パッケージは，既存のコードを適切に整形してくれる．もちろんすべてに手が回るものではないが，簡単な操作で，ひどいスタイルのコードをかなりましな状態にまで直してくれる．**formatR** パッケージを利用する場合は **formatR** の wiki[2] を一読することを勧める．

---

[1] `http://google-styleguide.googlecode.com/svn/trunk/google-r-style.html`
[2] `https://github.com/yihui/formatR/wiki`

## 5.1 表記および命名

### 5.1.1 ファイル名

ファイル名は意味をもったものにすること．そして，拡張子は.Rと大文字のRにすること．

```
# 良い例
fit-models.R
utility-functions.R
```

```
# 悪い例
foo.r
stuff.r
```

連続して実行したいファイルについては，先頭に数字を入れること．
```
0-download.R
1-parse.R
2-explore.R
```

### 5.1.2 オブジェクト名

「コンピュータサイエンスにおいて頭を悩ますことが2つある．
キャッシュ無効化そして「命名」だ．」
 — Phil Karlton

変数および関数名は小文字でつけるべきである．名前と名前の間にはアンダースコア (_) を入れる．一般的に変数名には名詞を，関数名には動詞を用いる．名前は簡潔かつ意味がわかるように努める（しかし，これは容易ではない）．

```
# 良い例
day_one
day_1
```

```
# 悪い例
first_day_of_the_month
DayOne
```

```
dayone
djm1
```

可能なら，既存の関数や変数と同じ名前は避ける．コードを読む側が混乱するからである．

```
# 悪い例
T <- FALSE
c <- 10
mean <- function(x) sum(x)
```

## 5.2 文法

### 5.2.1 スペースの入れ方

中置演算子（=, +, -, <-など）を用いる際は前後にスペースを入れること．これは関数呼び出しの引数部分に = を用いる際も同様である．通常，コンマの後にスペースを入れるが，前には入れない．英語を書くのと同じである．

```
# 良い例
average <- mean(feet / 12 + inches, na.rm = TRUE)
```

```
# 悪い例
average<-mean(feet/12+inches,na.rm=TRUE)
```

ただし，例外として :, ::, ::: の場合はスペースを入れない．

```
# 良い例
x <- 1:10
base::get
```

```
# 悪い例
x <- 1 : 10
base :: get
```

関数呼び出しの場合を除いて，左カッコの前にスペースを挿入する．

```
# 良い例
if (debug) do(x)
plot(x, y)
```

# 第5章 コーディングスタイルガイド

```
# 悪い例
if(debug)do(x)
plot (x, y)
```

= や <- の位置を整えるためにスペースを追加するのは問題ない．

```
list(
  total = a + b + c,
  mean  = (a + b + c) / n
)
```

カッコ () や角カッコ [] に囲まれるコードの前後にスペースを入れてはいけない．ただし，コンマがある場合はその後にスペースを入れる．

```
# 良い例
if (debug) do(x)
diamonds[5, ]
```

```
# 悪い例
if ( debug ) do(x)   # debug の前後にはスペースを入れない
x[1,]    # コンマの後にスペースを入れる
x[1 ,]   # コンマの前にはスペースを入れない
```

### 5.2.2 波カッコ

波カッコを開く場合，それまでのコードに続けて挿入し，残りのコードは改行して続ける．波カッコを閉じる際は改行して挿入する．ただし else が続く場合は改行しない．

波カッコに囲まれているコードはインデントで整列させること．

```
# 良い例
if (y < 0 && debug) {
  message("Y is negative")
}

if (y == 0) {
  log(x)
} else {
  y ^ x
}
```

```
# 悪い例
if (y < 0 && debug)
message("Y is negative")

if (y == 0) {
  log(x)
}
else {
  y ^ x
}
```

ただしコードが短い場合はそのまま同じ行に続けてもよい．

```
if (y < 0 && debug) message("Y is negative")
```

### 5.2.3 一行の長さ

コードの長さは一行あたり80文字までに収めるべきである．これは適切なサイズのフォントで印刷した際に最適な長さである．もしスペースが足りないようであれば，そのコードは別の関数として分割すべきだろう．

### 5.2.4 インデント

コードにインデントを入れる際は，スペース2つとする．タブを用いたり，タブとスペースを混在させるなどしてはいけない．

唯一の例外としてコードが複数行にわたる場合の関数定義が挙げられる．この場合，下記の例のように関数定義開始後2行目にインデントを入れて位置を整える．

```
long_function_name <- function(a = "a long argument",
                               b = "another argument",
                               c = "another long argument") {
  # 通常インデントはスペース2つとする
}
```

### 5.2.5 付値

付値には，= ではなく，<- を用いる．

```
# 良い例
x <- 5

# 悪い例
x = 5
```

---

## 5.3 コードの構造化

### 5.3.1 コメントについて

　コードにはコメントを入れる．コメントはコメント記号の後にスペースを1つ入れて始める．コメントでは「コードが何を示しているか」ではなく「このコードがなぜ書かれているか」について説明するようにする．

　ファイルを可読可能なチャンクに分けられるよう，-や=を用いてコメントラインを設けるとよい．

```
# データをロード -------------------------------

# データをプロット -----------------------------
```

# 6
## 関数

　関数はRの土台をなす部品である．本書で紹介している多くの発展的テクニックをマスターするには関数の理解がどうしても必要になる．本書の読者はすでにR上で多くの関数を作った経験があり，関数の挙動について基本的な部分については理解しているものと想定している．本章の目的は読者が自分なりに習得してきた知識を発展させ，関数とは何か，関数とはどのように動くのかを厳密に理解してもらうことにある．本章ではいくつかの興味深いトリックやテクニックも紹介している．しかし，ここで筆者が読者に習得してもらいたいのは，発展的なテクニックを実現するのに相応しいコードを書く能力である．

　Rを理解する上でもっとも大切なことは関数もオブジェクトに他ならないことである．したがって他のタイプのオブジェクトと全く同じやり方で関数を扱うことができる．この話題については第10章「関数型プログラミング」で詳しく解説する．

**クイズ：**

　以下のテストは本章を読む必要があるかどうかを判定するテストである．答えがすぐに頭に浮かぶようであれば本章はとばしてもよい．答えは章末の解答を参照のこと．

1. 関数を構成する3つの要素とは何か？
2. 以下のコードはどのような結果を返すか？

74    第6章　関数

```
x <- 10
f1 <- function(x) {
  function() {
    x + 10
  }
}
f1(1)()
```

3. 以下のコードはどのようにしたらより典型的な形に書き直せるだろうか？

   ```
   `+`(1, `*`(2, 3))
   ```

4. 以下のコードはどのようにしたら読みやすくなるだろうか？

   ```
   mean(, TRUE, x = c(1:10, NA))
   ```

5. 以下の関数は呼び出し時にエラーとなるだろうか？　その理由を述べよ．

   ```
   f2 <- function(a, b) {
     a * 10
   }
   f2(10, stop("This is an error!"))
   ```

6. 中置 (infix) 関数とは何か？　それはどのように書けるか？　置換 (replacement) 関数とは何か？　それはどのように書けるか？

7. 関数がどのように終了するかにかかわらず，後始末処理が起きるようにするにはどのような関数を使えばよいか？

## 本章の概要：

- 6.1節「関数の構成要素」では関数を構成する3つの要素について説明する．
- 6.2節「レキシカルスコープ」ではRが名前から値を見つける仕組み，レキシカルスコープについて説明する．
- 6.3節「すべての操作は関数呼び出しである」ではRにおいて（一見そうは見えなくても）すべては関数呼び出しの結果であることを示す．
- 6.4節「関数の引数」では関数に引数を渡す3つの方法，引数リストによる関数の呼び出し方，そして遅延評価の威力について議論する．

- 6.5 節「特殊な関数呼び出し」では，中置関数および置換関数という 2 つの特殊なタイプについて説明する．
- 6.6 節「返り値」では関数がどのように，そしていつ値を返すかについて議論する．また関数が終了前にどのように振る舞うかを示す．

**本章を読むための準備：**

本章ではベクトルを変更した際の挙動を観察する．そのため pryr パッケージが必要になるので，install.packages("pryr") でインストールしておいて欲しい．

## 6.1 関数の構成要素

すべての関数は以下 3 つの要素で構成されている．

- body：関数内のコード
- formals：関数の呼び出しをコントロールする引数のリスト
- environment：関数における変数の位置を示す "地図"

R で関数を表示させると，これら 3 つの要素を表示する．environment が表示されないときは，グローバル環境 (global environment) において関数が生成されていることを示す．

```
f <- function(x) x^2
f
#> function(x) x^2

formals(f)
#> $x

body(f)
#> x^2

environment(f)
#> <environment: R_GlobalEnv>
```

body, formals, environment を用いた付値は関数を変更する際にも利用できる．

R における他のオブジェクトと同様，関数にもまた属性を追加することができる．R で用いられる属性の 1 つとして srcref がある．これは source reference の短縮形であり，関数が生成されるのに用いられたソースコードを指し示す．body とは異なり，そこにはコードのコメントなど他の書式についての情報も含まれている．関数には他の属性も追加できる．例えば，class() でクラスをセットすることで，任意の print メソッドを追加できる．

### 6.1.1 プリミティブ関数

関数は 3 つの要素を持つという規則には 1 つ例外がある．sum() のようなプリミティブ関数は.Primitive() によって C 言語で書かれたコードを直接呼び出すので，R のコードは含まれない．そのため，formals(), body() および environment() はすべて NULL を返す．

```
sum
#> function (..., na.rm = FALSE)  .Primitive("sum")

formals(sum)
#> NULL

body(sum)
#> NULL

environment(sum)
#> NULL
```

プリミティブ関数は base パッケージの中にのみ含まれており，低レベル層において動作するため，通常の R コードよりも効率的である（例えば置換関数のうちプリミティブなものはオブジェクトのコピーを生成する必要がない）．また引数のマッチングにおいても通常とは異なる規則をもつ（例：switch(), call()）．しかし，このために R の他の関数とは挙動が異なることになる．そのため R コアチームは他に選択肢がない場合を除いてプリミティブ関数を作成していない．

### 6.1.2 エクササイズ

1. オブジェクトが関数であるかどうかを判定する関数は何か？ またプリミティブ関数かどうかを判定する関数は何か？
2. 以下のコードを実行すると base パッケージに含まれる関数のリストを取得する.

    ```
    objs <- mget(ls("package:base"), inherits = TRUE)
    funs <- Filter(is.function, objs)
    ```

    これを使って以下の質問に答えよ.

    a. もっとも引数の多い関数はどれか？
    b. 引数を全く持たない関数はいくつあるか？ これらの関数の特殊な点は何か？
    c. すべてのプリミティブ関数を探すには上記コードをどのように変更すればよいか？

3. 関数を構成する3つの重要な要素とは何か？
4. 関数コードを出力させた際, 生成された環境が表示されないのはどういう場合か？

## 6.2 レキシカルスコープ

スコープは R がシンボルに紐づけられた値を探索する一連の規則である. したがって以下に示す例では, スコープは R がシンボル x に紐づけられた値 10 を探す際に適用される規則を指す.

```
x <- 10
x
#> [1] 10
```

スコープを理解することで以下が可能になる.

- 関数を組み合わせたツールを開発することができる (詳細は第10章「関数型プログラミング」で述べる).

通常の評価規則を無効にして，非標準評価 (non-standard evalution) を適用できる．これについては第 13 章「非標準評価」で述べる．

R には 2 種類のスコープがある．**レキシカルスコープ** (lexical scoping) と**ダイナミックスコープ** (dynamic scoping) である．前者は言語レベルで実装されており，後者は対話型分析を進める際にタイピングの量を減らせるようにいくつかの関数の中で用いられている．ここでは関数生成に深く関係しているレキシカルスコープについて話を進める．ダイナミックスコープについては 13.3 節「変数のスコープに関する問題」で詳細を述べる．

レキシカルスコープでは，シンボルに紐づけられた値を探す際，関数が生成されたときのネストに基づいて探す．関数が呼び出されたときのネストに基づくわけではない．レキシカルスコープでは，変数の値が探される場所を知るために関数がどのように呼ばれるかを知る必要はない．関数の定義のみに注意すればよい．

レキシカルスコープにおける「レキシカル」は，通常の英単語の定義（「文法や構文とは区別される言語における単語群」）ではなく，コンピュータサイエンスの用語「字句解析 (lexing)」に由来している．字句解析とはテキストとして表現されているコードをプログラミング言語が理解できるような意味をもつ単位に変換するプロセスを意味する．

R におけるレキシカルスコープの実装については以下の 4 つの原則がある．

- ネームマスキング
- 関数と変数
- フレッシュスタート
- ダイナミックルックアップ

読者はこれらの多くについて，これまではっきりと意識したことはないかも知れないが，すでに内容は知っているものと思う．以下に示す解説を読む前に各ブロックのコードを頭の中で実行して，自身の知識を確認してみてほしい．

## 6.2.1 ネームマスキング

以下に示す例はレキシカルスコープの最も基本的な原則を示している．このコードの実行例については容易に結果が予想できるだろう．

```
f <- function() {
  x <- 1
  y <- 2
  c(x, y)
}
f()
rm(f)
```

関数内で名前が定義されていない場合，Rは1つ上のレベルで名前を探す．

```
x <- 2
g <- function() {
  y <- 1
  c(x, y)
}
g()
rm(x, g)
```

ある関数が別の関数内で定義されたときも同じルールが適用される．まずは当該関数内で名前を探し，そこになければその関数が定義された関数内で名前を探索し，さらにグローバル環境に到達した後はロード済みのパッケージの内へと探索を進めていく．以下のコードを頭の中で実行した上で，実際にRで結果を確認してほしい．

```
x <- 1
h <- function() {
  y <- 2
  i <- function() {
    z <- 3
    c(x, y, z)
  }
  i()
}
h()
rm(x, h)
```

クロージャ，すなわち関数によって生成された関数についても同じルールが適用される．クロージャの詳細については第10章「関数型プログラミング」で解説する．ここではクロージャとスコープの関係について概観するにとどめる．以下の関数 j() は，別の関数を返す．この関数を実行すると何が返されるだろうか？（これも頭の中で実行してほしい．）

```
j <- function(x) {
  y <- 2
  function() {
    c(x, y)
  }
}
k <- j(1)
k()
rm(j, k)
```

これはちょっとばかり魔法のように見える．どうやってRは関数が呼び出された後にyの値を知ったのだろうか．これはkは，自身が定義された際の環境を保存しており，その環境の中にyの値が含まれていたからである．関数それぞれに関連付けられた環境の中で値がどのようにして保存されているのか洞察を深めたい読者は，第8章「環境」を熟読されたい．

### 6.2.2 関数と変数

これまでと同じ原則は，シンボルに紐づけられた値の型によらず適用される，つまり変数の値を探すときのルールは，関数にも当てはまる．

```
l <- function(x) x + 1
m <- function() {
  l <- function(x) x * 2
  l(10)
}
m()
#> [1] 20

rm(l, m)
```

ただし，関数の場合は上記の規則の例外が1つだけある．明らかに関数と

関連付けられている名前を使っている場合（例えばf(3)のような）は，関数以外のオブジェクトはその探索の対象から外れる．以下の例では，Rが関数と変数のいずれを探索しているかによって，nの値が異なってくる．

```
n <- function(x) x / 2
o <- function() {
  n <- 10
  n(n)
}
o()
#> [1] 5

rm(n, o)
```

しかし，関数とその他のオブジェクトで同じ名前をつけることはコード内で混乱を招くので，一般的には避けた方がよい．

### 6.2.3 フレッシュスタート

関数を複数回呼び出す間にそれに紐づけられた値には何が起きているのだろうか？ 下記コード内の関数を最初に呼び出した際には何が起きるのだろうか？ さらに2度目に呼び出したときは？（なお，下記コード内で用いられているexists()は，指定された名前の変数が存在する場合はTRUEを返し，存在しない場合はFALSEを返す関数である．）

```
j <- function() {
  if (!exists("a")) {
    a <- 1
  } else {
    a <- a + 1
  }
  print(a)
}
j()
j()
rm(j)
```

読者は，上記関数が何度実行しても同じ値，つまり1を返すことに驚いたかもしれない．これは関数が呼び出されるたびに，新しい環境が生成される

からである．関数は前回の実行結果を記憶しておらず，それぞれの呼び出しは完全に独立しているのである．（この話題の取り扱いについては 10.3.2 項「可変な状態」でも触れる．）

### 6.2.4 ダイナミックルックアップ

レキシカルスコープは値をどこから探すかは決定するが，いつ探すかは決定しない．R は関数が実行された際に値を探す，関数が生成されたときではない．これは関数の外部環境のオブジェクトによって，関数の出力が異なることを意味する．

```
f <- function() x
x <- 15
f()
#> [1] 15

x <- 20
f()
#> [1] 20
```

一般的にこの挙動は避けたいものだろう．なぜならこの場合，関数はそれのみで完結するものではなくなるからだ．関数のコードにスペルミスをした場合，その関数を生成したときにはエラーは出ないだろう．グローバル環境に定義されている変数によっては関数を実行したときにすらエラーは出ないかもしれない．これはよくあるエラーの原因である．

この問題の検出には，**codetools** パッケージの findGlobals() が使える．この関数は，ある関数が依存する外部環境をすべてリストアップする．

```
f <- function() x + 1
codetools::findGlobals(f)
#> [1] "+" "x"
```

あるいは関数の環境を強制的に emptyenv() で設定すればいいと思われるかも知れない．この環境には何も含まれていないからである．

```
environment(f) <- emptyenv()
f()
#> Error in f(): 関数 "+" を見つけることができませんでした
```

## 6.2 レキシカルスコープ　83

しかしこれは機能しない．なぜならRはすべて（+演算子ですら）のオブジェクトの探索においてレキシカルスコープに依存しているからである．通常Rで演算を行う場合は，Rの基本関数やその他のパッケージに定義された関数を用いざるをえないため，完全に自己完結した関数を作るのは不可能である．

これはちょっとした意地悪にも応用できる．例えば，Rにおける基本演算子はすべて関数であり，独自定義でオーバーライドすることができる．もし読者が意地悪したくなったときは，友人がコンピュータから離れた隙に以下のコードを実行するとよい．

```
`(` <- function(e1) {
  if (is.numeric(e1) && runif(1) < 0.1) {
    e1 + 1
  } else {
    e1
  }
}
replicate(50, (1 + 2))
#>  [1] 3 3 4 3 3 3 4 3 3 3 3 3 3 3 3 3 3 3 4 3 3 3 4 3 3 3 3 3 3 3 3 3 3 3 4
#> [36] 4 3 3 3 3 3 3 3 3 3 3 3 3 3 3

rm("(")
```

このコードを実行すると，非常に悪質なバグをもたらす．10回に1回，カッコに囲まれたあらゆる演算結果に対して1が加えられた結果を返す．こういうことがあるので，Rのセッションは定期的にクリーンアップしたほうがよいのである．

### 6.2.5　エクササイズ

1. 以下のコードはどのような結果を返すだろうか？　なぜそう思うか理由も述べよ．3つのcのそれぞれが意味するものも併せて答えよ．

    ```
    c <- 10
    c(c = c)
    ```

2. Rが値を探すときに従う4つの原則とは何か？

3. 以下のコードはどのような結果を返すか？ コードを実行する前にその結果を予想してみてほしい．

```
f <- function(x) {
  f <- function(x) {
    f <- function(x) {
       x ^ 2
    }
    f(x) + 1
  }
  f(x) * 2
}
f(10)
```

## 6.3 すべての操作は関数呼び出しである

「Rにおける演算を理解するには以下の2つを覚えておくとよい：

- すべてはオブジェクトとして存在する．
- R内で起きることすべては関数呼び出しである．」

— John Chambers

先の例（(の再定義）は，Rにおけるすべての操作が（そうは見えなくとも）関数呼び出しであるからこそ実行できた．これは中置演算子である+や制御演算子であるforやif, while, データ抽出演算子である[]や$, そして波カッコの{についても当てはまる．したがって以下に示すコード例は，それぞれが等価である．なおバックティック`, は，予約語として登録されている，または通常の命名規則に反している関数名や変数名を参照するために使われている．

```
x <- 10; y <- 5
x + y
#> [1] 15

`+`(x, y)
#> [1] 15

for (i in 1:2) print(i)
```

## 6.3 すべての操作は関数呼び出しである　85

```
#> [1] 1
#> [1] 2

`for`(i, 1:2, print(i))
#> [1] 1
#> [1] 2

if (i == 1) print("yes!") else print("no.")
#> [1] "no."

`if`(i == 1, print("yes!"), print("no."))
#> [1] "no."

x[3]
#> [1] NA

`[`(x, 3)
#> [1] NA

{ print(1); print(2); print(3) }
#> [1] 1
#> [1] 2
#> [1] 3

`{`(print(1), print(2), print(3))
#> [1] 1
#> [1] 2
#> [1] 3
```

　これらの特殊関数の定義のオーバーライドは可能であるが，あまり良い考えとはいえない．しかし，有用な場合もあり，オーバーライドなしには実現できないようなこともある．例えば，**dplyr** パッケージの中で R の式を SQL の式に翻訳する際にこのテクニックは使われている．第 15 章「ドメイン特化言語」ではこのテクニックを用いて，ドメイン特化言語 (DSL: Domain Specific Language) を作っている．これにより，R の既存の概念を利用しながら新しいコンセプトの表現に成功している．

　オーバーライドしてしまうより，特殊関数を通常の関数として扱うことの方がケースとしては多い．例えば，add() という関数を定義して，それを sapply() に渡し，リストの各要素に 3 ずつ加える場合を考えてみよう．

```
add <- function(x, y) x + y
```

## 第6章 関数

```
sapply(1:10, add, 3)
#>  [1]  4  5  6  7  8  9 10 11 12 13
```

ただし，この場合は以下のように組み込み関数の+を通常の関数と同じように用いれば済む．

```
sapply(1:5, `+`, 3)
#> [1] 4 5 6 7 8
```

```
sapply(1:5, "+", 3)
#> [1] 4 5 6 7 8
```

なお，`+`と"+"の違いに注意してほしい．前者は+という名のオブジェクトの中身を指示しているが，後者は+という文字列である．後者でも前者と同じように実行されるのは，sapply()には関数そのものではなく，関数の名前を引数として指定できるからだ．sapply()のソースを参照すれば，最初の行でmatch.fun()を使って，指定された関数を探索しているのが確認できるだろう．

より役に立つのが，lapply()もしくはsapply()とデータ抽出演算子を組み合わせる方法だ．

```
x <- list(1:3, 4:9, 10:12)
sapply(x, "[", 2)
#> [1]  2  5 11

# これは以下に等しい
sapply(x, function(x) x[2])
#> [1]  2  5 11
```

なお，Rにおいてすべての操作は関数呼び出しであることを覚えておくと，第14章「表現式」で述べるメタプログラミングの理解の助けとなるだろう．

## 6.4 関数の引数

関数の仮引数と実引数の区別をつけておくと有用である．仮引数は関数のプロパティである一方，実引数（もしくは呼び出し時引数）は関数が呼び出

されるたびに変わる．本節では実引数が仮引数にどのようにマップされているか，どのようにして関数に引数リストを渡して関数を呼び出すか，デフォルトの引数はどのように機能するか，遅延評価のインパクトとはどのようなものか，について議論する．

### 6.4.1 関数呼び出し時の引数

関数を呼び出すとき，引数はその位置や，完全な名前，さらには名前の一部で指定することができる．指定された引数は，まず完全な名前でのマッチングが行われ，次に引数の語頭がマッチしているか検証され，最後に指定位置で検証される．

```
f <- function(abcdef, bcde1, bcde2) {
  list(a = abcdef, b1 = bcde1, b2 = bcde2)
}
str(f(1, 2, 3))
#> List of 3
#>  $ a : num 1
#>  $ b1: num 2
#>  $ b2: num 3

str(f(2, 3, abcdef = 1))
#> List of 3
#>  $ a : num 1
#>  $ b1: num 2
#>  $ b2: num 3

# 長い名前の引数は短縮できる
str(f(2, 3, a = 1))
#> List of 3
#>  $ a : num 1
#>  $ b1: num 2
#>  $ b2: num 3

# 短縮することで引数名が曖昧になる場合はエラー
str(f(1, 3, b = 1))
#> Error in f(1, 3, b = 1): 引数 3 が複数の仮引数に一致します
```

一般的に，最初の1つないし2つの引数については位置によるマッチングを選ぶだろう．これらの引数はよく使われるものであり，多くの読者もその

引数が意味するものを知っているからである．しかし，あまり使われない引数に対しては位置によるマッチングを用いることを避け，部分的なマッチングと併せて可読的な短縮形を用いるべきである．（CRAN に公開するパッケージのコードを書く場合は，部分的なマッチを使わずに，完全な名前による引数指定をしなければならない．）名前付き引数は，名前なし引数の後に置くべきである．もし関数の中で...（これについては後ほど詳しく述べる）を用いる場合，その後にくる引数リストは完全名前で指定する必要がある．

以下は良い関数呼び出しの例である．

```
mean(1:10)
mean(1:10, trim = 0.05)
```

これは不必要に書き過ぎている．

```
mean(x = 1:10)
```

これらは混乱を招く．

```
mean(1:10, n = T)
mean(1:10, , FALSE)
mean(1:10, 0.05)
mean(, TRUE, x = c(1:10, NA))
```

### 6.4.2 引数リストによる関数呼び出し

関数の引数リストがあると仮定しよう．

```
args <- list(1:10, na.rm = TRUE)
```

このリストをどのように mean() に渡したらよいだろう？ このとき，do.call() を用いる．

```
do.call(mean, list(1:10, na.rm = TRUE))
#> [1] 5.5

# 以下と等価である
mean(1:10, na.rm = TRUE)
#> [1] 5.5
```

### 6.4.3 デフォルト引数および未指定の引数

Rでは関数の引数にデフォルト値を指定できる.

```
f <- function(a = 1, b = 2) {
  c(a, b)
}
f()
#> [1] 1 2
```

Rでは引数は遅延評価される(これについては後ほど述べる)ため,引数のデフォルト値は他の引数を使って定義することもできる.

```
g <- function(a = 1, b = a * 2) {
  c(a, b)
}
g()
#> [1] 1 2

g(10)
#> [1] 10 20
```

デフォルト引数は,関数内部で生成された変数を使って定義することさえできる.これはRの基本関数ではよく使われているテクニックだが,好ましくない習慣だと筆者は考える.なぜならデフォルトの値がどのように設定されるのか,ソースコードを完全に読まないと理解できないからである.

```
h <- function(a = 1, b = d) {
  d <- (a + 1) ^ 2
  c(a, b)
}
h()
#> [1] 1 4

h(10)
#> [1]  10 121
```

missing()によって,引数が未指定かどうかを判定することができる.

```
i <- function(a, b) {
  c(missing(a), missing(b))
}
```

```
i()
#> [1] TRUE TRUE

i(a = 1)
#> [1] FALSE  TRUE

i(b = 2)
#> [1]  TRUE FALSE

i(1, 2)
#> [1] FALSE FALSE
```

通常とは異なるデフォルト値を設定するために数行のコードを追加したい場合がある．しかし関数定義にそうしたコードを挿入する代わりに，missing() を使って，必要な場合にだけ追加のコードを実行するよう指定できる．ただし，こうすると必須の引数と省略可能な引数の区別を付けるためにはドキュメントを注意深く読まざる得なくなる．むしろ筆者はデフォルト値を NULL と設定して実行時に is.null() を使って実引数が渡されているかどうかを確認するようにしている．

### 6.4.4 遅延評価

R の関数で引数は遅延評価される．つまり，その引数が実際に使われた場合に初めて評価される．

```
f <- function(x) {
  10
}
f(stop("This is an error!"))
#> [1] 10
```

もし，引数をすぐに評価したい場合は force() を用いるとよい．

```
f <- function(x) {
  force(x)
  10
}
f(stop("This is an error!"))
#> Error in force(x): This is an error!
```

これは `lapply()` やループでもってクロージャを生成するときに重要なテクニックである．

```
add <- function(x) {
  function(y) x + y
}
adders <- lapply(1:10, add)
adders[[1]](10)
#> [1] 20

adders[[10]](10)
#> [1] 20
```

x は遅延評価の対象となり，10個定義された adders() のいずれか（例えば adders[[1]]）を呼び出して初めて x は評価される．ところが，この時点で lapply() におけるループはすでに終了しており，x の値は最後の10 に到達している．したがって，すべての adders() は入力値に対していずれも10 を足すことになる．しかしユーザが期待していたのは adders[[1]] なら1 を足し，adders[[10]] ならば10 を足す処理だろう．強制評価を導入することでこの問題は解決できる[1]．

```
add <- function(x) {
  force(x)
  function(y) x + y
}
adders2 <- lapply(1:10, add)
adders2[[1]](10)
#> [1] 11

adders2[[10]](10)
#> [1] 20
```

このコードは下記コードと完全に等価である．

```
add <- function(x) {
  x
  function(y) x + y
}
```

---

[1] 訳注：この問題はR-3.2.0 のリリース (PR#16093) に伴い修正されている．

なぜならforce()は，force <- function(x) x と定義されているからである．しかし，この関数を使うことで，関数定義内でうっかりタイプミスしてxと書いたわけではなく，強制評価させたいという意思表示ができる．

デフォルト引数は関数の中で評価される．これは表現式が現在の環境に依存している場合，デフォルト値を利用したか，あるいは明示的に引数を渡したかによって，結果が異なることを意味する．

```
f <- function(x = ls()) {
  a <- 1
  x
}

# ls()はfの中で評価される
f()
#> [1] "a" "x"

# ls()はグローバル環境において評価される
f(ls())
#>  [1] "add"     "adders"  "adders2" "args"    "f"       "funs"    "g"
#>  [8] "h"       "i"       "objs"    "x"       "y"
```

技術的な説明を加えると，未評価の引数はプロミス (promise) もしくはあまり一般的ではないがサンク (thunk) と呼ばれる．プロミスは以下の2つで構成されている．

- 遅延評価の対象となる式（これはsubstitute()でアクセスできる）．詳しくは第13章「非標準評価」を参照のこと．
- 式が生成された環境および式が評価されるべき環境

プロミスは初めてアクセスされたとき，それが生成された環境において評価される．この値はキャッシュされ，一度評価されたプロミスが再評価されることはない（しかし，値と元の式は関連付けられているので，substitute()を使ってアクセスすることはできる）．プロミスについてはpryr::promise_info()を使ってより詳しい情報を得ることができる．この関数はプロミスを評価せずに情報を抽出できる．これはRの通常のコードでは不可能な処理である．

遅延評価は，if 文でも役に立つ．例えば下記のコードでにおいて，2つ目の引数は遅延評価により1つ目の引数が真のときのみ評価される．もし遅延評価をしない場合，この if 文はエラーを返す．なぜなら NULL > 0 は長さ 0 の論理値ベクトルであり，if の入力値としては適切ではないからである．

```
x <- NULL
if (!is.null(x) && x > 0) {

}
```

また && を独自に実装してみることもできる．

```
`&&` <- function(x, y) {
  if (!x) return(FALSE)
  if (!y) return(FALSE)

  TRUE
}
a <- NULL
!is.null(a) && a > 0
#> [1] FALSE
```

この関数は遅延評価なしには機能しない．なぜなら x と y の両者が常に評価されるからである．したがって a が NULL であっても a > 0 が検証されてしまう．

遅延評価を使うことで，以下に示すように，if 文をなくしてしまうこともできる．

```
if (is.null(a)) stop("a is null")
#> Error in eval(expr, envir, enclos): a is null

!is.null(a) || stop("a is null")
#> Error in eval(expr, envir, enclos): a is null
```

### 6.4.5　ドット引数 (...)

特殊な引数として三連ドット...がある．これは仮引数とマッチしなかった残りの引数にマッチし，他の関数に渡すことを可能にする仕組みである．これは引数の一部を他の関数に渡したいが，引数名を事前に指定しづらい場

合に使うと便利である．...はS3の総称関数と組み合わせて用いることが多く，この仕組みにより個々のメソッドの柔軟性が高まる．

...をうまく使っている例としてplot()が挙げられる．plot()はx, yおよび...を引数にもつ総称関数である．ある関数で...が果たす役割を理解するにはヘルプを読む必要がある．ヘルプには「...はグラフィックスパラメータなどを引数を他のメソッドに渡すためにある」と記載されている．plot()を実行した際，もっとも単純なケースではplot.default()が呼び出される．このメソッドには多くの引数があるが...も含まれている．なおヘルプを読むと，...には「他のグラフィックスパラメータ」も渡されるが，それらの一覧がpar()のヘルプに記載されている．これを利用して以下のようなコードが書ける．

```
plot(1:5, col = "red")
plot(1:5, cex = 5, pch = 20)
```

このコードは...の良い面と悪い面を示している．...はplot()に柔軟性を与えるが，使い方を理解するにはドキュメントを注意深く読まなくてはならない．しかも，plot.default()のソースコードを読むとドキュメント化されていない部分があることに気づく．例えば，以下のように引数をAxis()およびbox()に引き渡すことも実は可能である．

```
plot(1:5, bty = "u")
plot(1:5, labels = FALSE)
```

...をより使いやすい形で取り出すには，list(...)を用いるとよい．（...を未評価のまま取り出す他の方法については13.5.2項「未評価の三連ドット(...)の捕捉」を参照のこと．)

```
f <- function(...) {
  names(list(...))
}
f(a = 1, b = 2)
#> [1] "a" "b"
```

...を使う場合，それなりの代償がある．例えば引数をスペルミスしてもエラーは出ない．また...の後に引数を並べる場合は完全な名前を指定しな

けばならない．そのため，引数にタイプミスしてもそのまま見過ごされてしまうことがある．

```
sum(1, 2, NA, na.mr = TRUE)
#> [1] NA
```

暗黙の指定よりも，明示的な指定の方が往々にして望ましい．したがって，追加の引数リストをユーザが明示的に渡すような関数を作るのがよい．別に複数の関数があって，... を使って引数を渡そうとしているのであれば，むしろリストにした方が簡単になるだろう．

### 6.4.6 エクササイズ

1. 以下の関数呼び出しにおける奇妙な点を挙げよ．

    ```
    x <- sample(replace = TRUE, 20, x = c(1:10, NA))
    y <- runif(min = 0, max = 1, 20)
    cor(m = "k", y = y, u = "p", x = x)
    ```

2. 以下の関数はどのような結果を返すか？ それはなぜか？ 背後にどのような原理があるのか？

    ```
    f1 <- function(x = {y <- 1; 2}, y = 0) {
      x + y
    }
    f1()
    ```

3. 以下の関数はどのような結果を返すか？ どのような原則を表しているか？

    ```
    f2 <- function(x = z) {
      z <- 100
      x
    }
    f2()
    ```

## 6.5 特殊な関数呼び出し

Rでは特殊な関数呼び出しとして2つの仕組みを備えている．中置 (infix) 関数と置換 (replacement) 関数である．

### 6.5.1 中置関数

Rではほとんどの関数が前置 (prefix) タイプの演算子である．つまり，関数の名称が引数の前にくる．+や-のように引数の間に関数名がくる中置関数 (infix function) を生成することもできる．ユーザが定義した中置関数は%で関数の名称をはさむことになっている．この形式の関数がRにはいくつか組み込まれている．%%, %*%, %/%, %in%, %o%, %x% である．なお%なしの中置演算子に，::, :::, $, @, ^, *, /, +, -, >, >=, <, <=, ==, !=, !, &, &&, |, ||, ~, <-, <<- がある．

例えば，文字列を結合する中置関数を新しく定義してみよう．

```
`%+%` <- function(a, b) paste0(a, b)
"new" %+% " string"
#> [1] "new string"
```

中置関数は特殊な名前オブジェクトであるから，定義する際にはバックティックで囲む必要がある．中置関数の呼び出しは，通常の関数呼び出しのシンタクスシュガーに過ぎない．したがって，以下の2つの表現式は，Rでは全く同じことである．

```
"new" %+% " string"
#> [1] "new string"

`%+%`("new", " string")
#> [1] "new string"
```

名前をバックティックで囲まれた中置関数についても同じことがいえる．

```
1 + 5
#> [1] 6

`+`(1, 5)
```

```
#> [1] 6
```

中置関数の名称は通常のRの関数よりも柔軟に決められる．%を除くあらゆる文字列を用いることができる．なお，関数定義の際は，特殊文字についてはエスケープする必要があるが，関数呼び出しの際にエスケープ文字は必要ではない．

```
`% %` <- function(a, b) paste(a, b)
`%'%` <- function(a, b) paste(a, b)
`%/\\%` <- function(a, b) paste(a, b)

"a" % % "b"
#> [1] "a b"

"a" %'% "b"
#> [1] "a b"

"a" %/\% "b"
#> [1] "a b"
```

デフォルトの優先順位では，中置関数は左から右に評価される．

```
`%-%` <- function(a, b) paste0("(", a, " %-% ", b, ")")
"a" %-% "b" %-% "c"
#> [1] "((a %-% b) %-% c)"
```

筆者がよく使う中置関数を紹介しよう．これは，プログラミング言語Rubyで論理和演算を表す||演算子に触発されて作ったものである．Rubyにおける||は，if文でTRUEの評価がより柔軟な定義がされており，Rの||とは挙動が少し異なる．以下の例のように，独自に%||%を定義して，一方の関数の出力がNULLだった場合，あらかじめ指定した初期値を返すようにしておくと便利である．

```
`%||%` <- function(a, b) if (!is.null(a)) a else b
function_that_might_return_null() %||% default value
```

### 6.5.2 置換関数

置換関数(replacement functions)は引数を直ちに変更する．また，xxx<-と

いう形式の特殊な名前で定義される．典型的には引数は2つ（xとvalue）だが，3つ以上の場合もある．返り値は引数を修正したオブジェクトとなる．例えば以下で定義した関数は引数として指定したベクトルの2つ目の要素を変更する．

```
`second<-` <- function(x, value) {
  x[2] <- value
  x
}
x <- 1:10
second(x) <- 5L
x
#>  [1]  1  5  3  4  5  6  7  8  9 10
```

Rはsecond(x) <- 5を評価すると，<-の左側は単純な関数名ではないことを把握する．そしてsecond<-という名前の関数がないか検索する．

先ほど置換関数は引数を直ちに変更すると述べたが，実際は修正されたコピーを作成するのである．これはpryr::address()を用いてオブジェクトのメモリアドレスを出力することで確認できる．

```
library(pryr)
x <- 1:10
address(x)
#> [1] "0x7fa518f19db8"

second(x) <- 6L
address(x)
#> [1] "0x7fa51a6fca88"
```

.Primitive()を用いた組み込み関数，置換関数はオブジェクトをコピーせずに直ちに変更する．

```
x <- 1:10
address(x)
#> [1] "0x103945110"

x[2] <- 7L
address(x)
#> [1] "0x103945110"
```

## 6.5 特殊な関数呼び出し

これはパフォーマンスに関わるので，この挙動を理解しておくことは重要である．

中置演算子に引数を追加するのであれば，x と value の間に挿入する．

```
`modify<-` <- function(x, position, value) {
  x[position] <- value
  x
}
modify(x, 1) <- 10
x
#>  [1] 10  6  3  4  5  6  7  8  9 10
```

modify(x, 1) <- 10 を実行すると，背後でRは以下のようなコードに置き換えている．

```
x <-`modify<-`(x, 1, 10)
```

これは以下のようなコードは実行できないことを意味する．

```
modify(get("x"), 1) <- 10
```

なぜなら上記のコードは以下のように無効な命令に変えられるからである．

```
get("x") <-`modify<-`(get("x"), 1, 10)
```

置換関数とデータ抽出演算子は組み合わせて使われることが多い．

```
x <- c(a = 1, b = 2, c = 3)
names(x)
#> [1] "a" "b" "c"

names(x)[2] <- "two"
names(x)
#> [1] "a"   "two" "c"
```

これが動作するのは，names(x)[2] <- "two" が以下のように書いた場合と同じとみなされるからだ．

```
`*tmp*` <- names(x)
`*tmp*`[2] <- "two"
names(x) <- `*tmp*`
```

（この例では*tmp*という名前のローカル変数にコピーを生成している．これは一時的な変数であり，処理後自動的に削除される．）

### 6.5.3 エクササイズ

1. baseパッケージ内の置換関数をリストアップせよ．また，どれがプリミティブ関数だろうか？
2. ユーザが中置関数を定義する場合に有効な名前は？
3. 中置関数としてxor()を定義せよ．
4. intersect(), union(), setdiff()といった集合関数を中置関数として定義せよ．
5. 引数として与えられたベクトルにおいてランダムな位置で値を変更する置換関数を定義せよ．

## 6.6 返り値

関数内で最後に評価された式は返り値 (return value)，つまり関数の実行結果となる．

```
f <- function(x) {
  if (x < 10) {
    0
  } else {
    10
  }
}
f(5)
#> [1] 0

f(15)
#> [1] 10
```

一般論として，明示的にreturn()を用いるのはエラー処理のときなど関数の途中で値を返す場合や，簡単な構造の関数の中に限った方がよいというのが筆者のスタイルである．このプログラミングスタイルであれば，インデントが深くなるのを避けることができる．また関数を分割して把握できるよ

うになり，理解しやすいコードになる．

```
f <- function(x, y) {
  if (!x) return(y)
  # この後に複雑な処理が続く
}
```

関数はオブジェクトを1つだけ返すことができる．しかし，これは制約にならない．複数のオブジェクトをリストにまとめて返すことが可能だからだ．

もっとも理解しやすくその挙動を把握できるのは純粋関数である．これは同じ入力に対しては常に同じ出力を返し，ワークスペースに何の影響も及ぼさない．言い換えると，純粋関数には副作用 (side-effects) がない．純粋関数はその返り値を除いて，現状に何ら影響を与えない．

R オブジェクトにはコピー修正セマンティクス (copy on modify semantics) が適用されることで副作用が生じるのを防いでいる．こうすることで関数の引数に修正が加えられても，元の値には何ら影響はない．

```
f <- function(x) {
  x$a <- 2
  x
}
x <- list(a = 1)
f(x)
#> $a
#> [1] 2

x$a
#> [1] 1
```

（コピー修正セマンティックには2つの重要な例外がある．環境と参照クラスである．これらに加えた変更は直ちに反映される．したがって，これらを扱うときは特別の注意が必要となる．）

これは，関数の引数を変更可能な Java などのプログラミング言語とは明らかに異なる特徴である．コピー修正によるパフォーマンスの問題については第17章「コードの最適化」で議論する．（なお，このパフォーマンスの問題は R におけるコピー修正の実装の結果であり，他言語には当てはまな

い.例えば Clojure という新しい言語ではコピー修正を多用しているが,パフォーマンスの低下は限定的である.)

R の基本関数群の多くは純粋関数だが,いくつか押さえておきたい例外がある.

- `library()` はパッケージをロードするための関数であり,結果としてサーチパスを変更する.
- `setwd()`, `Sys.setenv()`, `Sys.setlocale()` はそれぞれ作業ディレクトリ,環境変数,ロケールを変更する関数である.
- `plot()` 関数群はグラフィカル出力を生成する.
- `write()`, `write.csv()`, `saveRDS()` などは出力をディスクに保存する.
- `options()`, `par()` はグローバル設定を変更する.
- S4 クラスに関連する関数群はクラスおよびメソッドのグローバルテーブルを変更する.
- 乱数生成は実行するたびに異なる数値を生成する.

副作用の利用を必要最小限に抑え,可能な限り純粋関数と非純粋関数を分けて副作用の影響を小さくするのが一般的に良いアイデアとされている.純粋関数はテストが容易である.なぜなら入力値と出力値のみに気を配ればよいからである.また,R のバージョンの違いや,実行環境の差に影響されにくい.例えば **ggplot2** パッケージ開発において筆者が特に重視している原則を 1 つ紹介しよう.すなわち,**ggplot2** ではほとんどの操作はプロットを表すオブジェクトに対して行い,最後に `print()` もしくは `plot()` を呼び出す場合だけ副作用を認め,プロットを描画するのが原則である.

関数は `invisible()` を用いて返り値を隠ぺいすることもできる.こうすることで関数呼び出しの結果をコンソールに表示しない.

```
f1 <- function() 1
f2 <- function() invisible(1)

f1()
#> [1] 1

f2()
```

```
f1() == 1
#> [1] TRUE

f2() == 1
#> [1] TRUE
```

ただし，表現式全体を括弧で囲むと invisible() を適用した値であってもコンソールに表示できる．

```
(f2())
#> [1] 1
```

invisible() を適用した値を返す典型的な関数が <- である．

```
a <- 2
(a <- 2)
#> [1] 2
```

この仕組みにより，1 つの値を複数の変数に付値することが可能になっている．

```
a <- b <- c <- d <- 2
```

これは以下のようにパースされている．

```
(a <- (b <- (c <- (d <- 2))))
#> [1] 2
```

### 6.6.1 処理を抜ける際の処理

関数は処理結果を返す以外に，on.exit() を使うことで実行終了のタイミングで他の処理を行うよう設定することが可能である．この仕組みは，関数がその処理を終えたときにグローバル環境を元に戻すような処理を行うために使われることが多い．on.exit() 内のコードは，関数がどのように終了しても（途中で return されたり，エラーが生じたり，あるいは正常に関数の最後まで実行された場合でも），必ず実行される．

```
in_dir <- function(dir, code) {
  old <- setwd(dir)
  on.exit(setwd(old))
```

```
  force(code)
}
getwd()
#> [1] "/Users/hadley/Documents/adv-r/adv-r"

in_dir("~", getwd())
#> [1] "/Users/hadley"
```

基本的な使い方を以下に示す.

- まずディレクトリを新しい場所に設定する前に setwd() の出力を使って変更前の作業ディレクトリを保存しておく.
- 次に on.exit() を使い,関数が実行結果に関わらず,作業ディレクトリを関数実行前の場所に戻している.
- 最後にコードを明示的に強制評価している(実際には force() を使う必要はないが,これによりコードの意図を明確に伝えることができる).

注意:
on.exit() を 1 つの関数の中で複数回用いる際は,add = TRUE を引数にセットしておくこと.残念ながら on.exit() のデフォルトは add = FALSE にされており,関数を実行するたびに既存の終了時実行表現が上書きされてしまう. on.exit() の仕様により,add = TRUE とした派生関数を新たに定義することもできない.

### 6.6.2 エクササイズ

1. source() の chdir 引数は,先に定義した in_dir() と比較してどのような違いがあるか? どちらのアプローチが良いと思うか?
2. library() の実行結果を元に戻す関数は何か? どのようにすれば options() や par() の値を保存し,元の状態に回復させられるだろうか?
3. グラフィックスデバイスを開いてから,任意のプロットを作成し,作画の結果に関わらずデバイスを閉じる関数を書け.
4. 以下のように capture.output() の簡易版を作る際に on.exit() を用いることができる.

```
capture.output2 <- function(code) {
  temp <- tempfile()
  on.exit(file.remove(temp), add = TRUE)

  sink(temp)
  on.exit(sink(), add = TRUE)

  force(code)
  readLines(temp)
}
capture.output2(cat("a", "b", "c", sep = "\n"))
#> [1] "a" "b" "c"
```

capture.output()とcapture.output2()を比較せよ．この2つの関数はどのように異なるか？ capture.output()の鍵となるアイデアをわかりやすくするために，ここで筆者が省いた特徴は何か？ またそのアイデアをよりわかりやすくするために筆者は，何をどのように書き直しているか？

## 6.7 クイズの解答

1. 3つの構成要素とは関数定義と引数と環境である．
2. f1(1)は11を返す．
3. 通常は中置関数を用いて 1 + (2 * 3) と書ける．
4. mean(c(1:10, NA), na.rm = TRUE) と書き直すとわかりやすい．
5. 答えは「いいえ」である．2つ目の引数は使われないので，したがって評価されない．結果としてエラーは投げられない．
6. 6.5.1項「中置関数」と6.5.2項「置換関数」を見よ．
7. on.exit()を用いるとよい．詳しくは6.6.1項「処理を抜ける際の処理」を見よ．

# 7

# オブジェクト指向実践ガイド

　本章は，Rのオブジェクトについて考察を深め，そして実際のプロジェクトで使うためのガイドである．ただしRには（基本データ型に加えて）3つのオブジェクト指向システムが実装されているので，読者を尻込みさせるには十分だろう．このガイドでは，読者にこれら4つのシステムすべてのエキスパートになってもらおうとしているわけではない．ただ読者が取り扱っているオブジェクトのシステムを識別でき，かつ効率的に操作できるようになることを目指している．

　オブジェクト指向プログラミングではクラスとメソッドが中心的な役割を果たす．クラスはオブジェクトの属性と，他のクラスとの関係を定義して，オブジェクトの挙動を制御する．またメソッドを選択する場合クラスが参照される．メソッドは，引数として与えられたオブジェクトのクラスごとに異なる動作をするように設計された関数であるからだ．一般にクラスには継承関係がある．子クラスに呼び出すべきメソッドが見つからない場合，その親クラスのメソッドが使われる．子クラスは親クラスの機能を継承しているのである．

　Rに組み込まれている3つのオブジェクト指向は，それぞれにクラスとメソッドの定義方法が異なっている．

- **S3** は総称関数オブジェクト指向と呼ばれるスタイルを採用している．このスタイルは，他のほとんどのプログラミング言語，例えばJavaやC++, C#で採用しているメッセージパッシングによるオブジェクト指向とは異なっている．メッセージパッシングでは，メッセージ（メソッド）がオブジェクトに送られ，オブジェクト自身が呼び出すべき関数を決める．オブジェクトの関数呼び出しには典型的な記法があり，多くの場合，オブジェクト名にメソッドないしメッセージの名前をつなげる．

例を挙げると canvas.drawRect("blue") などとなる．S3 はこれとは異なる．処理がメソッドによって実行される点は同じであるが，総称関数という特別なタイプの関数を定義し，これが呼び出すべきメソッドを決定するのである．この呼び出しは drawRect(canvas, "blue") と表現される．S3 は手軽に実装でき，そもそも形式的なクラス定義もない．

- **S4** の仕組みは S3 に近いが，もう少し形式的である．大きな違いは2点ある．S4 には形式的な定義があり，クラスの構造表現と他のクラスとの継承関係が定められる．そして S4 には総称関数やメソッドを定義するための補助関数が備わっている．また S4 には多重ディスパッチの仕組みがある．総称関数は引数として渡された複数の（つまり1つとは限らない）オブジェクトそれぞれのクラスを判断して，適切なメソッドを選び出すことができる[1]．

- **参照クラス**は短く RC と呼ばれているが，S3 や S4 とはまったく仕組みが異なる．RC ではメッセージパッシングが採用されており，メソッドは関数ではなくクラスに属する．オブジェクトとメソッドの関係は $ で分けられる．例えば呼び出しは canvas$drawRect("blue") となる．また RC のオブジェクトは可変 (mutable) である．つまり R で一般的な「コピー修正」[2] セマンティクスではなく，即時修正である．このためオブジェクトの挙動を追うのが難しくもなるが，反面，S3 や S4 では解決の難しい問題を扱えるようにもなる．

また R にはもう1つ，オブジェクト指向ではないが，非常に重要なシステムがある．

- **基本型**はオブジェクト指向システムの根幹となる型で，内部で C 言語レ

---

[1] 訳注：指定された引数に合わせて実際に呼び出すメソッドを選択する仕組みをいう．例えば，総称メソッドである plot() に x と y の2つの引数を渡した場合，x あるいは y のいずれかのクラスが factor であると，散布図ではなく箱ひげ図を描くメソッドが呼ばれる．C++ で関数のオーバーロードと呼ばれる仕組みにあたる．

[2] 訳注：コピー修正 (copy-on-modify) は，即時修正 (modify in place) と対になる概念である．例えば R でベクトルの一部の要素を修正する場合，原理的にはベクトル全体のコピーが作成され，このコピーに修正が加えられて返される．これに対して即時修正ではコピーが作成されず，オブジェクトの当該箇所が直接変更される．詳細は第18章「メモリ」を参照されたい．

ベルの実装がなされている．つまり基本型はC言語のコードで処理が行われているが，ここまで説明してきたオブジェクト指向システムを構成するパーツであり，理解しておくべきである．

以下，これらのシステムについて順に説明していく．最初に基本型をとりあげる．本章を通じて，あるオブジェクトがどのオブジェクト指向システムに属しているか，メソッドのディスパッチ（呼び出し）がどのように行われるのか，さらにはオブジェクトやクラスを新規に作成する方法，総称関数とメソッドの定義について理解を深められるだろう．また本章の最後には，これらのシステムを使い分けるポイントを指摘しておこう．

**本章を読むための準備：**

以下の説明ではオブジェクト指向の特徴を調べるための特殊な関数を利用している．すべてを実行するには，**pryr** パッケージのインストールが必要である．

**クイズ：**

以下のクイズに答えられるようであれば，本章はとばして問題ない．回答は本章の末尾に掲載してあるので，チェックして欲しい．

1. オブジェクトがいずれのオブジェクト指向システムと関連付けられているかを見分ける方法をいいなさい．
2. オブジェクトの基本型（例えば整数あるいはリスト）を確認できるか．
3. 総称関数とは何か．
4. S3とS4の主な違いは何か．またS4とRCの違いは？

**本章の概要：**

- 7.1節「基本型」では，Rの基本オブジェクトの仕組みについて解説する．このシステムに新しいクラスを追加できるのはRコアチーム[3]だけであるが，他の3つのオブジェクト指向システムは基本型に支えられ

---

[3] 訳注：Rの開発メンバーで https://www.r-project.org/contributors.html にリストがある．

ているので，一般のユーザであっても知っておく必要があろう．
- 7.2 節「S3」では，非常にシンプルでもっとも使われている S3 システムについて説明する．
- 7.3 節「S4」ではより形式的で厳密な S4 システムを論じる．
- 7.4 節「RC」では，R のもっとも新しいオブジェクト指向システムである参照クラス（RC と略される）について解説する．
- 7.5 節「オブジェクト指向の選び方」では，ユーザ自身が新たに開発を始める場合にどのシステムを選択すべきかをアドバイスする．

## 7.1 基本型

R のすべてのオブジェクトの根幹にあるのは，オブジェクトをメモリ上で表現する C 言語の構造（構造体）である．この構造体では，オブジェクトの中身やメモリ配置に関する情報に加えて，本章で説明する型についての情報も含まれる．実は，これがまさに R のオブジェクトの基本型なのである．基本型は実際にはオブジェクトシステムではない．基本型の追加は R のコアチームだけに認められており，新しい型が追加されることは滅多にない．最近では 2011 年に，おそらくユーザが目にしたこともないだろう変わった型が 2 つ追加された（NEWSXP と FREESXP）．これらはメモリトラブルの診断に役立つ．これ以前だと，2005 年に S4 オブジェクト用に特殊な基本型 (S4SXP) が追加されたこともある．

第 2 章「データ構造」では，もっとも一般的な基本型（アトミックベクトルとリスト）について説明している．しかし基本型には関数や環境，さらには名前オブジェクトや呼び出しオブジェクト，プロミスなども含まれている．これらについては本書の後半で解説される．なおオブジェクトの基本型は typeof() で確認できる．ただし基本型の名前が R では一貫しておらず，型名とこれを確認するはずの is で始まる関数名の間に対応がない場合すらある．

```
# 関数の型は「クロージャ」
f <- function() {}
typeof(f)
```

```
#> [1] "closure"

is.function(f)
#> [1] TRUE

# プリミティブ関数の型は「ビルトイン」
typeof(sum)
#> [1] "builtin"

is.primitive(sum)
#> [1] TRUE
```

mode() や storage.mode() という関数を知っている読者もいるかもしれないが，この2つは無視してしまって構わないだろう．これらは実際には typeof() の実行結果を返すだけのエイリアスに過ぎず，S言語との互換性のためにだけ残されているからである．確認したければ，これらの関数のソースコードを読むとよいだろう．

型ごとに異なる処理をする関数のほとんどはC言語で書かれており，switch 構文を使ってディスパッチがなされている (switch(TYPEOF(x)))．読者自身がC言語を使うことはなくとも，これらの基本型を理解しておくことは重要である．他の型はすべて基本型の上に構築されているからである．S3 オブジェクトの場合は，任意の基本型で構築されるし，S4 オブジェクトは特定の基本型を使い，RC は S4 と環境（これもまた基本型である）を組み合わせている．あるオブジェクト x が S3 や S4 でも RC でもなく，純粋な基本型であるかどうかをチェックするには is.object(x) を実行する．FALSE が返ってくれば，それは基本型である．

## 7.2 S3

S3 は R で最初に実装された非常にシンプルなオブジェクト指向システムであり，base パッケージと stats パッケージでは S3 システムだけが使われている．また CRAN のパッケージでもっとも利用されているシステムでもある．S3 は形式的でなくアドホックではあるが，最低限のオブジェクト指向を実現していることに優雅さがある．S3 はこれ以上何もそぎ落とせない

ほどシンプルではあるが，それでいて役に立つオブジェクト指向システムなのだ．

### 7.2.1 オブジェクトと総称関数，メソッドの違い

R で日常的に利用しているオブジェクトのほとんどは S3 なのだが，残念ながらこれを簡単に確認する方法は R には用意されていない．あえて実行するなら is.object(x) & !isS4(x) だろうか．これはオブジェクトではあるが，しかし S4 ではないことを確認するコードだ．pryr::otype() を使えばもっと簡単に調べられる．

```
library(pryr)
df <- data.frame(x = 1:10, y = letters[1:10])
otype(df)       # データフレームは S3 オブジェクト
#> [1] "S3"

otype(df$x)    # 数値ベクトルは違う
#> [1] "base"

otype(df$y)    # 因子は S3
#> [1] "S3"
```

S3 の場合，メソッドは**総称関数**（generic function，短縮形で generics）という関数に属している．つまり S3 のメソッドは，オブジェクトやクラスには属していない．これは他のほとんどのプログラミング言語と異なる点ではあるが，正当なオブジェクト指向システムである．

ある関数が S3 総称関数かどうかは，関数のソースに UseMethod() の関数の呼び出しがあるかどうかを確認すればよい．この関数が実際に呼び出すべきメソッドを決定しており，この手順をメソッドディスパッチと呼ぶ．すでに紹介した otype() と同様，**pryr** パッケージには，ある関数がオブジェクト指向システムと関連付けられていれば，その情報を表示する関数 ftype() がある．

```
mean
#> function (x, ...)
#> UseMethod("mean")
#> <bytecode: 0x1cc7688>
```

```
#> <environment: namespace:base>

ftype(mean)
#> [1] "s3"       "generic"
```

S3 総称関数の一部，例えば [, sum(), cbind() では UseMethod() は呼び出されない．これらは C 言語で実装されており，C 言語の DispatchGroup() ないし DispatchOrEval() を呼び出す．C 言語レベルでメソッドディスパッチを行う関数はインターナル総称関数と呼ばれる．これらは ?"internal generic" でヘルプを参照できる．ftype() は，こうした特殊な関数にも対応している．

クラスとの関係では，S3 総称関数の役目は，適切な S3 メソッドを呼び出すことだ．S3 メソッドは generic.class() という形式の名前で判断できる．例えば総称関数 mean() は，Date クラスのオブジェクトを渡された場合，実際には mean.Date() を呼び出す．あるいは factor クラスのオブジェクトに print() を適用すると，print.factor() が呼び出される．

このため，コーディングスタイルについての解説書では，S3 メソッドの仕組みとの混同を避けるため，関数名にドット (.) を使わないように勧められている．例えば t.test() という関数は test クラスの t メソッドのようにも思える．同じようにクラス名にドットを使うと混乱を招きかねない．実際，print.data.frame() は data.frame クラスの print() メソッドなのか，あるいは frame クラスの print.data() メソッドなのか区別がつかない．こうした例外的ケースでも **pryr** パッケージの ftype() は，S3 メソッドなのか総称関数なのかを正しく判別する．

```
ftype(t.data.frame)  # データフレーム用の t() メソッド
#> [1] "s3"       "method"

ftype(t.test)        # t 検定用の総称関数
#> [1] "s3"       "generic"
```

ある総称関数に属するメソッドの一覧を取得したい場合は methods() を使う．

```
methods("mean")
```

```
#> [1] mean.Date      mean.default   mean.difftime mean.POSIXct
#>     mean.POSIX1t
#> see '?methods' for accessing help and source code

methods("t.test")
#> [1] t.test.default* t.test.formula*
#> see '?methods' for accessing help and source code
```

ただし base パッケージで定義されたメソッドを除き，S3 クラスのメソッドのほとんどは，ソースを表示するのに getS3method() を使う必要がある．

特定のクラスのメソッドと関連付けられている総称関数をすべて表示させるには次のようにする．

```
methods(class = "ts")
#>  [1] aggregate      as.data.frame  cbind          coerce         cycle
#>  [6] diffinv        diff           initialize     kernapply      lines
#> [11] Math2          Math           monthplot      na.omit        Ops
#> [16] plot           print          show           slotsFromS3    time
#> [21] [<-            [              t              window<-       window
#> see '`methods' for accessing help and source code
```

なお以下の節でも説明するが，S3 クラスをすべて表示させる方法はない．

### 7.2.2 クラス定義とオブジェクト生成

S3 はシンプルでアドホックなオブジェクト指向であり，クラスの形式的定義すらない．オブジェクトをクラスのインスタンスとするには，既存の基本オブジェクトにクラス属性を与えるだけで済む．クラス属性は structure() でオブジェクト作成時に指定してもいいし，作成後に class<-() を使って与えてもいい．

```
# オブジェクトの生成と同時にクラス属性を与える
foo <- structure(list(), class = "foo")

# オブジェクトを生成してからクラス属性を与える
foo <- list()
class(foo) <- "foo"
```

通常，S3 オブジェクトはリストないしアトミックベクトルを土台として

属性が与えられている（属性については 2.2 節「属性」で再確認されたい）．関数を S3 オブジェクトに変更することも可能である．他の基本型をクラスにすることは R では稀である．それらはセマンティクスが通常とは異なるため，属性を適切に設定するのが難しい．

オブジェクトのクラスは class(x) で確認できる．クラスの継承関係を知るには inherits(オブジェクト, "クラス名") を実行する．

```
class(foo)
#> [1] "foo"

inherits(foo, "foo")
#> [1] TRUE
```

S3 オブジェクトのクラス属性はベクトルで指定されている場合があり，特殊なクラス属性からより一般的なクラス属性が指定されている．例えば glm() の出力オブジェクトのクラスは，c("glm", "lm") となっており，一般化線形モデルは線形モデルの属性を継承していることを表している[4]．クラス名は小文字とするのが普通であり，ドット (.) は避けるべきである．クラス名を複合的に構成する場合，アンダースコア (my_class) やキャメル記法 (MyClass) が使われているが，どちらか一方が望ましいということはない．

S3 クラスの多くにはコンストラクタ[5]が用意されている．

```
foo <- function(x) {
  if (!is.numeric(x)) stop("引数 x には数値を指定してください")
  structure(list(x), class = "foo")
}
```

コンストラクタがあるならば使うべきである（例えば factor() や data.frame()）．オブジェクトの生成に適切な指定がなされているかチェックされるからである．コンストラクタは一般にクラス名と同名の関数となる．

開発者がコンストラクタを用意していない場合，S3 にはクラスの整合性をチェックする仕組みがない．したがって，すでに作成されたオブジェクト

---

[4] 訳注：ちなみに統計学的には，一般化線形モデル (glm) は通常の線形モデル (lm) の一般化である．
[5] 訳注：クラスのオブジェクトを生成（初期化）するためのメソッドのこと．

のクラス属性を変更することさえ可能である.

```
# 線形モデルの作成
mod <- lm(log(mpg) ~ log(disp), data = mtcars)
class(mod)
#> [1] "lm"

print(mod)
#> Call:
#> lm(formula = log(mpg) ~ log(disp), data = mtcars)
#>
#> Coefficients:
#> (Intercept)    log(disp)
#>      5.3810      -0.4586

# これをデータフレームに変換する (?!)
class(mod) <- "data.frame"
# もちろん動作はおかしくなる
print(mod)
#>  [1] coefficients  residuals     effects       rank          fitted.values
#>  [6] assign        qr            df.residual   xlevels       call
#> [11] terms         model
#> <0 行> (または長さ 0 の row.names)

# ただしデータそのものは残っている
mod$coefficients
#> (Intercept)    log(disp)
#>   5.3809725   -0.4585683
```

　これは，特に他のオブジェクト指向言語に親しんでいる読者には不可解だろう．しかし，この柔軟性が実際に問題になることはほとんどないのも事実である．そもそもオブジェクトの型を「変えられる」といっても，実際にそうすべきではないのは自明である．問題を引き起こすのはRではなく，むしろユーザの側だろう．ユーザが自分で自分の足を引っ張るようなことをしなければよいだけだ．

### 7.2.3 総称関数とメソッドの作成

新たに総称関数を追加するには UseMethod() を呼び出す関数を作成する．UseMethod() には 2 つの引数がある．総称関数の名前と，メソッドディスパッチに使う引数である．ただし後者が省略されている場合，総称関数に渡された第 1 引数のクラスに基づいてディスパッチがなされる．総称関数への引数をわざわざ UseMethod() に渡す必要はなく，むしろそうすべきではない．UseMethod() が巧みに判断してくれるからだ．

```
f <- function(x) UseMethod("f")
```

総称関数はメソッドを定義しないと役に立たない．メソッドを追加するには，名前を適切に指定した関数（「総称関数名.クラス名」のスタイル）を通常の手順通りに作成すればいい．

```
f.a <- function(x) "Class a"
a <- structure(list(), class = "a")
class(a)
#> [1] "a"

f(a)
#> [1] "Class a"
```

既存の総称関数にメソッドを追加するのも同じ方法である．

```
mean.a <- function(x) "a"
mean(a)
#> [1] "a"
```

すぐにわかるように，メソッドがその総称関数の意味にふさわしいクラスオブジェクトを返すかどうかを検証する仕組みはない．既存の総称関数と矛盾しないメソッドを実装するのはユーザの責任になる．

### 7.2.4 メソッドディスパッチ

S3 のメソッドディスパッチは比較的シンプルである．UseMethod() は関数名を要素とするベクトルを paste0("generic", ".", c(class(x), "default")) のように生成し，その要素を順に探していくのである．最後の default クラ

スは，オブジェクトに適合するメソッドが見つからない場合に応急的なメソッドを呼び出すための指定である．

```
f <- function(x) UseMethod("f")
f.a <- function(x) "Class a"
f.default <- function(x) "Unknown class"
f(structure(list(), class = "a"))
#> [1] "Class a"

# bはクラスと定義されておらず，定義済みのaのメソッドが呼ばれる
f(structure(list(), class = c("b", "a")))
#> [1] "Class a"

# cは定義されていないのでデフォルトのメソッドが呼ばれる
f(structure(list(), class = "c"))
#> [1] "Unknown class"
```

グループ総称関数はもう少し複雑である．グループ総称関数は複数の総称関数に対するメソッド群を1つの関数にまとめて実装する手法である．Rには4つのグループ総称関数に次のような関数が含まれている．

- Math: abs, sign, sqrt, floor, cos, sin, log, exp, ...
- Ops: +, -, *, /, ^, %%, %/%, &, |, !, ==, !=, <, <=, >=, >
- Summary: all, any, sum, prod, min, max, range
- Complex: Arg, Conj, Im, Mod, Re

グループ総称関数はかなり高度なテクニックであり，本章の範囲を超える．詳細についてはヘルプ (?groupGeneric) を参照されたい．重要なのは，Math, Ops, Summary, Complexが実際は関数ではなく，関数の集合を代表していることである．グループ総称関数内部では特殊な変数である.Genericが実際に呼び出される総称関数を表している．

クラスの継承関係が複雑な場合は「親」メソッドを呼び出すとよいかもしれない．ここで「親」の意味するところは実は単純ではないのだが，基本的には該当するメソッドが仮に存在しない場合に呼び出されるメソッドだと考えてよい．これもまた進んだテクニックなので，詳細は?NextMethodを参照して欲しい．

メソッドも通常の関数に他ならないので，直接呼び出すこともできる．

```
c <- structure(list(), class = "c")
# 適切なメソッド呼び出し
f.default(c)
#> [1] "Unknown class"

# 意図的に不正なメソッド呼び出しを実行
f.a(c)
#> [1] "Class a"
```

ただし，これはオブジェクトのクラスを変更するのと同じくらいに危険であり，実行すべきではない．わざわざ自分で自分の首を締めることになりかねないからだ．メソッドディスパッチをスキップすることでパフォーマンスの改善が期待されるのでもない限り，メソッドを直接呼び出す利点はない（17.5節「可能な限り処理を少なくする」を参照）．

S3総称関数を，S3でないオブジェクトから呼び出すこともできる．インターナルではないS3総称関数は基本型の暗黙クラスに基づいてディスパッチされる（インターナルな総称関数にはパフォーマンス上の理由でこの仕組みはない）．基本型の暗黙クラスを特定するルールはかなり複雑だが，以下の関数で実例を示そう．

```
iclass <- function(x) {
  if (is.object(x)) {
    stop("引数 x はプリミティブな型ではありません", call. = FALSE)
  }

  c(
    if (is.matrix(x)) "matrix",
    if (is.array(x) && !is.matrix(x)) "array",
    if (is.double(x)) "double",
    if (is.integer(x)) "integer",
    mode(x)
  )
}
iclass(matrix(1:5))
#> [1] "matrix"  "integer" "numeric"
```

```
iclass(array(1.5))
#> [1] "array"   "double"  "numeric"
```

### 7.2.5 エクササイズ

1. t() と t.test() のソースコードを読み，t.test() が S3 総称関数であり，S3 メソッドではないことを確認せよ．また自身で test クラスのオブジェクトを作成して t() を呼び出すとどうなるか試してみよ．
2. R で Math グループ総称関数に対するメソッドが用意されているクラスを確認せよ．ソースコードを読み，メソッドの仕組みを確認せよ．
3. R には日付を表現するクラスが POSIXct と POSIXlt の 2 つあり，いずれも POSIXt を継承している．この 2 つのクラスそれぞれに対して異なる動作をする総称関数を確認せよ．また同じ動作をする総称関数についても調べよ．
4. 総称関数のうち，実装されているメソッドがもっとも多いのは何か．
5. UseMethod() は特別な方法でメソッドを呼び出す．以下に示すコードは何を返すかを予測し，実際に実行せよ．また実行結果について，UseMethod() のヘルプを参照して考えよ．その上で動作原理について簡単にまとめよ．

```
y <- 1
g <- function(x) {
  y <- 2
  UseMethod("g")
}
g.numeric <- function(x) y
g(10)

h <- function(x) {
  x <- 10
  UseMethod("h")
}
h.character <- function(x) paste("char", x)
h.numeric <- function(x) paste("num", x)

h("a")
```

6. インターナル総称関数は基本型の暗黙クラスによってはディスパッチされない．ヘルプ?"internal generic"をよく読んで，以下の実行例でfとgでlengthの出力が異なる理由を考えてみよ．またf()とg()それぞれの挙動を見分けるのに便利な関数は何だろうか[6]．

```
f <- function() 1
g <- function() 2
class(g) <- "function"

class(f)
class(g)

length.function <- function(x) "function"
length(f)
length(g)
```

## 7.3 S4

S4はS3と同じ仕組みで動いているが，ただし形式性と厳密性が加えられている．メソッドは，やはりクラスではなく関数に属しているが，ただし以下の違いがある．

- クラスには，フィールドと継承構造（親クラス）を定めた形式的な定義がある．
- メソッドディスパッチは総称関数に渡された1つ以上の引数の型に基いて判断される．
- S4オブジェクトからスロット（つまりフィールド）を取り出すために特殊な演算子@が用意されている．

S4に関連するコードはすべて methods パッケージに入っている．コンソールで対話的にRを動かしている場合，このパッケージは問題なく使えるが，バッチモードでRを走らせる場合は利用できないことがある．したがっ

---

[6] 訳注：fは基本型であり暗黙クラスはfunctionに担当し，一方gは明示的にfunctionとクラス設定がなされている．

てS4を利用する際には，コードに明示的にlibrary(methods)を書き入れたほうがよい．

S4は機能の豊富な複雑なシステムであり，数ページ程度ではとても説明しきれない．ここではS4の根底にある中心的なアイデアに絞って解説するが，既存のS4オブジェクトを効率的に操作できるようになるには十分だろう．より詳細な情報が必要という読者には以下を推奨する．

- Bioconductorに公開されているS4開発マニュアル[7]
- John Chamber 著, *Software for Data Analysis: Programming with R* (Statistics and Computing), Springer, 2008.

### 7.3.1 オブジェクトと総称関数，メソッドをそれぞれ見分ける方法

S4オブジェクトと総称関数，そしてメソッドをそれぞれ見分けるのは簡単である．str()を適用すると，「正式な」クラスとして情報が出力されるからである．またS4オブジェクトであれば，isS4()の返り値はTRUEとなり，pryr::otype()であればS4と出力される．S4の総称関数とメソッドは，クラスとして明確に定義されているのだから，むしろ見分けやすい．

代表的な基本パッケージ(**stats**, **graphics**, **utils**, **datasets**, **base**)にはS4のクラスは1つもない．そこで組み込みの**stats4**パッケージを使ってS4オブジェクトを生成してみよう．このパッケージには最尤推定に関連するS4クラスとメソッドが含まれている．

```
library(stats4)
# mle メソッドのサンプルを援用
y <- c(26, 17, 13, 12, 20, 5, 9, 8, 5, 4, 9)
nLL <- function(lambda) - sum(dpois(y, lambda, log = TRUE))
fit <- mle(nLL, start = list(lambda = 5), nobs = length(y))

# S4 オブジェクトであるかを確認
isS4(fit)
#> [1] TRUE
```

---

[7] http://www.bioconductor.org/help/course-materials/2010/AdvancedR/S4InBioconductor.pdf

```
otype(fit)
#> [1] "S4"

# S4 総称関数であるか
isS4(nobs)
#> [1] TRUE

ftype(nobs)
#> [1] "s4"       "generic"

# S4 メソッドを抽出 (詳細は本文で後述)
mle_nobs <- method_from_call(nobs(fit))
isS4(mle_nobs)
#> [1] TRUE

ftype(mle_nobs)
#> [1] "s4"       "method"
```

is() に引数を1つ指定して実行すると，そのオブジェクトが継承するすべてのクラスのリストが表示される．is() に引数を2つ指定した場合は，オブジェクトが指定されたクラスを継承しているかどうかが判定される．

```
is(fit)
#> [1] "mle"

is(fit, "mle")
#> [1] TRUE
```

S4 の総称関数の一覧を抽出するには getGenerics() を使えばよい．S4 のクラス一覧であれば getClasses() を使うが，ここには S3 クラスや基本型との差異を埋めるためのクラスも含まれている．S4 のメソッド一覧は showMethods() で抽出できるが，総称関数ないしクラス（あるいは両方）を指定することもできる．また引数に where = search() を指定すると，検索をグローバル環境で利用可能なメソッドに限定することができて便利である．

### 7.3.2 クラス定義とオブジェクト生成

S3 ではどんなオブジェクトでもクラス属性を与えることでクラスの

オブジェクトに変換することができる．これに対してS4はより厳密で，setClass()を使ってクラスの構造表現を定義しなければならず，またオブジェクトの生成にはnew()を利用する必要がある．なおクラスに関するドキュメントはclass?classNameという特別なシンタクスで確認できる．例えばclass?mleと実行する[8]．

S4クラスには重要な特徴が3つある．

- 名前 (name) はアルファベットと数値で構成されるクラス識別子だが，S4では慣習的に大文字で始まるキャメルケースが利用されている．
- スロット (slots) あるいはフィールドの名前付きリストは，スロットの名前と指定可能なクラスを定義する．例えば「人」クラスであれば，文字列の名前と数値の年齢で構造が表現されるだろう．具体的にはlist(name = "character", age = "numeric")となる．
- 継承先のクラスをS4ではcontainsによって文字列で指定する．複数のクラスを多重継承することもできるが，これは高度なテクニックであり，また構造もかなり複雑になる．

slotsとcontainsにはS4クラスとsetOldClass()で登録されたS3クラスや，基本型の暗黙クラスを指定できる．さらには引数の型に制約のないANYという特殊なクラスも利用可能である．

S4クラスには，この他にオブジェクトの整合性をチェックするvalidity()メソッドや，スロットのデフォルト値を定義するprototype()などの特別な機能もある．詳細は?setClassを実行してヘルプを参照されたい．

以下に示すのは，フィールドとしてnameとageを定義したPersonクラスと，これを継承したEmployeeクラスである．EmployeeクラスはPersonクラスからスロットとメソッドを継承しているが，さらにbossというスロットが加えられている．オブジェクトを生成するにはnew()メソッドを実行するが，この際にクラス名に加えて，スロットの名前と値をペアにして渡している．

---

[8] 訳注：mleクラスのヘルプを参照するにはlibrary(stats4)が実行されている必要がある．

```
setClass("Person",
  slots = list(name = "character", age = "numeric"))
setClass("Employee",
  slots = list(boss = "Person"),
  contains = "Person")

alice <- new("Person", name = "Alice", age = 40)
john <- new("Employee", name = "John", age = 20, boss = alice)
```

ほとんどのS4クラスでは，クラスと同じ名前のコンストラクタが備わっているので，new()を直接実行する必要はない．

S4オブジェクトのスロットにアクセスするには@かslot()を使う．

```
alice@age
#> [1] 40

slot(john, "boss")
#> An object of class "Person"
#> Slot "name":
#> [1] "Alice"
#>
#> Slot "age":
#> [1] 40
```

@はS3の$に，またslot()は[[と同等である．

S4オブジェクトがS3クラスないし基本型を含む（継承している）場合，.Dataという特殊なスロットがあり，土台となる基本型ないしS3オブジェクトが登録されている．

```
setClass("RangedNumeric",
  contains = "numeric",
  slots = list(min = "numeric", max = "numeric"))
rn <- new("RangedNumeric", 1:10, min = 1, max = 10)
rn@min
#> [1] 1

rn@.Data
#> [1]  1  2  3  4  5  6  7  8  9 10
```

Rはインタラクティブなプログラミング言語なので，いつでも新規のクラ

スを生成したり，既存のクラスを再定義することができる．ただしS4クラスをインタラクティブに操作すると問題が生じる可能性がある．クラスの修正を行う前に生成したオブジェクトは使えなくなるので，そのクラスのオブジェクトは改めて作り直す必要がある．

### 7.3.3 新しいメソッドと総称関数の設定

S4には新しい総称関数やメソッドを生成する特別な関数がある．setGeneric()は新しい総称関数を作成する．あるいは既存の関数を総称関数に変換する．setMethod()は，総称関数の名前と，メソッドに関連付けられるクラス名，さらにメソッドを実装した関数を引数としてとる．例えば，通常はベクトルを対象とするunion()を，データフレーム操作が可能になるように変更できる．

```
setGeneric("union")
#> [1] "union"

setMethod("union",
  c(x = "data.frame", y = "data.frame"),
  function(x, y) {
    unique(rbind(x, y))
  }
)
#> [1] "union"
```

新しい総称関数を一から作成するのであれば，standardGeneric()を呼び出す関数を指定する必要がある．

```
setGeneric("myGeneric", function(x) {
  standardGeneric("myGeneric")
})
```

standardGeneric()はS3のUseMethod()に対応するS4メソッドである．

### 7.3.4 メソッドディスパッチ

S4総称関数が単一の親クラスから継承された単一のクラスに基づいてディスパッチされる場合，S4のメソッドディスパッチはS3ディスパッチと

変わらない．主な違いは，デフォルトの値の設定方法にある．S4 では，任意のクラスにマッチする特別なクラスである ANY と，引数が欠けている場合にマッチする missing が利用できる．また S3 と同様に，S4 にもグループ総称関数があり，?S4groupGeneric でヘルプを参照できる．また「親クラス」のメソッドを呼ぶ callNextMethod() がある．

メソッドディスパッチを複数の引数の型に合せて実行させたり，あるいはクラスが多重継承されている場合，動作の仕組みは複雑になる．ディスパッチのルールについては ?Methods で参照できるが，実際かなり複雑であり，どのメソッドが呼び出されるのかを前もって予測するのは難しい．このため，多重継承や多重ディスパッチは極力さけたほうがよいだろう．

最後に，総称関数が呼び出された場合に実行されるべきメソッドを特定するメソッドが 2 つある．

```
# methods パッケージ：引数は総称関数名とクラス名
selectMethod("nobs", list("mle"))
```

```
# pryr パッケージ：引数は未評価の関数呼び出し
method_from_call(nobs(fit))
```

### 7.3.5 エクササイズ

1. もっとも多くのメソッドと関連付けられている S4 総称関数は何か．またもっとも多くのメソッドと関連付けられている S4 クラスは何か．
2. 既存のクラスを継承 (contains) していない新しい S4 クラスを定義するとどうなるだろうか．(?Classes を実行して virtual classes の項目を参照すればヒントが得られる．)
3. S4 オブジェクトを S3 総称関数に渡すとどうなるだろうか．逆に S3 オブジェクトを S4 総称関数に渡すとどうなるか．(後者については ?setOldClass を参照せよ．)

## 7.4 RC

参照クラス (RC) は R においてもっとも新しいオブジェクト指向システ

ムであり，R-2.12で導入された．参照クラスはS3やS4とは根本的に異なり，以下の特徴がある．

- RCのメソッドは関数ではなく，オブジェクトに属している．
- RCのオブジェクトは変更可能 (mutable) である．つまりコピー修正 (copy on modify) セマンティクスは適用されない．

これらの特徴は，Python, Ruby, Java, C# などの他のプログラミング言語のオブジェクトと変わらない．参照クラスはRのコードで実装されている．実際には，環境を包括したS4クラスに他ならない．

### 7.4.1 クラスの定義とオブジェクトの生成

Rの基本パッケージには参照クラスは含まれていないので，作成することから開始する．RCによるクラス設計は，時間の経過によって状態が変化するようなオブジェクトを設計するのに有効である．そこで，銀行口座を模した簡単なクラス設計をしてみよう．

RCで新規にクラスを設計する手順にS4との違いはないが，setClass() のかわりに setRefClass() を使う．関数に必須の第1引数は英文字からなるクラス名 (name) である．RCオブジェクトを生成するには new() を利用できるが，新規オブジェクトを生成するには setRefClass() の返り値であるオブジェクトを利用するのが模範的なスタイルである．（S4クラスでもこの方法が使えるのだが，一般的ではない．）

```
Account <- setRefClass("Account")
Account$new()
#> Reference class object of class "Account"
```

setRefClass() にはクラスのフィールド（S4のスロットに相当）を定義する名前とクラスをペアにしたリストを指定できる．new() の実行時に名前付き引数を指定するとフィールドの初期値が設定される．フィールドの値の取得や設定は $ で行う．

```
Account <- setRefClass("Account",
  fields = list(balance = "numeric"))
a <- Account$new(balance = 100)
```

```
a$balance
#> [1] 100

a$balance <- 200
a$balance
#> [1] 200
```

フィールドにクラス名を与える代わりに，アクセッサーメソッドの役割を果たす単項関数を指定することも可能である．これによりフィールドの値を取得したり設定する方法をカスタマイズできる．詳細は?setRefClass を参照されたい．

RC オブジェクトは変更可能であることに注意されたい．RC オブジェクトは参照セマンティクスであって，コピー修正ではない．

```
b <- a
b$balance
#> [1] 200

a$balance <- 0
b$balance
#> [1] 0
```

このため RC オブジェクトには，オブジェクトのコピーを生成する copy() メソッドが備わっている．

```
c <- a$copy()
c$balance
#> [1] 0

a$balance <- 100
c$balance
#> [1] 0
```

オブジェクトはメソッドで定義される処理が伴わなければ役に立たない．RC のメソッドはクラスに関連付けられており，フィールドを直ちに修正できる．以下の例で明らかなように，フィールドの値には名前でアクセスできる．また値を修正するには <<- を使っている．<<- については 8.4 節「名前と値の束縛」で詳細に説明する．

## 130　第7章　オブジェクト指向実践ガイド

```
Account <- setRefClass("Account",
  fields = list(balance = "numeric"),
  methods = list(
    withdraw = function(x) {
      balance <<- balance - x
    },
    deposit = function(x) {
      balance <<- balance + x
    }
  )
)
```

RC のメソッドを呼び出す方法は，フィールドにアクセスする場合と同じである．

```
a <- Account$new(balance = 100)
a$deposit(100)
a$balance
#> [1] 200
```

最後に setRefClass() の重要な引数として contains がある．これは継承元となる親クラスの RC である．以下の例では銀行口座 Account クラスを継承する新しいクラスを定義し，残額が 0 以下に設定されるのを防いでいる．

```
NoOverdraft <- setRefClass("NoOverdraft",
    contains = "Account",
    methods = list(
      withdraw = function(x) {
        if (balance < x) stop("残高が不足しています")
        balance <<- balance - x
      }
    )
)
accountJohn <- NoOverdraft$new(balance = 100)
accountJohn$deposit(50)
accountJohn$balance
#> [1] 150

accountJohn$withdraw(200)
#>  accountJohn$withdraw(200) でエラー : 残高が不足しています
```

すべての参照クラスは，元をたどると envRefClass から継承されている．このクラスには（すでに言及した）copy() や（親クラスのメソッドを呼び出す）callSuper() や，（名前を指定されたフィールドの値を取得する）fields() や，(as に相当する) export() や，出力関数をオーバーライドした show() などの便利なメソッドがある．詳細は setRefClass() のヘルプから「継承(Inheritance)」の項を参照されたい．

### 7.4.2 オブジェクトとメソッドの確認

RC オブジェクトは refClass を継承する S4 オブジェクトであることが確認できる．これには isS4(x) や is(x, "refClass") を使うとよい．また pryr::otype() を実行すれば RC が返される．RC のメソッドは，また refMethodsDef クラスの S4 オブジェクトでもある．

### 7.4.3 メソッドディスパッチ

RC のメソッドディスパッチは非常にシンプルで，関数ではなくクラスに関連付けられている．x$f() を実行すると，R は x のクラスにメソッド f を探そうとし，見つからなければ次にその親クラス，そのまた親クラスとたどっていく．また callSuper() を使うと，メソッド内部から直接親クラスのメソッドを呼び出すことができる．

### 7.4.4 エクササイズ

1. フィールド操作の関数を使い，残高フィールドが直接操作されるのを防ぐ方法を検討せよ．(直接アクセスできない .balance フィールドを作成するとよい．setRefClass() のヘルプでフィールドに関する項を参照せよ．)
2. 先に R の基本パッケージには RC クラスはないように書いたが，これはやや単純化しすぎている．getClasses() を使って envRefClass を継承 (extends()) しているクラスを探し出せ．また，これらのクラスの目的は何か（あるクラスのドキュメントを参照する方法を思い出そう）．

## 7.5 オブジェクト指向システムの選び方

1つの言語に3種類のオブジェクト指向システムは多すぎるだろうが，Rのプログラミングではほとんどの場合S3で足りる．Rでは比較的簡単なオブジェクトや，既存の総称関数用にメソッドを作成するのが一般的である．例えばprint()やsummary()やplot()である．こうしたタスクはS3に最適である．筆者自身がRで書くコードのほとんどはS3である．確かにS3には少し癖があるが，最小のコードでタスクをこなせる．

オブジェクト相互を関連付けるような複雑なシステムを作成するならば，S4のほうが適切だろう．良い例がDouglas BatesとMartin MaechlerによるMatrixパッケージである．これはさまざまなタイプの疎行列を保存したり計算する効率に優れたパッケージである．Matrixパッケージのバージョン1.1.3では，102のクラスと20の総称関数が定義されている．このパッケージのコードは模範的であり，コメントも詳細に加えられている．さらには付属のビネット（vignette("Intro2Matrix", package = "Matrix")を実行すると表示される）にはパッケージの構造が丁寧に説明されている．またS4はBioconductorのパッケージで広く利用されている．Bioconductorでは生物分野のデータが相互に複雑に関連するモデルを設計する必要があるのだ．Bioconductorのパッケージは S4 を習得する格好の素材となるだろう[9]．S3をすでにマスターしていれば，S4は比較的簡単に習得できる．基本的な考えは同じだからだ．ただ S4 はより形式的で厳密で，かつ多少コードがくどくなるだけだ．

読者がこれまで，もっぱらオブジェクト指向プログラミングに携わってきたのであれば，RCを選ぶのが自然だろう．ただしRCではオブジェクトが変更可能であるため，理解しにくい副作用が生じることがある．例えばRでf(a,b)を実行する場合，aとbは変更されないことが想定されている．ところがaとbがRCオブジェクトの場合，いつでも変更される可能性がある．RCオブジェクトを扱う場合，可変性がどうしても必要とならない限りは，こうした副作用を避けたいはずだ．可変性を利用するのは絶対に必要な場合

---

[9] 例えばhttp://www.bioconductor.org/help/course-materials/

に限定すべきだ．関数の大多数はあくまで「関数的」であるべきで，副作用があってはならないはずだ．さもなければ，コードは難解になり，他のRプログラマには理解しにくくなる．

## 7.6 クイズの解答

1. Rのオブジェクトがいずれのオブジェクト指向システムに基づいているかを確認するには，次のステップを追って確認すればよい．まず!is.object(x)がTRUEならば基本オブジェクトである．!isS4(x)がTRUEならばS3であり，!is(x, "refClass")がTRUEならばS4である．さもなければRCである．
2. オブジェクトの基本クラスを確認するにはtypeof()を使う．
3. 総称関数は引数のクラスごとに決められたメソッドを実行する．S3とS4のオブジェクト指向システムではメソッドは総称関数に属する．他のプログラミング言語のようにクラスに属しているのではない．
4. S4はS3よりも形式的で，多重継承や多重ディスパッチをサポートしている．RCオブジェクトは参照セマンティクスであり，メソッドは関数ではなく，クラスに属している．

# 8

# 環境

　環境は変数のスコープを制御する強力なデータ構造である．本章では環境についてその構造を細部に至るまで解説する．また環境について理解を深めることで，6.2節「レキシカルスコープ」で説明されている4つのスコープ規則に関する理解も改められるだろう．

　環境はまた参照セマンティクスであるため，それ自身が有用なデータ構造である．環境内部の束縛を修正しても環境は別にコピーが生成されるのではなく，そのまま修正される．参照セマンティクスが常に必要なわけではないが，とても便利に使える場合がある．

**クイズ：**

　もしも以下の設問に正しく回答できるのであれば，読者は本章の主な話題にすでに精通していることになる．解答は本章末尾に掲載している．

1. 環境がリストと異なる点を少なくとも3つ挙げよ．
2. グローバル環境の親環境は何か．親環境のない唯一の環境は何か．
3. 関数のエンクロージング環境とは何か．また，なぜ重要なのか．
4. 関数が呼び出された環境を確認する方法を述べよ．
5. <- と <<- の違いは何か．

**本章の概要：**

- 8.1節「環境の基礎」では，環境の基本的な性質と，ユーザが環境を生成する方法を示す．
- 8.2節「環境の再帰」では環境を使った計算を行うための関数テンプレートを示し，有用な関数のアイデアを紹介する．

- 8.3節「関数の環境」ではRのスコープ規則を改めて検討し，関数に関連付けられた4種類の環境との対応関係を説明する．
- 8.4節「名前と値の束縛」では，名前が従うべき規則（およびその回避方法）と，名前と値の束縛についていくつかのバリエーションを示す．
- 8.5節「明示的環境」では，環境は確かにスコープにおいて重要な役割を果たすが，同時にそれ自体が有用なデータ構造であることを示し，これに関連して3つの問題を論じる．

**本章を読むための準備：**

本章では pryr パッケージの関数を使ってRの内部を深く覗きこむ．pryr は install.packages("pryr") としてインストールできる．

## 8.1 環境の基礎

環境の基本的な役割は名前の集合を値の集合と関連付ける，あるいは束縛 (bind) することである．環境は名前を入れたバックだと考えてよい．

名前はいずれもメモリのどこかに保存されているオブジェクトと関連付けられている．

```
e <- new.env()
e$a <- FALSE
e$b <- "a"
e$c <- 2.3
e$d <- 1:3
```

8.1 環境の基礎　137

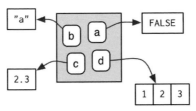

オブジェクトは環境内部に存在しないので，複数の名前が同一のオブジェクトに関連付けられている場合もある．

e$a <- e$d

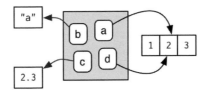

また混乱するかも知れないが，名前は同じ値をもつ異なるオブジェクトと関連付けられている場合もある．

e$a <- 1:3

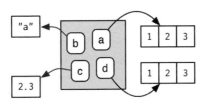

もし名前と関連付けられていないオブジェクトがあれば，自動的にガベージコレクションによって削除される．詳細は18.2節「メモリの使用とガベージコレクション」で解説する．

すべての環境には親があり，それもまた別の環境である．以下の図では黒い円と矢印で親を指し示している．この親はレキシカルスコープを実装するために使われる．ある名前が環境にない場合，Rはその親を（次々と）探索する．ただし親のない環境が1つだけある．空 (empty) 環境である．

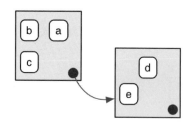

環境の解説では家族構成に例えることが多い．環境にも祖父母があり，それは子環境の親のそのまた親環境である．そしてその先祖もまた，空環境に遡るまですべての親環境を包含している．ある環境の子環境が話題になることはほとんどない．子環境へのリンクはないため，ある環境の子環境を見つける方法が存在しないからである．

概して環境はリストに似ているが，重要な違いが4つある．

- 環境内でオブジェクトは他と識別可能なユニーク名前を持つ．
- 環境内のオブジェクトに順番はない（環境内でオブジェクトの順番を調べるのは無意味である）．
- 環境には親がある．
- 環境は参照セマンティクスである．

技術的には，環境は2つの要素からなる．フレーム (frame) と親環境である．前者には名前と束縛が保存される（これは名前付きリストと同様に操作できる）．残念ながらRではフレームという用語の使い方が一貫していない．例えば parent.frame() はある環境の親フレームではなく，呼び出し (calling) 環境にアクセスする．詳細は8.3.4項「呼び出し環境」にて議論する．

特別な環境が4つある

- グローバル環境はワークスペースの環境であり，globalenv() でアクセスする．通常，ユーザはこの環境の中で作業を行う．グローバル環境の親は，library() ないし require() で最後にアタッチしたパッケージとなる．
- 基本環境は base パッケージの環境であり，baseenv() でアクセスする．

## 8.1 環境の基礎

この親環境は空環境である．
- 空 (empty) 環境はすべての環境の先祖にあたり，その親は存在しない．
- environment() は現在の環境にアクセスする．

search() を実行するとグローバル環境のすべての親環境をリストアップできる．このリストはサーチパスと呼ばれており，オブジェクトは現在のワークスペースからこれらの環境をさかのぼって検索される．リストにはパッケージとアタッチしたオブジェクトごとに環境がある．加えて Autoloads という特別な環境がある．これはメモリを節約するために使われる環境で，パッケージのオブジェクトを必要な場合にだけロードする（典型的にはビッグデータに使われる）．

search() の出力リストの環境には as.environment() でアクセスできる．

```
search()
#> [1] ".GlobalEnv"        "package:stats"    "package:graphics"
#> [4] "package:grDevices" "package:utils"    "package:datasets"
#> [7] "package:methods"   "Autoloads"        "package:base"

as.environment("package:stats")
#> <environment: package:stats>
```

グローバル環境 (globalenv()) と基本環境 (baseenv())，サーチパス上の他の環境，そして空環境 (emptyenv()) は以下の図で示すように関連付けられている．library() で新しいパッケージをロードすると，サーチパスの順番が変わり，そのパッケージはそれまでサーチパスのトップにあったパッケージとグローバル環境の間に挿入される．

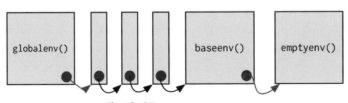

環境を独自に作成するには new.env() を使う．環境のフレーム内で束縛されたオブジェクトのリストは ls() で表示される．また環境の親は parent.env() でアクセスできる．

```
e <- new.env()
# new.env() で生成された環境の親はデフォルトでは実行した環境である
# この場合はグローバル環境である
parent.env(e)
#> <environment: R_GlobalEnv>

ls(e)
#> character(0)
```

環境内の束縛を変更するもっとも簡単な方法はリストのように扱うことである．

```
e$a <- 1
e$b <- 2
ls(e)
#> [1] "a" "b"

e$a
#> [1] 1
```

デフォルトでは ls() はドットで始まる名前は表示しない．all.names = TRUE 引数を追加することで環境内のすべての束縛が表示される．

```
e$.a <- 2
ls(e)
#> [1] "a" "b"

ls(e, all.names = TRUE)
#> [1] ".a" "a"  "b"
```

環境を確認する他の方法が ls.str() である．これは環境内のオブジェクトごとに表示するので，str() よりも便利である．また ls() と同様に all.names 引数が利用できる．

```
str(e)
#> <environment: 0x7772b90>

ls.str(e)
#> a :  num 1
#> b :  num 2
```

## 8.1 環境の基礎

名前がわかれば束縛されている値を $ や [[ や get() で抽出できる．

- $ と [[ は1つの環境の中だけを探索し，名前と関連付けられた束縛がない場合は NULL を返す．
- get() では通常のスコープ規則が適用され，束縛が見つからない場合はエラーが投げられる．

```
e$c <- 3
e$c
#> [1] 3

e[["c"]]
#> [1] 3

get("c", envir = e)
#> [1] 3
```

環境からオブジェクトを削除するのはリストの場合とやや異なる．リストの場合 NULL を設定すれば削除できるが，環境では NULL への束縛が作られる．束縛を削除するには rm() を使う．

```
e <- new.env()
e$a <- 1
e$a <- NULL
ls(e)
#> [1] "a"

rm("a", envir = e)
ls(e)
#> character(0)
```

ある環境内に束縛が存在するかどうかは exists() で確認できる．get() 同様，この関数はデフォルトでは通常のスコープ規則に従い，親環境も探索する．これは inherits = FALSE 引数を指定すると抑制できる．

```
x <- 10 
```
[1]

---

[1] 訳注：グローバル環境に束縛を作成する．

```
exists("x", envir = e)
#> [1] TRUE

exists("x", envir = e, inherits = FALSE)
#> [1] FALSE
```

環境どうしを比較する場合，==ではなく identical() を使う必要がある．

```
identical(globalenv(), environment())
#> [1] TRUE

globalenv() == environment()
#> globalenv() == environment() でエラー: 
#>   比較 (1) はアトミックおよびリスト型に対してだけ可能です
```

### 8.1.1 エクササイズ

1. 環境がリストと異なる点を3つ挙げよ．
2. 環境を明示的に指定せずに ls() や rm() を実行した場合のオブジェクト探索先を挙げよ．または<- はどこで束縛を行うか述べよ．
3. parent.env() とループ（あるいは再帰関数を使い）globalenv() の先祖に baseenv() と emptyenv() が含まれることを確認せよ．これを応用して search() を自身で実装する方法を検討してみよ．

## 8.2 環境の再帰

環境は樹木のような構造になっているので，再帰関数を作成すると便利だ．本節では環境に関する読者の知識を応用し，便利な pryr::where() の仕組みを解説する．where() は有効な名前が指定されると，通常のスコープ規則を適用して，その名前が定義された環境を探し出す．

```
library(pryr)
x <- 5
where("x")
#> <environment: R_GlobalEnv>

where("mean")
```

```
#> <environment: base>
```

　where()の定義は簡単である．引数は2つで，探索すべき名前（文字列）と探索を開始する環境である．（parent.frame()がデフォルトとして適切な理由については8.3.4項「呼び出し環境」で説明する．）

```
where <- function(name, env = parent.frame()) {
  if (identical(env, emptyenv())) {
    # 基本処理
    stop("発見できなかった", name, call. = FALSE)

  } else if (exists(name, envir = env, inherits = FALSE)) {
    # 成功の場合
    env

  } else {
    # 再帰処理
    where(name, parent.env(env))

  }
}
```

処理は3つの場合に分けられる．

- 基本：empty 環境に達してもなお束縛を見つけられない場合，これ以上の探索は不可能なのでエラーを投げる．
- 成功した場合：名前が指定された環境内に存在しており，その環境を返す．
- 再帰の場合：当該環境に名前が見つからなかったので，その親を探索する．

これは実例で確認したほうが簡単だろう．いま次の図で示すように2つの環境があったとする．

- aを探索するとwhere()は最初の環境にその存在を確認する．
- bを探索する場合，最初の環境にはないので，where()は親環境を探索し，ここに見つける．
- cを探索する場合，最初と次の環境に存在しないので，where()はempty環境まで探索を続け，最終的にはエラーを投げる．

このように環境は再帰的に処理するのが適切であり，where()は雛形として参考になるだろう．where()を一般化すると次のような構造になる．

```r
f <- function(..., env = parent.frame()) {
  if (identical(env, emptyenv())) {
    # 基本となる処理
  } else if (success) {
    # 成功した場合
  } else {
    # 再帰の場合
    f(..., env = parent.env(env))
  }
}
```

### 繰り返しと再帰

再帰ではなくループを使ってもいいだろう．実行速度も改善される可能性がある（関数の呼び出し回数を削減できるので）．しかしながら筆者にはコードは理解しづらくなるように思える．だが，再帰に慣れていない読者もいると思われるので，ここにコードの例を示しておこう．

```r
is_empty <- function(x) identical(x, emptyenv())

f2 <- function(..., env = parent.frame()) {
  while(!is_empty(env)) {
    if (success) {
      # 成功の場合
      return()
    }
    # 親環境を取得
    env <- parent.env(env)
  }
```

```
    # 基本となる処理
}
```

### 8.2.1 エクササイズ

1. `where()` を修正して，引数 name の束縛を含むすべての環境を探索するようにせよ．
2. `where()` を元に作成した関数を使って `get()` と同じ処理を行う関数を自身で作成せよ．
3. 関数オブジェクトだけを探索する `fget()` を作成せよ．引数は name と env の2つとし，関数については通常のスコープ規則を適用する．関数以外で名前が一致するオブジェクトが存在する場合は，その親環境を探索する．作成できれば，次は inherits 引数を追加して，親環境を再帰的に検索するかどうかを指定できるように拡張せよ．
4. `exists(inherits = FALSE)` を自作せよ（ヒント：内部で ls を利用すればよい）．また `exists(inherits = TRUE)` と同じように再帰探索する関数も作成せよ．

## 8.3 関数の環境

　環境は意識的に `new.env()` を実行せずとも，何らかの関数を実行すると，その結果として生成されている．本節では関数に関連する4つの環境について論じる．すなわちエンクロージング (enclosing) と束縛 (binding)，実行 (execution)，そして呼び出し (calling) である．

　エンクロージング環境は関数が生成された環境である．すべての関数には1つだけエンクロージング環境がある．これに対して他の3つの環境の場合は，1つの関数に複数の環境が関連付けられることもある．

- 関数と名前を `<-` を使って束縛することで，**束縛環境**が決まる．
- 関数を呼び出すと一時的な**実行環境**が生成され，実行時の変数が保持される．

- すべての実行環境は呼び出し環境と関連付けられ，これにより関数が呼ばれた位置を特定できる．

以下の項では，これらの環境の重要性やアクセス方法や，さらには利用方法を解説する．

### 8.3.1 エンクロージング環境

関数が作成されると，関数が生成された場である環境への参照が用意される．これがエンクロージング環境であり，レキシカルスコープに利用される．ある関数のエンクロージング環境は，その関数を第 1 引数として environment() を実行すると確認できる．

```
y <- 1
f <- function(x) x + y
environment(f)
#> <environment: R_GlobalEnv>
```

以下の図では関数を四隅を丸くした矩形で表している．そして関数のエンクロージング環境は黒い円で示されている．

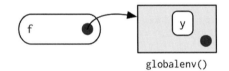

### 8.3.2 束縛環境

先の図には関数の名前も含まれておらず，単純すぎただろう．関数の名前は束縛によって定義される．関数の束縛環境は，その関数と束縛関係にあるすべての環境である．次の図はこの関係を表している．エンクロージング環境には名前 f から関数への束縛が含まれている．

8.3 関数の環境 147

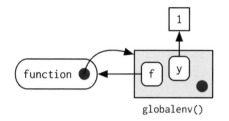

この例ではエンクロージング環境と束縛環境が同じであるが，関数を別の環境で付値すれば，2つの環境は別々になる．

```
e <- new.env()
e$g <- function() 1
```

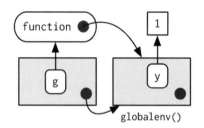

エンクロージング環境は関数の一部であり，関数が別の環境に移されたとしても変更されない．エンクロージング環境は，関数が値を探す方法を決めているが，一方，束縛環境は関数を見つけ出す方法を決めている．

束縛環境とエンクロージング環境の違いはパッケージの名前空間で重要となる．パッケージの名前空間はパッケージを相互に独立させている．例えば，パッケージAが基本パッケージのmean()を利用しているという状況で，パッケージBが独自にmean()を定義するとどうなるだろうか？ 名前空間によってパッケージAは（明示的に指定されない限りは），パッケージBに影響されることなく引き続き基本パッケージのmean()を使うことができる．

名前空間は，関数が必ずしもそのエンクロージング環境内部にあるわけではない仕組みを利用し，環境を使って実装されている．例えば基本関数のsd()はエンクロージング環境と束縛環境が異なっている．

```
environment(sd)
#> <environment: namespace:stats>
```

```
where("sd")
#> <environment: package:stats>
```

　sd() は var() を使っているが，仮に var() が別に定義されたとしても影響を受けることはない．

```
x <- 1:10
sd(x)
#> [1] 3.02765

var <- function(x, na.rm = TRUE) 100
sd(x)
#> [1] 3.02765
```

　これはパッケージが 2 つの環境と関連付けられていることによる．つまりパッケージ環境と名前空間環境である．パッケージ環境にはどこからでもアクセス可能な関数が含まれており，サーチパスに位置している．名前空間環境には（インターナルな関数を含め）すべての関数が含まれているが，その親環境にはパッケージが必要とするすべての関数への束縛を含む特別なインポート環境がある．あるパッケージでエクスポートされた関数はすべてパッケージ環境に束縛されているが，名前空間環境がこれらをエンクロージングしてもいる．この複雑な関係を以下の図で示そう．

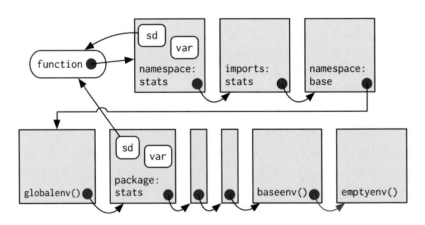

コンソールで var とタイプすると，グローバル環境で発見されるが，sd() からすると var() は最初に名前空間環境に見つかるので，グローバル環境は探索されない．

### 8.3.3 実行環境

次の関数を最初に実行した場合と二度目に実行した場合で返り値は異なるだろうか．

```
g <- function(x) {
  if (!exists("a", inherits = FALSE)) {
    message("aを定義")
    a <- 1
  } else {
    a <- a + 1
  }
  a
}
g(10)
g(10)
```

この関数は何度実行しても同じ値を返す．フレッシュスタートの原理があるからだ．詳細は 6.2.3 項「フレッシュスタート」で説明しているが，関数が実行されるたびに新しい環境が生成され，実行が管理されるからである．実行環境の親は，関数のエンクロージング環境である．関数の処理が完結すると，実行環境は破棄される．

もう少し単純な関数を使って図で説明しよう．以下では関数の実行環境を点線で囲んでいる．

```
h <- function(x) {
  a <- 2
  x + a
}
y <- h(1)
```

150　第8章　環境

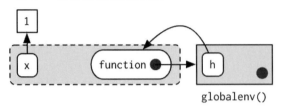

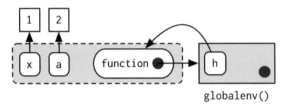

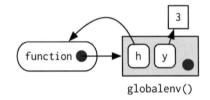

　関数の内部で別の関数を作成すると，内部の子関数のエンクロージング環境は親の実行環境となる．そして実行環境は一時的なものではなくなる．この考え方について，関数ファクトリを使った実例で示そう．以下の plus() は関数を生成する関数であり，ここでは plus_one() という関数を生成している．plus_one() のエンクロージング環境は plus() の実行環境であり，ここで x は 1 に束縛されている．

```
plus <- function(x) {
  function(y) x + y
```

```
}
plus_one <- plus(1)
identical(parent.env(environment(plus_one)), environment(plus))
#> [1] TRUE
```

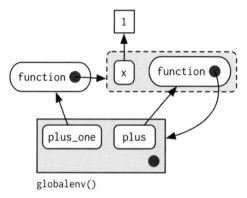

関数ファクトリについては第10章「関数型プログラミング」で詳しく解説する．

### 8.3.4 呼び出し環境

まず以下のコードを参照されたい．実行した場合 i() が何を返すかわかるであろうか．

```
h <- function() {
  x <- 10
  function() {
    x
  }
}
i <- h()
x <- 20
i()
```

トップレベルの（20に束縛されている）x がくせものだ．通常のスコープ規則に従えば h() は最初に定義された場所を探索し，そこに 10 と関連付けられた x の値が 10 であることを知る．しかし i() が呼び出された環境内で x

が何に関連付けられているかを考えることも重要だ．確かに h() が定義された環境内で x に関連付けられている値は 10 だが，h() が呼び出された環境では 20 なのである．

後者の環境にアクセスするには，残念ながら不適切な名前が付けられている parent.frame() を使う．この関数はフレームではなく，関数が呼び出された**環境**を返す．またこの関数は，その環境で名前と関連付けられた値を調べるためにも使える．

```
f2 <- function() {
  x <- 10
  function() {
    def <- get("x", environment())
    cll <- get("x", parent.frame())
    list(defined = def, called = cll)
  }
}
g2 <- f2()
x <- 20
str(g2())
#> List of 2
#>  $ defined: num 10
#>  $ called : num 20
```

もっと複雑な場面もある．例えば親の呼び出しが 1 つだけでなく，トップレベルまで多数の関数呼び出しが積み重なっていることもある．以下のコードは 3 階層深い呼び出しスタックを生成している．薄いグレーの矢印はそれぞれの実行環境の呼び出し環境を指し示している．

```
x <- 0
y <- 10
f <- function() {
  x <- 1
  g()
}
g <- function() {
  x <- 2
  h()
}
```

```
h <- function() {
  x <- 3
  x + y
}
f()
#> [1] 13
```

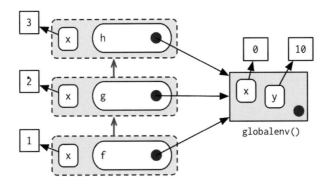

　それぞれの実行環境には親が2つあることに注意されたい．呼び出し環境とエンクロージング環境である．Rの通常のスコープ規則はエンクロージング環境である親だけを利用するが，parent.frame()で実行した親環境にアクセスできる．

　これに対して，エンクロージング環境ではなく呼び出し環境の変数を探索するのがダイナミックスコープである．ダイナミックスコープを実装している言語は少ない．Emacs Lispは有名な例外である[2]．理由は，ダイナミックスコープでは関数の処理を理解するのが非常に難しくなるからである．関数の定義だけでなく，どのようなコンテキストで呼びだされたのかまで知る必要があるのだ．ダイナミックスコープは対話的にデータを分析する関数を開発するには便利なツールとなる．これについては第13章「非標準評価」で改めて解説する．

### 8.3.5 エクササイズ

1. 関数に関連付けられる4つの環境を挙げよ．それぞれの役割は何か．ま

---

[2] http://www.gnu.org/software/emacs/emacs-paper.html#SEC15

たエンクロージング環境と束縛環境の違いはなぜ重要なのか．
2. 以下の関数のエンクロージング環境を図で示せ．

```
f1 <- function(x1) {
  f2 <- function(x2) {
    f3 <- function(x3) {
      x1 + x2 + x3
    }
    f3(3)
  }
  f2(2)
}
f1(1)
```

3. 上の設問で作成した図を拡張し，関数の束縛を示せ．
4. さらに実行環境と呼び出し環境を図に加えよ．
5. `str()` を拡張して，関数についてより多くの情報を表示するようにせよ．関数の位置や定義された環境を示せ．

## 8.4 名前と値の束縛

　付値は特定の環境で名前と値を束縛する（あるいは束縛し直す）ことである．これはスコープと対になる概念である．スコープは名前に関連付けられた値を探すために定義された一連の規則である．他の言語に比べ，Rでは名前と値を束縛する方法がきわめて柔軟である．値に名前を束縛できるだけでなく，表現式（プロミス）や関数すら束縛できる．この結果，名前に関連付けられた値は参照のたびに変わりうるのである．

　読者は通常の付値をこれまでにも繰り返し利用してきただろう．通常の付値は現在の環境に名前とオブジェクトとの束縛を作成する．名前は一般に英数字や．や_で構成されるが，語頭に_を置くことはできない．この規則に反する名前を使おうとすればエラーが返ってくる．

```
_abc <- 1
#> エラー: 想定外の入力です in "_"
```

## 8.4 名前と値の束縛

この規則に従ったとしても，すでに予約されている語（`TRUE`, `NULL`, `if`, `function`など）をユーザが利用することはできない．

```
if <- 10
#> エラー: 想定外の入力です in "if <-"
```

予約語のリストは`?Reserved`を実行すると確認できる．

バックティックを利用すれば，通常の規則を無視した自由な名前を生成することも可能となる．

```
`a + b` <- 3
`:)` <- "smile"
`   ` <- "spaces"
ls()
#> [1] "   "     ":)"      "a + b"

`:)`
#> [1] "smile"
```

> **引用符**
>
> 実はバックティックではなく一重あるいは二重引用符を使っても自由な名前を生成することができるのだが，筆者は推奨しない．付値演算子の左に文字列を置くことができるのは，Rがバックティックによる記法をサポートする以前の時代の名残である．

通常の付値演算子 `<-` は現在の環境に変数を作成する．一方 `<<-` は現在の環境ではなく，親環境をさかのぼって最初に見つかった変数を修正する．さらに`assign()`を使うと任意の環境に付値できる．`name <<- value`は，`assign("name", value, inherits = TRUE)`に相当する．

```
x <- 0
f <- function() {
  x <<- 1
}
f()
x
#> [1] 1
```

変数が見つからない場合，<<- はグローバル環境に変数を新規に作成するが，これは望ましいことではない．グローバル変数は，関数の依存関係に予期しない結果をもたらすからだ．<<- はクロージャとあわせて使われるのが普通であるが，これについては 10.3 節「クロージャ」で解説する．

他に特別なタイプの束縛が 2 つある．遅延 (delayed) 束縛と活性 (active) 束縛である．

- **遅延束縛**は表現式の結果を直ちに付値するのではなく，必要な場合に初めて評価される表現式をプロミスとして作成し保存する．遅延束縛は **pryr** パッケージの %d-% 付値演算子で作成できる．

```
library(pryr)
system.time(b %<d-% {Sys.sleep(1); 1})
#>     ユーザ   システム     経過
#>        0         0        0

system.time(b)
#>     ユーザ   システム     経過
#>     0.000    0.000    1.001
```

%<d-% は基本関数である delayedAssign() のラッパであり，柔軟な付値を行いたい場合に必要なことがあるかも知れない．遅延束縛は autoload() を実装するのに使われている．これは，パッケージのデータがすでにメモリ上にロードされているかのように振る舞う仕組みで，実際にはデータを利用する際に初めて読み込まれる．

- **活性束縛**では特定のオブジェクトに束縛されるのではなく，アクセスするたびに値が再計算される．

```
x %<a-% runif(1)
x
#> [1] 0.1100141

x
#> [1] 0.1063044

rm(x)
```

%<a-% は基本関数である makeActiveBinding() のラッパであり，付値を

柔軟に行いたい場合に利用すると便利である．活性束縛は参照クラスのフィールドを実装するのに使われている．

### 8.4.1 エクササイズ

1. 以下の関数の処理内容を説明せよ．また <<- とはどこが違い，なぜこちらのほうが望ましいのか．

```
rebind <- function(name, value, env = parent.frame()) {
  if (identical(env, emptyenv())) {
    stop("オブジェクトが見つかりません:", name, call. = FALSE)
  } else if (exists(name, envir = env, inherits = FALSE)) {
    assign(name, value, envir = env)
  } else {
    rebind(name, value, parent.env(env))
  }
}
rebind("a", 10)
#> エラー: オブジェクトが見つかりません: a

a <- 5
rebind("a", 10)
a
#> [1] 10
```

2. assign() を再定義して新規の名前のみ束縛し，すでに存在する名前は束縛しないようにせよ．これが実装されているプログラミング言語は少ないが，**単一代入言語**[3] として知られている．

3. 活性，遅延，固定それぞれの束縛方法を実現する付値関数を作成せよ．名前と引数を検討せよ．引数ごとにどのような付値を行うべきかを検討せよ．

---

## 8.5 明示的環境

環境はスコープ原理を拡張するだけでなく，参照セマンティクスであるので，それ自体が有用なデータ構造である．Rのほとんどのオブジェクトとは

---

[3] http://en.wikipedia.org/wiki/Assignment_(computer_science)#Single_assignment

異なり，環境を修正してもコピーは生成されない．以下に示す modify() で説明しよう．

```
modify <- function(x) {
  x$a <- 2
  invisible()
}
```

この関数をリストに適用しても，元のリストは変更されない．修正されるのは実行時に生成されるコピーだからだ．

```
x_l <- list()
x_l$a <- 1
modify(x_l)
x_l$a
#> [1] 1
```

しかしながら環境に適用すると，元の環境が修正される．

```
x_e <- new.env()
x_e$a <- 1
modify(x_e)
x_e$a
#> [1] 2
```

関数の間でデータをやりとりするのにリストを渡すことができるが，環境を同じ目的で利用することができる．この用途で環境を生成する場合，その親環境を empty 環境にしておくべきだろう．これにより別の環境から意図していないオブジェクトが継承される心配もない．

```
x <- 1
e1 <- new.env()
get("x", envir = e1)
#> [1] 1

e2 <- new.env(parent = emptyenv())
get("x", envir = e2)
#>  get("x", envir = e2) でエラー: オブジェクト 'x' がありません
```

環境は，よくある次の3つの問題に対処するのに有用なデータ構造である．

- 巨大なデータのコピーを避ける．
- パッケージ内部の状態を管理する．
- 名前から効率的に値を探す．

以下，順番に説明しよう．

### 8.5.1 コピーを避ける

環境は参照セマンティクスなので，うっかりコピーを作成してしまうことはない．したがって大きなデータを扱うには環境が最適である．Bioconductor 関連のパッケージでは，遺伝子情報のような規模の大きなオブジェクトを扱うことが多いので，環境を利用するのが一般的である．もっとも R 3.1.0 に加えられた変更によって，リストの修正は深いコピーを生成しなくなったので，このテクニックはそれほど重要ではなくなった．以前はリストの要素を 1 つ変更するだけで，すべての要素がコピーされたのである．これは一部に大きな要素が含まれていると非常にコストのかかる操作であった．現在ではリストを修正しても，既存の要素が再利用されるので，それほどコストはかからない．

### 8.5.2 パッケージの状態管理

環境を明示的に指定するのはパッケージ管理に役立つ．複数の関数呼び出しがあっても，内部状態を維持できるからである．一般にパッケージ内のオブジェクトはロックされているため，直接修正することはできない．これは以下のように迂回できる．

```
my_env <- new.env(parent = emptyenv())
my_env$a <- 1

get_a <- function() {
  my_env$a
}
set_a <- function(value) {
  old <- my_env$a
  my_env$a <- value
  invisible(old)
```

}

　ちなみに古い値をセッター関数の返り値として使うのは良い習慣だ．on.exit() と組み合わせることで直前の値に戻せるからだ（詳細は 6.6.1 項「処理を抜ける際の処理」を参照）．

### 8.5.3　ハッシュマップとしての環境

　ハッシュマップは名前からオブジェクトを探索するコストが定数 O(1) のデータ構造である．環境はデフォルトでこの処理を提供しているので，ハッシュマップとして使うことができる．このアイデアを発展させたのが CRAN に登録されている hash パッケージである．

---

## 8.6　クイズの解答

1. 4つ挙げられる．まず環境内のオブジェクトには必ず名前がある．オブジェクトの間に順序関係はない．ある環境には親環境がある．環境は参照セマンティクスである．
2. グローバル環境の親環境は，セッション中で直近にロードされたパッケージとなる．親環境のない唯一の環境は空環境である．
3. 関数のエンクロージング環境は，その関数が作成された環境である．エンクロージング環境は，関数が変数を探索する場所を定める．
4. parent.frame() を使えばよい．
5. <- は常に現在の環境に束縛を生成するが，<<- は現在の親環境に同じ名前が存在する場合には，これを束縛し直す．

# 9

# デバッギング,条件ハンドリング,防御的プログラミング

　作成したコードの実行で問題が生じた場合はどうすべきだろうか.読者ならどうするであろうか.問題を対処するためにどのようなツールを使うべきだろうか.本章では,予期しない問題が生じた場合に,これを解決するための方法(デバッグ)を伝授する.また関数が問題のシグナルを伝えることや,このシグナルに基づいて対処する方法(条件ハンドリング)について解説する.さらに比較的よく見受けられる問題を未然に防ぐ手法について紹介する(防御的プログラミング).

　デバッグは,コードに生じる問題を解決するための技法であり科学である.本節ではエラーの根本原因を特定するのに役立つツールと技法を紹介する.本章を通じて,読者はデバッグにおける一般的な戦略を習得できるだろう.Rの関数でいえば,traceback()やbrowser()を駆使し,RStudioであれば付属のインタラクティブなツールを使うのである.

　問題のすべてが予見できないということはない.関数を書いている際に,生じうる問題はある程度予想できるものだ(ファイルが存在しないとか,あるいは引数のタイプが適当でないとか).問題をユーザに伝えるのが条件ハンドリングの仕事である.すなわちエラー,警告,メッセージである.

- 致命的なエラーはstop()によって投げられ,すべての実行が停止される.また関数が処理を続行できない場合にエラーが投げられる.
- 警告はwarning()によって生成され,潜在的な問題を表示する.例えば,log(-1:2)のように,ベクトルとして入力された要素のどれかに問題があるような場合だ.
- メッセージはmessage()によって生成され,出力に情報を加える.メッセージはユーザの側で抑制できる(?suppressMessagesを参照).筆者の場合,重要な引数が指定されずに実行された場合に,関数が代わりに選

択した値をユーザに伝えるための利用している．

Rのインターフェイスの設定にもよるが，一般に条件はボールド体やカラーを使って強調表示がなされる．エラーであれば常に冒頭に Error と表示され，警告は Warning message となるので，見分けるのは容易である．print() や cat() を挟み込んで問題を表示する関数も多いが，筆者は賛成しかねる．この種の出力は見分けにくいし，慣れてしまうと恣意的に無視することさえあるからだ．さらに print() による出力は条件ハンドリングとはならないので，これから学ぶ条件ハンドリングのツールと連携させられない．

条件ハンドリングのためのツールには withCallingHandlers(), tryCatch(), try() などがあり，条件ごとに決められた対処方法を実現できる．例えば，統計モデリングで多くのモデルを当てはめてるとしよう．そのうち1つのモデルが収束しない場合があっても，そのまま他のモデルの当てはめを続けたいはずだ．Rには，Common Lisp に由来する非常に優れた条件ハンドリングの手法が実装されているのだが，解説が少ないためにあまり利用されていない．本章では，その基礎を解説するにとどめるが，意欲のある読者には以下2つの論文を推奨したい．

- Robert Gentleman, Luke Tierney による『Rにおける条件システムのプロトタイプ』[1]：Rにおける初期の条件ハンドリングについて解説している．現在の実装はこの論考の執筆当時とやや異なるが，条件ハンドリングの仕組みやモチベーションを知るには最適である．
- Peter Seibel による『例外処理を超えて：条件と再出発』[2]：Lispにおける条件ハンドリングを論じているが，Rでのアプローチに非常に近い．きわめて刺激的な内容であり，事例も洗練されている．筆者がR用に書き直したものを用意しているので参照されたい[3]．

本章の最後に**防御的プログラミング**について論じる．すなわち一般的なエラーを未然に防ぐ方法である．エラー処理を書くのは時間がかかるが，長い

---

[1] http://homepage.stat.uiowa.edu/~luke/R/exceptions/simpcond.html
[2] http://www.gigamonkeys.com/book/beyond-exception-handling-conditions-and-restarts.html
[3] http://adv-r.had.co.nz/beyond-exception-handling.html

目で見れば，かえって時間の節約になるものである．エラーメッセージの情報から，根本的な原因を即座に把握できるからである．防御的プログラミングの基本は，「早めに失敗する (fail fast)」である．何かおかしければ，直ちにエラーを投げるに限るのである．R では，これには3つの方法がある．まず，出力が正しいかをチェックすること，それから非標準評価を避けること，そして異なる出力を返しかねない関数を避けることである．

**クイズ：**

本章をとばしたいと思う読者は，まず以下のクイズに挑戦してみて欲しい．解答は本章の末尾にある．

1. エラーが生じた箇所をどのようにして突き止めるか．
2. browser() は何をするのか．また browser() 環境のコンソール操作で役に立つ5つの（アルファベット1文字による）キーコマンドを挙げよ．
3. 一連のコードを実行している際にエラーが生じても，これを無視することができる関数を挙げよ．
4. エラーを補足するために独自のS3クラスを作成する必要があるだろうか．

**本章の概要：**

1. 9.1節「デバッグ技法」ではバグを発見して潰す一般的なアプローチを紹介する．
2. 9.2節「デバッグのツール」ではエラーの生じた箇所を正確に特定するために利用できる R の関数，あるいは RStudio の機能を紹介する．
3. 9.3節「条件ハンドリング」では，作成したコードで条件（エラー，警告，メッセージ）を捕捉する方法を示す．これによりコードはエラーに頑健になり，問題も発見しやすくなる．
4. 9.4節「防御的プログラミング」では，そもそもバグを防ぐための防御的プログラミング技法をいくつか紹介する．

164　第9章　デバッギング，条件ハンドリング，防御的プログラミング

## 9.1　デバッグ技法

「バグを発見するのは，正しいはずと信じながら確認し続けていった末に，誤りを発見するプロセスに他ならない」
Norm Matloff

　コードのデバッグは非常に難しい．多くのバグは微妙で発見しづらい．そもそもバグが明らかなら，実装時に修正していただろう．優れた技術があれば，print()だけで問題を効率的にデバッグできるのも事実だが，もう少し助けが必要な場合も多いだろう．本節ではRやRStudioに備わった有用なツールを紹介し，デバッグの手順を解説する．

　以下で紹介する手順が完全とはいわないが，デバッグ作業の流れを整理するには役立つだろう．これには4つのステップがある．

1. バグの存在を自覚する
    本章を読んでいる読者は，すでにこのステップを越えているはずだが，強調しておきたい．バグの存在を知らなければデバッグしようがない．だからこそ，品質の高いコードを作成するためには，自動化されたテストスイートが重要なのだ．残念ながら本書では自動化テストについて説明する余裕はないが，興味ある読者は筆者のサイト[4]を参照されたい．

2. 再現可能にする
    バグがあることを自覚したら，それをコードで再現可能にする必要がある．さもなければ原因を切り分けるのも，また仮に修正に成功したとしても，そのことを確認するのが困難になる．一般論として，エラーを引き起こすコード全体から余分な部分をそぎ落としていき，そのエラーを引き起こす最小の断片にまで絞り込むべきだ．これにはバイナリサーチが役に立つ．コードを半分に分けてバグを見つける作業を繰り返すのである．作業のたびに検証するコードは半分になっていくのだから，この方法は素早い．バグを引き起こすのに時間がかかる場合は，それを引き起こしやすくする方法を検討すべきだ．バグがすぐに生じれば，それだけ早く原因を特定できる．最小のサンプルを作成する作業を続けている

---

[4] http://r-pkgs.had.co.nz/tests.html

と，似たような引数なのにバグが引き起こされない場合があることに気が付くだろう．これをメモにとっておこう．これはバグの原因を特定するのに役立つ情報だ．自動化テストを使っているなら，これもまた自動化テストの適応事例だ．現在のテストのカバー範囲が狭いようなら，正常に動作する部分を保持したままテストを少しずつ広げていけばよい．こうすれば新たなバグを生み出してしまう恐れは低い．

3. バグの箇所を特定する

以下の節で紹介するツールを利用するとバグを引き起こしているコードの位置を素早く特定できることもあるが，実際にはそのような幸運は稀で，問題を何度も検討する必要があるのが普通である．それゆえ科学的な手順を適用するのが正しい考えである．仮説をたて，これを検証する実験デザインを作成し，その結果を記録するのである．これは手間のように感じるかも知れないが，系統だったアプローチが，結局は時間の節約になるのだ．筆者も自身の直感を信じてバグを潰そうと繰り返したあげく，系統だった手順をとってさえいれば節約できたはずの時間を潰してきた（「ああ，これはループが1回多かったんだな．だから1引いておけばいいだろう」など）．

4. バグを潰してテストする

無事バグを発見できたら，潰す方法と検証する方法が必要となる．この場合も適切な自動化テストを用意しておくと役に立つ．これはバグが完全に潰されたかどうかだけでなく，新たなバグが生じていないかを確認するのに効果的である．自動化テストをしない場合は，少なくとも出力の正しさと，バグが生じていた入力への挙動を確認すべきだ．

## 9.2 デバッグのツール

デバッグの戦略を実施するにはツールが必要だ．本節では，RないしRStudio IDEが提供するツールを学ぶ．特にRStudioに統合されているデバッグツールは，Rにもともとあるツールをより使いやすくしてくれているので，使わない手はない．本節では，RおよびRStudioのどちらでもデバッ

グできるように，両方のツールを紹介する．RStudio の公式ページ[5]には最新版の情報が掲載されているので，適宜，確認されたい．

もっとも重要なツールとして，ここでは特に 3 つを挙げよう．

- RStudio のエラーインスペクターや traceback() でエラーが引き起こされるまでの呼び出しをたどる．
- RStudio の Rerun with Debug ツールや options(error = browser) でエラーが生じると同時にセッションをインタラクティブに操作する．
- RStudio のブレークポイントや browser() を使い，コードの適当な位置からインタラクティブなセッションを開く．

以下，それぞれのツールについて解説しよう．

なお，これらのツールを新たに関数を作成する場合に使うことはないはずだ．もし，新しいコードを書く場合にも使っているようなら，アプローチを見直したほうがいいかも知れない．例えば大きな関数を一度に作成するよりは，小さな部分に分けて作成してみてはどうだろうか．小さな部品から始めれば，問題が生じてもすぐに気が付くだろう．大きな部品の開発から始めると，後で問題箇所を特定するのに四苦八苦することになるだろう．

### 9.2.1 呼び出しをたどる

最初のツールはコールスタックである．これはエラーが生じるまで積み重なった呼び出しのことである．簡単な例を示そう．次の実行例では，f() が g() を呼び出し，これはさらに h() を呼び出し，最後に i() を呼び出しているが，ここで文字と数値を加算しようとしてエラーが生じている．

```
f <- function(a) g(a)
g <- function(b) h(b)
h <- function(c) i(c)
i <- function(d) "a" + d
f(10)
```

このコードを RStudio で実行するとこうなる．

---

[5] http://www.rstudio.com/ide/docs/debugging/overview

## 9.2 デバッグのツール

```
> f(10)
"a" + d でエラー：　二項演算子の引数が数値ではありま    ⬆ Show Traceback
せん                                                    ✱ Rerun with Debug
```

エラーメッセージの横に Show Traceback と Rerun with Debug の 2 つのオプションが表示されているはずである．このうち Show Traceback をクリックすると次のようになる[6]．

```
> f(10)
"a" + d でエラー：　二項演算子の引数が数値ではありま    ⬆ Hide Traceback
せん                                                    ✱ Rerun with Debug
    4 i(c) at exceptions-example.R#4
    3 h(b) at exceptions-example.R#3
    2 g(a) at exceptions-example.R#2
    1 f(10)
```

RStudio を使っていないのであれば，traceback() を実行すれば同じ出力が得られる．

```
traceback()
# 4: i(c) at exceptions-example.R#3
# 3: h(b) at exceptions-example.R#2
# 2: g(a) at exceptions-example.R#1
# 1: f(10)
```

コールスタックは下から上に読む．この例では最初に f() の呼び出しがあり，続いて g() と h()，そして i() が呼び出され，最後にエラーが生じている．もしコードを source() で読み込んでいる場合は，ファイル名.r#行番号の形式で関数の当該場所が表示されるだろう．RStudio ではこれらをクリックすると，エディタが起動して当該コードが表示される．

これだけでもエラーを特定して修正するには十分な情報となることもあるが，普通は解決に至らないだろう．traceback() はエラーの箇所を報告するだけで，原因は教えてくれない．そこで次に，インタラクティブなデバッガを使って関数の実行を途中で止めながら，内部の状況を確認する．

---

[6] 訳注：本文でも説明されるが，エラーが生じた行が表示されるのはコードを R スクリプトとして保存し，source で読み込んだ場合である．

## 9.2.2 エラーをブラウズする

インタラクティブにデバッグを行うには RStudio の Rerun with Debug ツールを利用するのが簡単だ．これはエラーを起こした命令を再実行するが，実行後に処理を停止し，関数内部の状態をインタラクティブに確認できる．また関数内部で定義されたオブジェクトにアクセスすることもできる．コードはエディタで確認でき（次に実行される命令がハイライトされているはずである），現在の環境にあるオブジェクトは Environment ペインに，さらにコールスタックは Traceback ペインに表示される．また任意のコードをコンソールで実行できる．

R の通常の関数とは別に，デバッグモードで使える特別なコマンドがある．これらのコマンドには RStudio ではツールバー

≒ Next | [↱] | ⇐ | ▶ Continue | ■ Stop

からアクセスできるが，キーボードで入力してもよい．

- n: 関数の次のステップを実行する．同名の変数がある場合は print(n) とせよ．
- [↱] あるいは s: ステップインでは，次のステップに実行を移すが，それが関数だった場合その内部に入る．ここでも 1 行ずつ実行することができる．
- ⇐ あるいは f: 現在のループないし関数の実行を終了させる．
- c: インタラクティブなデバッグモードを抜け，通常の関数実行を続ける．間違いを修正して関数が正しく実行を続けるか確認するのに便利である．
- Q: デバッグと関数実行を中止し，作業スペースに戻る．問題箇所が特定され，修正とコードの再実行が準備できた場合に使う．

この他，ツールバーからは利用できないが，場合によっては役に立つコマンドが 2 つある．

- Enter キー: 直前のコマンドを繰り返す．ただ筆者は間違えて Enter を押しやすいので，options(browserNLdisabled = TRUE) として無効化し

## 9.2 デバッグのツール

ている.
- where: 現在の呼び出しのスタックをトレースする（traceback()をインタラクティブに実行することに相当する）.

RStudio 以外でこのスタイルのデバッグに入るには error オプションを指定して，エラーが生じた場合に実行する関数を指定する．RStudio のデバッグスタイルにもっとも近い関数は browser() である．これはエラーが生じた環境でインタラクティブなコンソールを開始する．options(error = browser) と設定し，コマンドを再び実行すればよい．options(error = NULL) でデフォルトのエラー設定に戻る．この切り替えは，以下に定義する browseOnce() で自動化できる.

```
browseOnce <- function() {
  old <- getOption("error")
  function() {
    options(error = old)
    browser()
  }
}
options(error = browseOnce())

f <- function() stop("!")
# インタラクティブなデバッグモードに入る
f()

# 通常の関数実行
f()
```

関数を返す関数については第10章「関数型プログラミング」で解説する．また error オプションで利用できる次の2つの関数も役に立つ．

- recover は browser() からステップをさかのぼる．つまりコールスタックの任意の呼び出し環境に入ることが可能になる．エラーの根本原因がだいぶ前の呼び出しにさかのぼることも多いからである．
- dump.frames はインタラクティブでない recover モードのようなものだ．これは現在の作業フォルダに last.dump.rda というファイルを生成する．このファイルを R の新規セッションに読み込んで debugger() を使

うと，recover() と同様の操作が可能なデバッグモードに入ることができる．これはバッチモードで実行したコードをインタラクティブにデバッグするのに役立つ．

```
# バッチモードで実行するコード ----
dump_and_quit <- function() {
  # デバッグのための情報を last.dump.rda に保存する
  dump.frames(to.file = TRUE)
  # エラーが生じれば実行を中止
  q(status = 1)
}
options(error = dump_and_quit)

# 別のセッションでインタラクティブにデバッグ ----
load("last.dump.rda")
debugger()
```

エラーに対する挙動をデフォルトに戻すには options(error = NULL) を実行する．これによりエラーが生じるとメッセージが表示されて関数の実行が中断される．

### 9.2.3 任意のコードをブラウズする

エラーが生じた際にインタラクティブなデバッグモードに入るのと同じように，RStudio のブレークポイントあるいは browser() を使って，コードの任意の箇所でデバッグモードに入ることができる．RStudio ならばコード左端の行番号をクリックするか，あるいは Shift + F9 を同時押しすることでブレークポイントを設定できる．また実行を中断したい箇所に browser() を挿入すれば同じことを実現できる．ブレークポイントと browser() の挙動は同じなのだが，前者の設定はすこぶる簡単である（9文字も入力しなくてよい）．ソースコードに間違って browser() を挿入してしまうリスクも少ないだろう．ただしブレークポイント設定には小さな欠点が2つある．

- 稀にブレークポイントが効かない場合がある．詳細は RStudio のサイトにあるブレークポイントのヘルプを参照されたい[7]．

---

[7] http://www.rstudio.com/ide/docs/debugging/breakpoint-troubleshooting

- 現バージョンの RStudio は条件付きブレークポイントをサポートしていないが，`browser()` は `if` 文の中に挿入することができる．

コードに `browser()` を自動的に追加する関数が2つある．

- `debug()` は指定された関数の冒頭に `browser()` を追加し，`undebug()` がこれを削除する．あるいは `debugonce()` を使えば次の実行に限りデバッグモードに入る．
- `utils::setBreakpoint()` も同様に機能するが，関数名ではなくファイル名と行数を指定すると当該関数を見つけ出してくれる．

これら2つの関数は，いずれも関数の任意の場所に任意のコードを追加する `trace()` を応用している．ソースファイルのないコードをデバッグするにも `trace()` が役に立つ．解除するには `untrace()` を使う．トレースは関数ごとに1つしか使えないが，トレースは1つで複数の関数を呼び出せる．

### 9.2.4　コールスタック：`traceback()`, `where`, `recover()`

残念なことに，`traceback()` や `browser()` に `where` を組み合わせるやり方，あるいは `recover()` それぞれによるコールスタック出力は統一されていない．以下の表に，ネストされた単純な呼び出しスタックをそれぞれのツールで表示させた結果を示す．

| traceback() | browser() + where | recover() |
|---|---|---|
| 4:　stop("Error") | where 1:　stop("Error") | 1:　f() |
| 3:　h(x) | where 2:　h(x) | 2:　g(x) |
| 2:　g(x) | where 3:　g(x) | 3:　h(x) |
| 1:　f() | where 4:　f() | |

表から，`traceback()` と `where` では付与されている番号が異なり，また `recover()` ではコール表示が逆になっているだけでなく `stop()` も省略されている．RStudio では `traceback()` と同じ順序で出力されるが，番号は省略される．

## 9.2.5 他のタイプのエラー

エラーを投げることも，あるいは誤った結果を返すこともなく関数実行が失敗する場合がある．

- 関数が意外な警告を表示することがある．こうした警告をトレースするには，`options(warn = 2)` を設定してエラーに変換してしまうことだ．これにより通常のデバッグツールを適用できる．実行すると，コールスタックに特別な関数呼び出しが含まれているのに気がつくことだろう．`doWithOneRestart()`, `withOneRestart()`, `withRestarts()`, `.signalSimpleWarning()` などだが，とりあえずは気にする必要はない．これらは警告をエラーに変換するためのインターナル関数である．
- 関数が意外なメッセージを表示することがある．これに対処する関数はRに組み込まれていないが，作ればいい．

```
message2error <- function(code) {
  withCallingHandlers(code, message = function(e) stop(e))
}

f <- function() g()
g <- function() message("Hi!")
g()
#> message("Hi!") でエラー: Hi!

message2error(g())
traceback()
#> 10: stop(e) at #2
#> 9: (function (e) stop(e))(list(message = "Hi!\n",
#>       call = message("Hi!")))
#> 8: signalCondition(cond)
#> 7: doWithOneRestart(return(expr), restart)
#> 6: withOneRestart(expr, restarts[[1L]])
#> 5: withRestarts()
#> 4: message("Hi!") at #1
#> 3: g()
#> 2: withCallingHandlers(code, message = function(e) stop(e))
#>       at #2
#> 1: message2error(g())
```

警告の場合と同様，トレースバック一覧にある一部の呼び出しは無視して構わない（つまり2番目と5,6,7,8番目の呼び出しである）．
- 関数が何も返さない場合，デバッグを自動化するのは困難だが，関数を中断させ，コールスタックを観察することで情報が得られるかも知れない．それ以外は上記のデバッグ方針に従えばよい．
- 最悪の場合，コードの実行によってRが完全にクラッシュしてしまい，インタラクティブにデバッグできないことがある．これはバグの原因がC言語によるコードにあることを意味している．このデバッグはかなり困難である．gdbを使ってインタラクティブにデバッグすることもできるが，本書の範囲を超える．

仮にクラッシュがRに組み込みのコードによって引き起こされているのであれば，再現可能な例をR-helpに投稿すべきである．それがパッケージであれば，パッケージ作者に連絡しよう．自身で作成したCないしC++のコードが原因であれば，print()を大量に入れてバグの位置を特定する必要がある．データ構造が想定と異なるというようなバグを発見するには，さらに多くのprint()文が必要になるだろう．

## 9.3 条件ハンドリング

予期せぬエラーが生じた場合，問題を突き止めるにはインタラクティブなデバッグが必要だ．一方，想定可能なエラーであれば自動的に対処したいところである．たとえばブートストラップをくり返し，多くのモデルを異なるデータセットに当てはめていると頻繁にエラーが生じるが，これは想定の範囲だろう．モデルが当てはめに失敗するとエラーが投げられて処理が途中で終わってしまうが，これは避けたい．可能な限り多くのモデルを当てはめ，その後にモデルの診断を実施したいところだろう．

Rには（エラーを含む）条件をプログラム的にハンドリングする3つのツールがある．

- try()はエラーが生じても処理の継続を可能にする．

- tryCatch() ではハンドラ関数が定義でき，条件のシグナルが送られきた場合に適切な処理を行うことができる．
- withCallingHandlers() は tryCatch() と同様の機能を提供するが，異なったコンテキストでハンドラ関数を実行できる．利用する機会は少ないだろうが，知っておくとよい．

以下の項ではこれらのツールを解説する．

### 9.3.1 try() でエラーを無視する

try() はエラーが生じた場合でも処理を継続させる．通常，関数はエラーが投げられると直ちに実行を中断し，何も返さない．

```
f1 <- function(x) {
  log(x)
  10
}
f1("x")
#> log(x) でエラー : 数学関数に数値でない引数が渡されました
```

ここでエラーを生じさせる命令を try() で囲むと，エラーメッセージは表示されるものの，処理は継続される．

```
f2 <- function(x) {
  try(log(x))
  10
}
f2("a")
#> Error in log(x) : 数学関数に数値でない引数が渡されました
#> [1] 10
```

メッセージの出力についても try(..., silent = TRUE) で抑制できる．

ある程度まとまったコードを渡したい場合は {} でラップする．

```
try({
  a <- 1
  b <- "x"
  a + b
})
```

## 9.3 条件ハンドリング

　try() の関数としての出力を利用することもできる．実行に成功した場合は，ブロックの最後の実行結果が返される（通常の関数と同じである）．失敗した場合は，try-errorクラスの（不可視の）オブジェクトが返される．

```
success <- try(1 + 2)
failure <- try("a" + "b")
class(success)
#> [1] "numeric"

class(failure)
#> [1] "try-error"
```

　try() はリストの複数の要素に関数を連続適用する場合に特に便利である．

```
elements <- list(1:10, c(-1, 10), c(T, F), letters)
results <- lapply(elements, log)
#> FUN(X[[i]], ...) でエラー:  数学関数に数値でない引数が渡されました
#> 追加情報:  警告メッセージ:
#> FUN(X[[i]], ...) で:   計算結果が NaN になりました

results <- lapply(elements, function(x) try(log(x)))
#> Error in log(x) :  数学関数に数値でない引数が渡されました
#> 追加情報:  警告メッセージ:
#>  log(x) で:   計算結果が NaN になりました
```

　try-errorクラスかどうかを確認する関数は組み込まれていないので，実装してしまおう．これと sapply() を使えばエラーの位置を簡単に確認できる（第11章「汎関数」を参照）．実行に成功した場合は単に結果を抽出し，失敗した場合は入力をチェックする．

```
is.error <- function(x) inherits(x, "try-error")
succeeded <- !sapply(results, is.error)

# 成功例を確認
str(results[succeeded])
#> List of 3
#>  $ : num [1:10] 0 0.693 1.099 1.386 1.609 ...
#>  $ : num [1:2] NaN 2.3
#>  $ : num [1:2] 0 -Inf
```

```
# 失敗例では引数を確認
str(elements[!succeeded])
#> List of 1
#>  $ : chr [1:26] "a" "b" "c" "d" ...
```

式が失敗した場合にデフォルトの値を設定できると便利である．これは単に try ブロックの外でデフォルト値を設定しておいてから，失敗の可能性のあるコードを実行すればよい．

```
default <- NULL
try(default <- read.csv("possibly-bad-input.csv"), silent = TRUE)
```

また plyr::failwith() を使うと，エラー処理をもっと簡単に実現できる．詳細は 12.2 節「出力に関わる FO」を参照されたい．

### 9.3.2 tryCatch() による条件ハンドリング

tryCatch() は条件をハンドリングする汎用ツールである．エラーに加えて，警告やメッセージ，あるいは割り込みのそれぞれに異なるアクションを指定できるのである．ここで初めて言及した「割り込み」はプログラマによって直接生成されるのではなく，ユーザが Ctrl + Break, Escape, Ctrl + C（プラットフォームによって異なる）を同時に押すなどして実行を強制的に中断することで生じる．

tryCatch() を利用すると，条件ごとにハンドラを関連付けることができる．ハンドラとは，条件を引数として実行される名前付き関数のことである．tryCatch() は条件をシグナルとして，条件クラスのいずれかと名前が一致する最初の関数を実行する．R に組み込まれていて利用可能な名前は error, warning, message, interrupt に加え，すべての条件に一致する condition である．ハンドラ関数には任意の処理を指定できるが，通常は何らかの値を返すか，あるいは詳細なエラーメッセージを生成するかだろう．例えば以下の show_condition() は，シグナルが送られてきた条件のタイプを返すハンドラを設定している．

```
show_condition <- function(code) {
  tryCatch(code,
    error = function(c) "エラー",
```

## 9.3 条件ハンドリング

```
    warning = function(c) "警告",
    message = function(c) "メッセージ"
  )
}
show_condition(stop("!"))
#> [1] "エラー"

show_condition(warning("?!"))
#> [1] "警告"

show_condition(message("?"))
#> [1] "メッセージ"

# 条件が捕捉されない場合，tryCatch では引数がそのまま返される
show_condition(10)
#> [1] 10
```

また tryCatch() は独自に try() を実装するためにも使える．以下に簡単な例を示す．実際の base::try() は tryCatch() を隠蔽したエラーメッセージを作成しているので，もっと複雑な実装になっている．なお以下のコードで conditionMessage() は，元のエラーに関連付けられたメッセージを抽出するために使われている．

```
try2 <- function(code, silent = FALSE) {
  tryCatch(code, error = function(c) {
    msg <- conditionMessage(c)
    if (!silent) message(c)
    invisible(structure(msg, class = "try-error"))
  })
}

try2(1)
#> [1] 1

try2(stop("Hi"))
try2(stop("Hi"), silent = TRUE)
```

条件がシグナルされた場合にデフォルト値を返す代わりに，より詳細なエラーメッセージを生成するためにハンドラを使うこともできる．例えば，エ

ラー条件オブジェクトに保存されたメッセージを修正できる．以下の関数はread.csv()をラップし，エラーメッセージにファイル名を追加している．

```
read.csv2 <- function(file, ...) {
  tryCatch(read.csv(file, ...), error = function(c) {
    c$message <- paste0(c$message, " (in ", file, ")")
    stop(c)
  })
}
read.csv("code/dummy.csv")
#> Error in file(file, "rt") でエラー: コネクションを開くことができません

read.csv2("code/dummy.csv")
#> Error in file(file, "rt"): でエラー:
             コネクションを開くことができません (in code/dummy.csv)
```

割り込みを捕捉すると，ユーザが実行コードを中断させようとした場合に対応することが可能になる．しかしながら無限ループを引き起こしかねず，最悪の場合はRごと落とすはめになるので注意が必要である．

```
# ユーザによる割り込みを許可しない
i <- 1
while(i < 3) {
  tryCatch({
    Sys.sleep(0.5)
    message("エスケープを試す")
  }, interrupt = function(x) {
    message("再度ループに戻る")
    i <<- i + 1
  })
}
```

tryCatch()には他にfinallyという引数があり，本来の式の成功ないし失敗に関わらず実行されるコード群（関数ではない）を指定する．これは後処理をするのに便利な機能である（例えばファイルを削除したり，コネクションを閉じたり）．この機能はon.exit()に近いが，関数全体ではなく，より小さなコード群を指定できる点が異なる．

### 9.3.3 withCallingHandlers()

tryCatch()に代わる関数としてwithCallingHandlers()がある．これらの関数には大きな違いが2つある．

- tryCatch()のハンドラが返す値はtryCatch()の返り値として渡されるのに対して，withCallingHandlers()のハンドラの返り値は無視される．

    ```
    f <- function() stop("!")
    tryCatch(f(), error = function(e) 1)
    #> [1] 1
    
    withCallingHandlers(f(), error = function(e) 1)
    #> f() でエラー : !
    ```

- withCallingHandlers()のハンドラは条件を生成したコンテキストから呼び出されるのに対して，tryCatch()のハンドラは他ならぬtryCatch()のコンテキストから呼び出される．これは，traceback()と等しい機能を実行時に実現するsys.calls()を使うと確認でき，実行中の関数に至るすべての呼び出しが表示される．

    ```
    f <- function() g()
    g <- function() h()
    h <- function() stop("!")
    
    tryCatch(f(), error = function(e) print(sys.calls()))
    #> [[1]] tryCatch(f(), error = function(e) print(sys.calls()))
    #> [[2]] tryCatchList(expr, classes, parentenv, handlers)
    #> [[3]] tryCatchOne(expr, names, parentenv, handlers[[1L]])
    #> [[4]] value[[3L]](cond)
    
    withCallingHandlers(f(), error = function(e) print(sys.calls()))
    #> [[1]] withCallingHandlers(f(),
    #>    error = function(e) print(sys.calls()))
    #> [[2]] f()
    #> [[3]] g()
    #> [[4]] h()
    #> [[5]] stop("!")
    #> [[6]] .handleSimpleError(
    #>    function (e) print(sys.calls()), "!", quote(h()))
    #> [[7]] h(simpleError(msg, call))
    ```

これは on.exit() が呼び出される順序にも影響する．

こうした微妙な違いはあるが，何が問題かを正確に捕捉して別の関数に投げるような用途でもなければ，そもそも withCallingHandlers() を利用する機会もないだろう．

### 9.3.4 シグナルクラスをカスタマイズする

R でエラー処理をする際に問題になるのがメッセージである．ほとんどの関数は単に stop() に文字列を渡して呼び出している．つまり，ある特定のエラーが生じたかどうかを確認するには，そのエラーメッセージを読む必要があるが，実はこれが誤解を招きやすい．エラーメッセージは常に変更される可能性がある．さらには，メッセージは利用環境の言語に翻訳されていることがあり，結局，メッセージの内容を正確に理解できないこともある．

この問題を解決するためのテクニックがないこともない．そもそも条件は S3 クラスなので，エラーのタイプを識別するためのクラスを自作するのだ．シグナルを送る関数 stop(), warning(), message() には文字列のリストないし S3 クラスの条件オブジェクトを渡すことができる．条件オブジェクトをカスタマイズすることは一般的ではないが，非常に有用なテクニックであり，エラーごとに異なる対処ができるようになる．例えば「予想通りの」エラー（モデルがデータによっては収束しないなど）が生じた場合は無視し，予期しないエラー（ディスクスペースが足りないなど）であれば，ユーザに伝えることもできる．

R では条件に対する関数にコンストラクタが用意されていないが，追加するのは簡単だ．条件は message と call を要素として含んでいなければならないが，必要があれば他に追加もできる．新しい条件を生成する場合，常に condition と，さらに error, warning, message のいずれか 1 つを継承することになる．

```
condition <- function(subclass, message, call = sys.call(-1), ...) {
  structure(
    class = c(subclass, "condition"),
    list(message = message, call = call),
    ...
```

## 9.3 条件ハンドリング

```
  )
}
is.condition <- function(x) inherits(x, "condition")
```

signalCondition() を使って任意の条件をシグナルとして送ることができるが，tryCatch() ないし withCallingHandlers() を使って独自のシグナルハンドラを初期化していなければ何も起こらない．あるいは stop()，warning()，message() のいずれかを使って，通常のハンドリングを引き起こすことができる．これらの関数に自作の条件クラスが適合していなくても，Rが警告などを発することはないが，実際にコーディングする際には避けるべきだろう．

```
c <- condition(c("my_error", "error"), "これはエラー")
signalCondition(c)
#> NULL

stop(c)
#> エラー: これはエラー

warning(c)
#> 警告メッセージ: これはエラー

message(c)
#> これはエラー
```

tryCatch() を使っても，異なるタイプのエラーに対して異なるアクションを起こすことができる．以下の例で custom_stop() は任意のクラスを使ってエラー条件のシグナルを送ることができる．実際のアプリケーションでは，S3のコンストラクタごとにヘルプを用意し，それぞれのエラークラスについて詳細を説明しておくべきだろう．

```
custom_stop <- function(subclass, message, call = sys.call(-1),
                        ...) {
  c <- condition(c(subclass, "error"), message, call = call, ...)
  stop(c)
}

my_log <- function(x) {
```

```
  if (!is.numeric(x))
    custom_stop("invalid_class", "my_log() 引数に数値を指定せよ")
  if (any(x < 0))
    custom_stop("invalid_value", "my_log() 引数に正の値を指定せよ")

  log(x)
}
tryCatch(
  my_log("a"),
  invalid_class = function(c) "class",
  invalid_value = function(c) "value"
)
#> [1] "class"
```

tryCatch() に複数のハンドラと独自クラスを適用する場合，シグナルのクラス階層のいずれかにマッチする最初のハンドラが，実際には最適ではなくとも呼び出されることに注意が必要である．したがって，特殊なハンドラを最初に置いておく必要がある．

```
tryCatch(customStop("my_error", "!"),
  error = function(c) "error",
  my_error = function(c) "my_error"
)
#> [1] "error"

tryCatch(custom_stop("my_error", "!"),
  my_error = function(c) "my_error",
  error = function(c) "error"
)
#> [1] "my_error"
```

### 9.3.5 エクササイズ

- 次の 2 つの `message2error()` を比較し，最初の `withCallingHandlers()` を使う場合の利点を説明せよ（トレースバックを注意深く観察せよ）．

  ```
  message2error <- function(code) {
    withCallingHandlers(code, message = function(e) stop(e))
  }
  message2error <- function(code) {
  ```

```
  tryCatch(code, message = function(e) stop(e))
}
```

## 9.4 防御的プログラミング

　防御的プログラミングは予期せぬ問題が生じた場合でも，十分に管理された方法でエラーを起こす手法のことである．防御的プログラミングの要点は「早めに失敗する (fail fast)」ことにある．何か問題が発見されれば，すぐにエラーをシグナルとして送るのである．関数の作者（つまりは読者）には余計な手間になるが，ユーザにとってはデバッグが容易になる．エラーが早い段階で返ってくれば，不適切な引数をいくつもの関数に渡してしまった後になって問題に気が付くということもなくなるからだ．

　Rで「早めに失敗する」の原理を実現するには3つの方法がある．

- 許容できる範囲に厳格であれ．例えば関数の引数がベクトルに対応していないのであれば，内部でベクトル化された関数を使っていたとしても，渡された引数がスカラーであることを確認せよ．これには`stopifnot()`，`assertthat` パッケージ[8]，あるいは単純に`if`文と`stop()`を使えばよい．
- 非標準評価を使う関数は避ける．例えば`subset()`, `transform()`, `with()`はインタラクティブに利用する場合には時間の節約になるが，タイプ数を減らすという前提で作られているため，失敗が生じた場合，エラーメッセージからは何も情報も得られない場合が多い．非標準評価については第13章「非標準評価」を参照されたい．
- 引数の型によって出力の型が変わるような関数は避けよ．その代表格が`[`と`sapply()`だ．関数内でデータフレームから一部を取り出す場合，`drop = FALSE`を忘れてはならない．さもなければ列数1のデータフレームがベクトルに変換されてしまう．同様に関数内で`sapply()`を使ってはならない．これに対して`vapply()`はチェックが厳しく，引数の型が適切でない場合はエラーを投げ，また要素数が0の引数が与えられた場合にも適切な出力を返す．

---

[8] https://github.com/hadley/assertthat

インタラクティブな分析とプログラミングの間には常に葛藤がある．インタラクティブに作業している場合は，R に期待通りの処理をしてもらい，R が間違った場合は自分で直ちに修正を行いたい．一方，プログラミングの場合，微妙あるいは不可解な問題が生じたら，すぐにエラーを返す関数が望ましい．関数を作成する場合も，この葛藤を忘れないようにしよう．インタラクティブなデータ分析のための関数を書いている場合は，分析者の期待を推測し，多少想定外の処理が行われても自動的に補正するようにしよう．これに対してプログラミングとしての関数の場合は，より厳格になり，関数を呼び出したユーザが期待する処理を推測して対応するのは間違いである．

### 9.4.1 エクササイズ

- 以下に示す col_means() は，データフレームのすべての数値列の平均値を求めようとしている．

```
col_means <- function(df) {
  numeric <- sapply(df, is.numeric)
  numeric_cols <- df[, numeric]

  data.frame(lapply(numeric_cols, mean))
}
```

しかしながら，この関数は頑健ではなく，想定外の引数が渡される可能性を考慮していない．以下の出力を検討し問題箇所を見つけよ．また col_means() を修正し，引数に対して頑健にせよ（問題を引き起こしやすい関数呼び出しが 2 つあることに注目せよ）．

```
col_means(mtcars)
col_means(mtcars[, 0])
col_means(mtcars[0, ])
col_means(mtcars[, "mpg", drop = F])
col_means(1:10)
col_means(as.matrix(mtcars))
col_means(as.list(mtcars))

mtcars2 <- mtcars
mtcars2[-1] <- lapply(mtcars2[-1], as.character)
col_means(mtcars2)
```

- 次の関数はベクトル x から n 個分のラグをとって返す．この関数を修正し，まず x がベクトルでない場合にはエラーを返し，次に n が 0 ないし x の長さを超える場合に適切な処理を追加せよ．

  ```
  lag <- function(x, n = 1L) {
    xlen <- length(x)
    c(rep(NA, n), x[seq_len(xlen - n)])
  }
  ```

## 9.5 クイズの解答

1. エラーが起こった箇所を特定するもっとも有用なツールは traceback() だ．あるいは RStudio を使えば，エラーが起こると自動的に traceback() を実行するアイコンが表示される．
2. browser() はコードの指定された行で実行を一時停止し，インタラクティブなデバッグ環境を開始する．この環境では5つのコマンドが利用できる．n は次のコマンドを実行し，s は次の関数にステップインし，f は現在のループないし関数を抜け，c は実行を通常通りに続ける．Q は関数を停止し，コンソールに戻る．
3. try() か tryCatch() を使えばよい．
4. tryCatch() で特殊なタイプのエラーを捕捉できるのだから，エラーメッセージに頼るべきではない．特にメッセージが翻訳されている場合には，正確な原因がつかめないことがある．

# 第II部

関数型プログラミング

# 10

# 関数型プログラミング

　Rは，本質的には，関数型 (Functional Programming, FP) プログラミング言語である．これはRが数多くの関数の生成や操作をするためのツールを提供することを意味する．特に，Rは第一級関数[1]として知られている機能を持っている．ベクトルに対して適用できる操作は何であれ関数にもすることが可能である．例えば，関数を変数に付値することもできるし，リストに格納することも，他の関数への引数として渡すこともできるし，関数の内部で関数を定義することもできるし，関数の結果として関数を返却することさえできるのだ！

　本章は読者の興味をそそる例として，データを要約・整形するコードから冗長で重複した部分を除去することから始める．その後，関数型プログラミングにおける3つの基本的要素，すなわち無名関数，クロージャ（関数によって生成される関数），関数のリストを学ぶ．最終的には，これらの要素を組み合わせて数値積分のためのツールを組み立てる方法を示すが，最初はきわめて単純な基本原理から始めよう．これはFPにおいてくり返し強調されることだが，短くわかりやすいコードから始め，これらを組み合わせて複雑な構造を作れば，安心して実行できるわけである．

　関数型プログラミングに関する議論は続く2つの章でもとりあげる．第11章「汎関数」では関数を引数にとり，ベクトルを出力として返す関数について細かく見る．また，第12章「関数演算子」では関数を引数にとり，関数を出力として返す関数について言及する．

---

[1] 訳注：関数をあたかも数値や文字列のように変数に付値したり，他の関数の引数にできることと考えればよい．

第10章 関数型プログラミング

**本章の概要：**

- 10.1節「モチベーション」では関数型プログラミングを使う動機付けを行う．ここではよくある課題として，本格的な分析の前にデータを整形ないし要約する方法をとりあげる．
- 10.2節「無名関数」では，あまり知られていない関数の一側面を紹介する．関数は名前を付けずに使用できるのである．
- 10.3節「クロージャ」では，関数によって生成される関数であるクロージャを紹介する．クロージャは自身の引数にアクセスすることができるし，親関数の中で定義された変数にもアクセスできる．
- 10.4節「関数のリスト」では関数をリスト化する方法と，注意点を示す．
- 10.5節「数値積分」では，ケーススタディとして，無名関数，クロージャ，関数リストを用いて，数値積分のための柔軟なツールを作り，本章を締めくくる．

**本章を読むための準備：**

読者は6.2節「レキシカルスコープ」で説明されているレキシカルスコープについて基本的な規則を知っているべきである．また，**pryr** パッケージをインストールしている必要がある．インストールは通常通り `install.packages("pryr")` でできる．

## 10.1 モチベーション

いまデータファイルをロードしたとしよう．以下に示すように，このファイルでは −99 が欠損値を表すのに使われている．ここで −99 の箇所すべてを NA で置換したいとする．

```
# サンプルデータを生成
set.seed(1014)
df <- data.frame(replicate(6, sample(c(1:10, -99), 6, rep = TRUE)))
names(df) <- letters[1:6]
df
#>    a b c d e f
```

```
#> 1  1  6 1   5 -99 1
#> 2 10  4 4 -99   9 3
#> 3  7  9 5   4   1 4
#> 4  2  9 3   8   6 8
#> 5  1 10 5   9   8 6
#> 6  6  2 1   3   8 5
```

読者が初めて R のコードを書き始めた頃であれば，この問題をコピー＆ペーストで以下のように解いてしまったかもしれない．

```
df$a[df$a == -99] <- NA
df$b[df$b == -99] <- NA
df$c[df$c == -98] <- NA
df$d[df$d == -99] <- NA
df$e[df$e == -99] <- NA
df$f[df$g == -99] <- NA
```

コピー＆ペーストを使う問題の1つは，間違いを犯しやすくなるということである．上記のコードには2つ間違いがあるが，気づいただろうか？ この間違いは，「−99 を NA で置換する」という操作を主体的に考えて行っていないために生じた問題である．重複したコードというものは，バグを発生しやすくする一方，コードの変更を難しいものとするのである．また欠損値を−99 から 9999 に変えたとしたら，上記のコードで複数の箇所を変更する必要に迫られるだろう．

バグを防ぎ，また柔軟なコードを書くためには，DRY 原則 (Don't Repeat Yourself, 同じコードを繰り返すな！) を採用しよう． Dave Thomas と Andy Hunt はこの原則を次のように述べている[2]．「対象とするシステムにおいて，情報の1つ1つは，単一の，曖昧さがない，確かな表現をもたなければならない．」関数型プログラミングのツールは重複を減らすための手段を提供するため，とても価値がある．

ある1つのベクトルにおける欠損値を修正する関数を書くことから，関数型プログラミングの考え方を適用することを始めてみよう．

```
fix_missing <- function(x) {
  x[x == -99] <- NA
```

---

[2] http://pragprog.com/about

```
    x
}
df$a <- fix_missing(df$a)
df$b <- fix_missing(df$b)
df$c <- fix_missing(df$c)
df$d <- fix_missing(df$d)
df$e <- fix_missing(df$e)
df$f <- fix_missing(df$e)
```

これは間違いの起こる範囲を減らしはするものの，完全になくすものではない．読者はもはや −99 を −98 と間違ってタイプすることはないだろうが，変数名にミスを犯す可能性がまだ残っている．次のステップは 2 つの関数を結びつけることで，間違いを起こす原因となり得る箇所を削除することだ．最初の関数が fix_missing() であり，これは単一のベクトルを修正する．2 つ目の関数が lapply() であり，これはデータフレームの各列に何らかの処理を行う．

lapply() はリスト x に加えて関数 f と f() へと引き渡すその他引数 ... の 3 つの引数をとる．lapply() は関数をリストの各要素に適用し，その結果を新しいリストとして返す．lapply(x, f, ...) は，以下に示す for ループと等価である．

```
out <- vector("list", length(x))
for (i in seq_along(x)) {
  out[[i]] <- f(x[[i]], ...)
}
```

効率性のために C 言語で実装されているので実際の lapply() は，上記で示したコードよりもより複雑であるが，そのアルゴリズムは本質的に同じである．lapply() は関数を引数にとるため，汎関数と呼ばれる．汎関数は関数型プログラミングにおいて重要な要素である．読者は第 11 章「汎関数」において，汎関数についてより深く学ぶだろう．

データフレームはリストでもあるため，lapply() を今回の問題に適用することができる．ただし返り値をリストではなくデータフレームとして受け取るには，ちょっとした技法が必要になる．lapply() の結果を df ではなく，df[] に付値するのだ．こうすると R の通常の規則によって，リストではな

くデータフレームが得られる．（この結果が意外であれば，3.3 節「データ抽出と付値」を読むとよい）．これら 2 つのピースを同時に使うことで以下のコードが作成できる．

```
fix_missing <- function(x) {
  x[x == -99] <- NA
  x
}
df[] <- lapply(df, fix_missing)
```

このコードにはコピー＆ペーストより優れた 5 つの利点がある．

- よりコンパクトなコードである．
- 欠損値を表すコードが変わったとしても，変更が必要なのは一か所だけである．
- 列数を限定しない．また一部の列を処理し忘れることもない．
- 特定の列だけ他の列とは異なる処理をしてしまう恐れもない．
- この方法を一般化し，一部の列にだけ適用するのも簡単である．

```
df[1:5] <- lapply(df[1:5], fix_missing)
```

カギとなるアイデアは関数合成である．一方にすべての列に何らかの処理を施す関数があり，他方に欠損値を修正する関数がある．すると 2 つを組み合わせることで各列の欠損値を修正できるのだ．処理内容の明らかなシンプルな関数が別個に作成されていれば，それらを合成することが強力なテクニックとなるのだ．

欠損値を表すコードが列ごとに異なっているケースはどうだろうか？　すると再びコピー＆ペーストの誘惑に駆られるかもしれない．

```
fix_missing_99 <- function(x) {
  x[x == -99] <- NA
  x
}
fix_missing_999 <- function(x) {
  x[x == -999] <- NA
  x
}
fix_missing_9999 <- function(x) {
```

194　第10章　関数型プログラミング

```
  x[x == -999] <- NA
  x
}
```

すでに述べたことだが，これはバグを生みやすい状況である．代わりにクロージャを使おう．クロージャは，関数を作成して関数を返す関数である．クロージャはあるテンプレートに基づいて関数を作成する手段を提供する．

```
missing_fixer <- function(na_value) {
  function(x) {
    x[x == na_value] <- NA
    x
  }
}
fix_missing_99 <- missing_fixer(-99)
fix_missing_999 <- missing_fixer(-999)

fix_missing_99(c(-99, -999))
#> [1]   NA -999
fix_missing_999(c(-99, -999))
#> [1] -99  NA
```

このケースでは，「元の fix_missing 関数に，別の引数を追加すればよい」という反論もあるかもしれない．

```
fix_missing <- function(x, na.value) {
  x[x == na.value] <- NA
  x
}
```

このケースに限れば，確かにこの方法でも問題ないが，しかしあらゆる状況で通用するわけではない．クロージャを利用することがより説得力を持つケースを 11.5 節「数学的な汎関数」で紹介しよう．

ここで類似の問題を考えてみよう．データを整形した後で，各変数から同じ要約統計量を計算したいとする．その場合，このようなコードを作成できるだろう．

```
mean(df$a)
median(df$a)
```

## 10.1 モチベーション

```
sd(df$a)
mad(df$a)
IQR(df$a)

mean(df$b)
median(df$b)
sd(df$b)
mad(df$b)
IQR(df$b)
```

　だがちょっと待ってほしい．ここでも重複した箇所を特定し，それを省くこと考えるべきだ．以下を読み進める前に，どのようにこの問題に取り組むべきか1,2分考えて欲しい．1つのアプローチは要約のための関数を作成し，それを各列に適用することだ．

```
summary <- function(x) {
  c(mean(x), median(x), sd(x), mad(x), IQR(x))
}
lapply(df, summary)
```

　幸先の良いスタートではあるが，コードにはまだ重複がある．これは，より現実的な要約関数を作成してみるとわかるだろう．

```
summary <- function(x) {
 c(mean(x, na.rm = TRUE),
   median(x, na.rm = TRUE),
   sd(x, na.rm = TRUE),
   mad(x, na.rm = TRUE),
   IQR(x, na.rm = TRUE))
}
```

　5つの関数はいずれも同じ引数（x と na.rm）で呼び出されている．いつものように，この重複はコードを脆いものにする．すなわち，バグを発生させやすくする一方，仕様変更を難しくするのだ．
　この重複を取り除くために，読者はまた別の関数型プログラミングの技法を利用できる．それは「関数をリストとして保存する」ことである．

```
summary <- function(x) {
  funs <- c(mean, median, sd, mad, IQR)
```

## 第 10 章 関数型プログラミング

```
lapply(funs, function(f) f(x, na.rm = TRUE))
}
```

本章ではこれらの技法についてより詳細に見ていくが，その前に，もう少し単純な関数型プログラミングのツールである無名関数について学んでおく必要がある．

## 10.2 無名関数

R では関数もまたオブジェクトである．しかし関数には自動的に名前が付与されるわけではない．その他のプログラミング言語（例えば C, C++, Python, Ruby）とは違い，R は名前を持った関数を生成するための特殊な構文を持ってはいない．関数を作成する際，通常の付値演算子を使って関数に名前を与えているのである．もし関数に名前を与えなければ，その結果は無名関数となる．

関数に名前を与えるまでもない場合に無名関数を使うことになるわけだ．

```
lapply(mtcars, function(x) length(unique(x)))
Filter(function(x) !is.numeric(x), mtcars)
integrate(function(x) sin(x) ^ 2, 0, pi)
```

R の他の関数と同様，無名関数にも formals(), body()，そして親となる environment() がある．

```
formals(function(x = 4) g(x) + h(x))
#> $x
#> [1] 4

body(function(x = 4) g(x) + h(x))
#> g(x) + h(x)

environment(function(x = 4) g(x) + h(x))
#> <environment: R_GlobalEnv>
```

無名関数は名前を指定せずに呼び出すことができるが，コードが若干読みにくくなる．カッコを 2 つの異なる文脈で使い分ける必要があるからだ．1 つは関数を呼び出すためにカッコを使い，2 つ目は無名関数内部の中の（式

## 10.2 無名関数

としては無効な場合もある）関数ではなく，無名関数そのものを呼び出すことを明示するためにカッコを使うのである．

```
# これは無名関数を呼び出さない（3は有効な関数ではない）
function(x) 3()
#> function(x) 3()

# 適切なカッコにより，関数は呼び出される
(function(x) 3)()
#> [1] 3

# この無名関数は（以下に続く）
(function(x) x + 3)(10)
#> [1] 13

# 以下のfと全く同様にふるまう
f <- function(x) x + 3
f(10)
#> [1] 13
```

　名前付き引数とともに無名関数を使うこともできるが，そのような状況であれば，むしろ関数そのものに名前を付けるべきサインだと考えよう．
　無名関数が使われるもっとも典型的なケースの1つが，関数によって生成される関数であるクロージャを作る場合である．クロージャについては次の節で説明する．

### 10.2.1 エクササイズ

1. `mean()`, `match.fun()`のような関数があると仮定して，その関数を見つけられるだろうか．また関数の名前を特定できるだろうか？ また，これがRで意味がないのはなぜだろうか？
2. `mtcars`データの全列に対して，`lapply()`と無名関数を使って変動係数（標準偏差を平均で割ったもの）を計算せよ．
3. `integrate()`と無名関数を使って，次の関数の描く曲線下部の面積を計算しなさい．Wolfram Alpha[3]を使って答えを確認せよ．
    1. y = x ^ 2 - x, x in [0, 10]

---

[3] http://www.wolframalpha.com/

2. y = sin(x) + cos(x), x in [-π, π]
3. y = exp(x) / x, x in [10, 20]
4. 無名関数は波カッコ{}を使う必要もないほど短く，それこそ1行程度のコードにとどめるべきであるという経験則がある．この観点から自身のコードをレビューせよ．どのような場合に無名関数を使うべきであり，逆にどのような場合に名前付関数を使うべきだろうか？

## 10.3 クロージャ

「オブジェクトとは関数を持ったデータである．クロージャとはデータを持った関数である」— John D. Cook

無名関数が使われるのは，例えば名前を付けるまでもない小さい関数を作成する場合である．また重要な利用方法として，関数によって生成される関数であるクロージャを作る場合がある．クロージャ (closure) は，その親となる関数の環境を囲い込む (enclose) ことから名付けられている．これによりクロージャは親環境のすべての変数にアクセスできる．これは，2つのレベルのパラメータを使い分けられることになって便利である．まず親レベルのパラメータで全体を制御し，子レベルのパラメータで実際の処理が行われる．

次の例はこの考え方をべき関数の族（集まり）を生成するために使用する．親となる関数(power())が，子となる関数を2つ生成している（square()とcube()）．

```
power <- function(exponent) {
  function(x) {
    x ^ exponent
  }
}

square <- power(2)
square(2)
#> [1] 4
```

```
square(4)
#> [1] 16

cube <- power(3)
cube(2)
#> [1] 8

cube(4)
#> [1] 64
```

クロージャを画面に出力してみても，格段に役に立つ情報というのは表示されない．

```
square
#> function(x) {
#>     x ^ exponent
#>   }
#> <environment: 0x000000000696e490>

cube
#> function(x) {
#>     x ^ exponent
#>   }
#> <environment: 0x000000000617a500>
```

これは関数それ自身は変わりないからである．違いは関数が囲い込んでいる環境 environment(square) に現れる．環境の中身を見る方法の1つはリストへと変換することである．：

```
as.list(environment(square))
#> $exponent
#> [1] 2

as.list(environment(cube))
#> $exponent
#> [1] 3
```

何が起こっているのかを確認する別の方法が pryr::unenclose() を使うことである．この関数は囲い込み環境内で定義された変数（この例ではexponent）を，実際に割り当てられた値へと置換する．

```
library(pryr)
```

```
unenclose(square)
#> function (x)
#> {
#>     x^2
#> }

unenclose(cube)
#> function (x)
#> {
#>     x^3
#> }
```

以下のコードで示されているように，クロージャの親の環境は，クロージャを生成した関数の実行環境である．

```
power <- function(exponent) {
  print(environment())
  function(x) x ^ exponent
}
zero <- power(0)
#> <environment: 0x0000000009c4f038>

environment(zero)
#> <environment: 0x0000000009c4f038>
```

　関数が値を返した後，通常，実行環境は消滅するものであるが，クロージャはエンクロージング環境を保持し続ける．これは関数aが関数bを生成した場合，関数bは関数aの実行環境を保持し続け，消滅しないことを意味する．（したがってメモリの使用に大きな影響を及ぼすが，詳細は18.2節「メモリの使用量とガベージコレクション」を確認されたい．）

　Rにおいては，ほとんどすべての関数はクロージャである．関数はいずれも生成された環境を記憶している．典型的にはグローバル環境であって，これは読者が関数を作成した環境であるし，他の誰かが作成した関数であればパッケージ環境となる．唯一の例外は直接C言語のコードを呼び出すようなプリミティブ関数であり，環境に関連付けられていない．

　上記のcube()・square()の生成で見たように，クロージャは関数ファクトリを作るために便利であるし，上記のexponentの例によって理解できるように，Rにおいて変更されうる状態を管理するための方法の1つのやり方

である．

### 10.3.1　関数ファクトリ

　関数ファクトリは新しい関数を作るための工場である．実は関数ファクトリについては，すでに2つ実例を紹介ている．missing_fixer()とpower()である．関数ファクトリは，必要な処理を記述した引数とともに実行すると，その作業をユーザに代わって実行する関数を返してくれる．もっともmissing_fixer()とpower()では関数ファクトリを利用する恩恵はあまりない．代わりに複数の引数をとる関数をそれぞれ別個に作成すればよいだけだ．関数ファクトリが役に立つのは以下のような場合である．

- 引数が複数あったり，関数本体が複雑で，階層レベルの間（親関数と子関数の間）の差異がより複雑である
- 関数が生成されたときのみ，ある動作が一度だけ実行される必要がある

　関数ファクトリは特に最尤推定の問題に適している．関数ファクトリを利用することがより説得力を持つ事例を11.5節「数学的な汎関数」でも紹介する．

### 10.3.2　可変な状態

　変数が2つのレベルで使われることで，関数の呼び出しをまたいで処理状態を保持できるようになる．実行環境が呼び出しのたびに毎度再生成されるのに対して，囲い込み環境は同じままだからだ．異なるレベルで変数を管理する際にカギとなるのが二重矢印付値演算子(<<-)である．通常の矢印付値演算子(<-)は現在の環境に付値するが，二重矢印演算子は，マッチする名前が見つかるまで親の環境を順に上へと遡って検索する．（詳細は8.4節「名前と値の束縛」を参照のこと．）

　静的な親環境と<<-を組み合わせることで，関数の呼び出しをまたいで変数の状態を管理できる．次の例では，関数が何度呼び出されたのかを記録するカウント変数を定義している．new_counterが実行されると，そのたびに環境が生成され，内部でカウンタiが初期化されてから関数が生成される．

```
new_counter <- function() {
  i <- 0
  function() {
    i <<- i + 1
    i
  }
}
```

　new_counter により新しく生成された関数はクロージャであり，生成された環境を囲い込んでいる．通常，関数の実行環境は一時的なものだが，クロージャは自身が生成された環境へのアクセスを保持し続ける．以下の例で counter_one() と counter_two() というクロージャはそれぞれ別個の環境を囲い込んでおり，したがって異なるカウンタ変数とその状態を管理している．

```
counter_one <- new_counter()
counter_two <- new_counter()

counter_one()
#> [1] 1

counter_one()
#> [1] 2

counter_two()
#> [1] 1
```

　カウンタ変数は，ローカル環境に置かれているのではないため，値が初期化されてしまう「フレッシュスタート」の制約を回避している．変更はクロージャの親にあたる（つまり囲い込んでいる）同一の環境内で行われるため，関数をくり返し実行してもカウンタの値はそのまま引き継がれるのである．
　クロージャをもし使わなかったら何が起こるだろうか？ <<- の代わりに <- を使ったのならば，どうなるだろうか？ new_counter() を以下に示す関数 (new_counter2(), new_counter3()) に変更した場合に何が起こるか予想してみてほしい．そしてコードを実行し，予想していた結果と比較してもらいたい．

```
i <- 0
new_counter2 <- function() {
  i <<- i + 1
  i
}
new_counter3 <- function() {
  i <- 0
  function() {
    i <- i + 1
    i
  }
}
```

親環境で値を変更するテクニックは，Rで「可変な状態」を作成する重要な方法の1つである．可変な状態というのは実際には非常に難しい．オブジェクトを変更しているように見えても，実際にはRでは暗黙のうちにコピーを生成し，これを修正しているからだ．可変なオブジェクトが必要になるとコードも一筋縄ではいかない．このような場合，7.4節「RC」で解説した参照クラスを利用する方がよいだろう．

クロージャの能力は，第11章「汎関数」や第12章「関数演算子」で述べる，より先進的な関数型プログラミングの考え方と強く結び付いている．これら2つの章でクロージャについての多くの事例を紹介している．続く節では関数型プログラミングの第三の技法として，リストに関数を格納する方法を見ていこう．

### 10.3.3 エクササイズ

1. なぜ関数によって生成された関数はクロージャと呼ばれるのか？
2. 次の統計関数は何をするものか？ より適切な名前は何だろうか？（コード内で使っている名前がヒントとなっている）

    ```
    bc <- function(lambda) {
      if (lambda == 0) {
        function(x) log(x)
      } else {
        function(x) (x ^ lambda - 1) / lambda
      }
    ```

    }
3. `approxfun()` は何をする関数か？ また，それは実行結果として何を返すか？
4. `ecdf()` は何をする関数か？ また，それは実行結果として何を返すか？
5. 数値ベクトルの i 次の中心モーメント[4] を計算する関数を生成する関数を作成せよ．以下のコードを実行し，その関数をテストせよ．

```
m1 <- moment(1)
m2 <- moment(2)

x <- runif(100)
stopifnot(all.equal(m1(x), 0))
stopifnot(all.equal(m2(x), var(x) * 99 / 100))
```

6. `pick()` という引数として添字 i をとり，「x という引数をとり，その x の i 番目の要素を返す関数」を返す関数を生成せよ．

```
lapply(mtcars, pick(5))

# 下記コードと同様の動作であるべき
lapply(mtcars, function(x) x[[5]])
```

## 10.4 関数のリスト

Rでは関数をリストの要素として格納することができる．関連する関数を1つにまとめることで操作性が向上する．これはデータフレームが互いに関連するベクトルをひとまとめにして，処理を容易にしているのと原理的には同じだ．

例題として単純なベンチマークから始めよう．まず算術平均を計算する複数の方法について，それぞれのパフォーマンスを比較したいとする．これはそれぞれのアプローチ（関数）をリストに格納することで成し遂げられるだろう．

```
compute_mean <- list(
  base = function(x) mean(x),
```

---

[4] http://en.wikipedia.org/wiki/Central_moment

```
  sum = function(x) sum(x) / length(x),
  manual = function(x) {
    total <- 0
    n <- length(x)
    for (i in seq_along(x)) {
      total <- total + x[i] / n
    }
    total
  }
)
```

リストから関数を呼び出して使うのが最もストレートなやり方だ．以下のようにリストから関数を抽出し，そして実行することができる．

```
x <- runif(1e5)
system.time(compute_mean$base(x))
#>    user  system elapsed
#>       0       0       0

system.time(compute_mean[[2]](x))
#>    user  system elapsed
#>       0       0       0

system.time(compute_mean[["manual"]](x))
#>    user  system elapsed
#>    0.09    0.00    0.09
```

それぞれの関数を呼び出すため（例えばすべての結果が等しいかどうかを確認するために）には，`lapply()` を用いる．ただし，そのままで関数のリストを渡す仕組みが R にはないので，無名関数か名前付きの関数を新たに作成する必要がある．

```
# 無名関数での例
lapply(compute_mean, function(f) f(x))
#> $base
#> [1] 0.4994771
#>
#> $sum
#> [1] 0.4994771
#>
#> $manual
```

```
#> [1] 0.4994771
```

```
# 名前付きの関数での例
call_fun <- function(f, ...) f(...)
lapply(compute_mean, call_fun, x)
#> $base
#> [1] 0.4994771
#>
#> $sum
#> [1] 0.4994771
#>
#> $manual
#> [1] 0.4994771
```

それぞれの関数の実行時間を測るため，`lapply()`と`system.time()`を組み合わせよう．

```
lapply(compute_mean, function(f) system.time(f(x)))
#> $base
#>    user  system elapsed
#>       0       0       0
#>
#> $sum
#>    user  system elapsed
#>       0       0       0
#>
#> $manual
#>    user  system elapsed
#>    0.11    0.00    0.11
```

また関数のリストを使って，1つのオブジェクトから複数の要約統計量を求める方法も考えられる．このためには，要約関数をリストとして保存した上で，`lapply()`を使ってすべてを実行する．

```
x <- 1:10
funs <- list(
  sum = sum,
  mean = mean,
  median = median
)
lapply(funs, function(f) f(x))
```

```
#> $sum
#> [1] 55
#>
#> $mean
#> [1] 5.5
#>
#> $median
#> [1] 5.5
```

これらの要約関数が自動的に欠損値を省くように処理するにはどうしたらよいだろうか？ 1つのアプローチが，適切な引数を指定して要約関数を呼び出すような無名関数のリストを作ることだろう．

```
funs2 <- list(
  sum = function(x, ...) sum(x, ..., na.rm = TRUE),
  mean = function(x, ...) mean(x, ..., na.rm = TRUE),
  median = function(x, ...) median(x, ..., na.rm = TRUE)
)
lapply(funs2, function(f) f(x))
#> $sum
#> [1] 55
#>
#> $mean
#> [1] 5.5
#>
#> $median
#> [1] 5.5
```

しかし，これは重複が多すぎる．関数名を除けば，それぞれの関数はほとんど同じ構造になっている．むしろ lapply() を呼び出す際に引数を追加するほうが自然だろう．

```
lapply(funs, function(f) f(x, na.rm = TRUE))
```

### 10.4.1 関数のリストをグローバル環境へ移動させる

関数のリストを使うことで特殊な文法をさけることができる場合がある．例えばHTMLコードを書くために各タグと関数を関連付けたいとしよう．次の例は関数ファクトリを使って<p>タグ（パラグラフを指定）や<b>タグ

(ボールド体を指定),`<i>`タグ（イタリック体を指定）を挿入する関数を生成している．

```
simple_tag <- function(tag) {
  force(tag)
  function(...) {
    paste0("<", tag, ">", paste0(...), "</", tag, ">")
  }
}
tags <- c("p", "b", "i")
html <- lapply(setNames(tags, tags), simple_tag)
```

これらの `simple_tag()` が生成する関数を `html` という変数名のリストに付値しているのは，通常は必要としない関数だからだ．それぞれの関数を個別に定義して作業スペースに置くと，既存のRの関数とHTMLタグ用関数が衝突する可能性が高くなるからだ．またリストにまとめておけば，コードの意味が推測しやすくなるだろう．

```
html$p("This is ", html$b("bold"), " text.")
#> [1] "<p>This is <b>bold</b> text.</p>"
```

作業スペースで `html$` にアクセスする手間を軽減する方法として3つの選択肢がある．

- 一時的にアクセスできれば十分な場合は `with()` を使用する:

  ```
  with(html, p("This is ", b("bold"), " text."))
  #> [1] "<p>This is <b>bold</b> text.</p>"
  ```

- 継続的に利用する場合は，`attach()` でサーチパスに関数を追加するとよい．使用後は `detach()` を使う．

  ```
  attach(html)
  p("This is ", b("bold"), " text.")
  #> [1] "<p>This is <b>bold</b> text.</p>"

  detach(html)
  ```

- 3つ目の手段として，`list2env()` を使ってグローバル環境へ関数をコピーすることもできる．操作が終了した後，`rm()` を用いてその関数を削除できる．

```
list2env(html, environment())
#> <environment: R_GlobalEnv>

p("This is ", b("bold"), " text.")
#> [1] "<p>This is <b>bold</b> text.</p>"

rm(list = names(html), envir = environment())
```

筆者は with() を使用する最初のオプションをお勧めしたい．なぜなら，コードがいつどのような文脈で何のために実行されるのかが明白になるからだ．

### 10.4.2 エクササイズ

1. base::summary() と同じ処理をする summary 関数を実装せよ．ただし，関数のリストを使用すること．また関数はクロージャを返すこととし，関数ファクトリとして使えるようにせよ．
2. 以下のいずれのコマンドが with(x, f(z)) と等価か？
   (a) x$f(x$z).
   (b) f(x$z).
   (c) x$f(z).
   (d) f(z).
   (e) 状況による

## 10.5 ケーススタディ：数値積分

　本章を締めくくるにあたって，第一級関数を使用した簡単な数値積分ツールを作成しよう．このツールの開発では，コードの重複を削除してアプローチができるだけ一般化されることを念頭に置いて各ステップを進める．

　数値積分の背後にある考え方は単純で「曲線をより単純な構成要素で近似することで，曲線下部の面積を計算する」ということである．最も単純な2つのアプローチが中点公式と台形公式である．中点公式では，面積を計算したい曲線を長方形で近似する．台形公式では，長方形の代わりに台形を用いる．そのどちらの公式においても積分したい関数 f と積分範囲 a から b を引

数とする．ここでは sin x を 0 から π まで積分しよう．答えは 2 という単純な数値であるため，テストケースとしては良い選択である．

```
midpoint <- function(f, a, b) {
  (b - a) * f((a + b) / 2)
}

trapezoid <- function(f, a, b) {
  (b - a) / 2 * (f(a) + f(b))
}

midpoint(sin, 0, pi)
#> [1] 3.141593

trapezoid(sin, 0, pi)
#> [1] 1.923607e-16
```

これらの結果はどちらも良い近似とはいえない．計算の背後にあるアイデアをさらに追求して，積分範囲をより細かく分割し，それぞれに対して中点公式ないし台形公式という単純な方法を使って積分しよう．これは合成積分と呼ばれる．ここでは新しく関数を2つ実装しよう．

```
midpoint_composite <- function(f, a, b, n = 10) {
  points <- seq(a, b, length = n + 1)
  h <- (b - a) / n

  area <- 0
  for (i in seq_len(n)) {
    area <- area + h * f((points[i] + points[i + 1]) / 2)
  }
  area
}

trapezoid_composite <- function(f, a, b, n = 10) {
  points <- seq(a, b, length = n + 1)
  h <- (b - a) / n

  area <- 0
  for (i in seq_len(n)) {
    area <- area + h / 2 * (f(points[i]) + f(points[i + 1]))
```

## 10.5 ケーススタディ：数値積分

```
  }
  area
}

midpoint_composite(sin, 0, pi, n = 10)
#> [1] 2.008

midpoint_composite(sin, 0, pi, n = 100)
#> [1] 2

trapezoid_composite(sin, 0, pi, n = 10)
#> [1] 1.984

trapezoid_composite(sin, 0, pi, n = 100)
#> [1] 2
```

midpoint_composite() と trapezoid_composite() には重複が多数あることがわかるだろう．積分範囲を計算する積分法（中点ないし台形公式）を別にすれば，どちらの関数も基本的には同じである．そこで特殊用途の関数を一般化し，より汎用的な合成積分を抽出しよう．

```
composite <- function(f, a, b, n = 10, rule) {
  points <- seq(a, b, length = n + 1)

  area <- 0
  for (i in seq_len(n)) {
    area <- area + rule(f, points[i], points[i + 1])
  }

  area
}

composite(sin, 0, pi, n = 10, rule = midpoint)
#> [1] 2.008248

composite(sin, 0, pi, n = 10, rule = trapezoid)
#> [1] 1.983524
```

この関数は2つの引数で被積分関数とその計算方法を指定する．こうして，より細かく分割された範囲を積分するのに優れた数値積分法を追加できる．

```
simpson <- function(f, a, b) {
  (b - a) / 6 * (f(a) + 4 * f((a + b) / 2) + f(b))
}

boole <- function(f, a, b) {
  pos <- function(i) a + i * (b - a) / 4
  fi <- function(i) f(pos(i))

  (b - a) / 90 *
    (7 * fi(0) + 32 * fi(1) + 12 * fi(2) + 32 * fi(3) + 7 * fi(4))
}

composite(sin, 0, pi, n = 10, rule = simpson)
#> [1] 2.000007

composite(sin, 0, pi, n = 10, rule = boole)
#> [1] 2
```

中点公式,台形公式,シンプソン公式,ブール公式は,いずれもより一般的なニュートン・コーツの公式[5]と呼ばれる事例である(これらの数値積分法は少しずつ複雑度を増した多項式で表現されている).この基本構造を踏まえて,より一般のニュートン・コーツの公式を実現する関数を実装してみよう.

```
newton_cotes <- function(coef, open = FALSE) {
  n <- length(coef) + open

  function(f, a, b) {
    pos <- function(i) a + i * (b - a) / n
    points <- pos(seq.int(0, length(coef) - 1))

    (b - a) / sum(coef) * sum(f(points) * coef)
  }
}

boole <- newton_cotes(c(7, 32, 12, 32, 7))
milne <- newton_cotes(c(2, -1, 2), open = TRUE)
composite(sin, 0, pi, n = 10, rule = milne)
```

---

[5] http://en.wikipedia.org/wiki/Newton%E2%80%93Cotes_formulas

```
#> [1] 1.993829
```

　数学的には，数値積分の精度を改善する次のステップは，空間的に等質的な積分の分割点を選択することから，ガウス求積法のように積分範囲の両端においてより稠密に分割点を割り振る方法へとシフトすることである．これは，このケーススタディの範囲を超えているものであるが，読者はこれを本節で示した方法と同じ技法で実装できるだろう．

### 10.5.1　エクササイズ

1. `midpoint()`，`trapezoid()`，`simpson()`といったような個々の関数を作成する代わりに，リストへ格納することもできる．その場合，コードをどのように変更すればよいだろうか？ またニュートン・コーツの公式の係数のリストから関数のリストを生成できるだろうか？
2. 数値積分法間のトレードオフは，より複雑なルールほど計算時間がかかる一方，同一の精度を出すために必要な分割が少数で済むという点である．`sin()`の積分範囲を $[0, \pi]$ として，それぞれの数値積分法の精度がほぼ等しくなるような分割数を求め，グラフとして示せ．また，`sin()`ではない異なる関数では結果はどのように変わるだろうか？ 特に `sin(1 / x^2)` は難しい問題だろう．

# 11

# 汎関数

「より信頼性を高めるには，コードはより透過的でなければならない．特に，ネストした条件分岐やループは疑い深く検証されなければならない．複雑な制御フローはプログラマを混乱させるし，煩雑なコードはバグの温床となる．」
—— ビャーネ・ストロヴストルップ

　高階関数は，引数として関数をとる，あるいは関数を返り値とする関数である．我々はすでに高階関数の1つとして，別の関数によって返却される関数であるクロージャを見てきた．クロージャと対をなすのが汎関数 (functional) である．汎関数は関数を引数にとりベクトルを返り値とする関数である．以下に単純な汎関数を示す．これは1000個の一様乱数を引数として任意の関数を実行する．

```
randomise <- function(f) f(runif(1e3))
randomise(mean)
#> [1] 0.5010816

randomise(mean)
#> [1] 0.5141558

randomise(sum)
#> [1] 501.4079
```

　実は読者はすでに汎関数を使用したことがあるだろう．最もよく使われているのは `lapply()`，`apply()`，`tapply()` の3つである．これらはいずれも関数を引数としてベクトルを返す汎関数である．
　汎関数は典型的には for ループの代わりとして利用される．R で for ループの評判はよくない．コードを遅くするという悪評があるのだ（この評価は部分的には正しいが，詳細は 18.4 節「即時修正」を参照されたい）．実際の

ところは for ループの悪い側面は，処理内容がわかりにくいことである．for ループでは何かが繰り返されていることはわかっても，その目的が明確になっていないのだ．for ループではなく，汎関数を使った方が目的は明確になる．汎関数はそれぞれある特定のタスクに特化している．つまり汎関数はその処理内容が明らかなのだ．また汎関数はループを置き換えるだけが役目ではない．筆者の作成した **plyr** パッケージの思想となっている分割-適用-再結合のような一般的なデータ操作をカプセル化するのに役に立つ．あるいは「関数的」に思考する，数学的関数を操作するのをサポートする．

汎関数を利用すると，コードの意図を明確に伝えるのでバグの発生を減らすことにつながる．R に実装されている汎関数は，多くの人によって使用されているので，十分に検証されており（つまりバグがなく），効率的である．それらの多くは C 言語で書かれており，パフォーマンスを向上させるため特別なトリックを使っている．この意味は，汎関数は必ずしもコードを高速化するわけでないことだ．そうではなく汎関数は，さまざまな問題に対処できるツールを，目的を明確にして実装できるのだ．速度が問題となれば，その段階で対処すればいいのである．明確で，かつ正確なコードを書いてさえいれば，高速化するのは簡単である．第 17 章「コードの最適化」で学ぶ技法を使えばいいだけだ．

**本章の概要：**

- 11.1 節「初めての汎関数：`lapply()`」では，初めての汎関数として `lapply()` を紹介する．
- 11.2 節「For ループ汎関数：`lapply()` の仲間たち」では，`lapply()` とは異なる入出力，および分散計算を行う汎関数を示す．
- 11.3 節「行列やデータフレームの操作」では，行列や配列といったより複雑なデータ構造に汎関数を適用する方法を議論する．
- 11.4 節「リストの操作」においては，特にリストを取り扱う際に強力なツールとなる `Reduce()`，`Filter()` について説明する
- 11.5 節「数学的な汎関数」では求根法や積分，最適化など，数学分野でお馴染の汎関数について議論する．
- 11.6 節「ループを維持すべき場合」においては，ループ処理を汎関数へ

と置き換えるべきではない場合について特に解説を加える
- 11.7 節「関数族」は本章の締めくくりとして，汎関数が単純な構成要素から，強力で一貫性のあるツールを作成するのにいかに便利であるかを説明する．

**本章を読むための準備：**

汎関数ではクロージャを頻繁に利用するので，必要があれば 10.3 節「クロージャ」で復習してほしい．

## 11.1 初めての汎関数：lapply()

最も単純な汎関数である lapply() についてはすでに御存じだろう．lapply() は関数を引数にとり，その関数をリストの各要素に対して適用し，その結果をリストとして返す．lapply() は，その他数多くの汎関数の構成要素となるので，その動作原理を理解しておくのは重要である．以下，図を使って説明しよう．

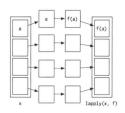

lapply() は効率化のため C 言語で書かれているが，同様の処理は R でも簡単に実装できる．

```
lapply2 <- function(x, f, ...) {
  out <- vector("list", length(x))
  for (i in seq_along(x)) {
    out[[i]] <- f(x[[i]], ...)
  }
  out
}
```

## 第 11 章 汎関数

このコードから，lapply() は通常の for ループのラッパにすぎないことがよくわかるだろう．上のコードでも，まず出力用の入れ物を初期化してから，リストの各要素に関数 f() を適用した結果を付値しているにすぎない．ループ相当の処理をする他の汎関数も基本原理は同じであって，入力ないし出力が異なるだけだ．

lapply() はループ構文に特有のパターンを削除することでリスト処理を簡単にしている．このおかげで，適用したい関数にだけ注意すれば済む．

```
# 適当なランダムデータを作成する
l <- replicate(20, runif(sample(1:10, 1)), simplify = FALSE)

# for ループの場合
out <- vector("list", length(l))
for (i in seq_along(l)) {
  out[[i]] <- length(l[[i]])
}
unlist(out)
#>  [1] 5 1 2 3 6 6 9 7 6 8 2 9 7 9 4 3 7 3 8 4

# lapply の場合
unlist(lapply(l, length))
#>  [1] 5 1 2 3 6 6 9 7 6 8 2 9 7 9 4 3 7 3 8 4
```

（表示を簡素化するため，ここではリストからベクトルに変換する unlist() を使ったが，別の方法を後で紹介する．）

データフレームもまたリストなので，lapply() はデータフレームの各列に処理を行う場合にも便利である．

```
# 各列のクラスを確認
unlist(lapply(mtcars, class))
#>       mpg       cyl       disp        hp       drat        wt       qsec
#> "numeric" "numeric" "numeric" "numeric" "numeric" "numeric" "numeric"
#>        vs        am       gear      carb
#> "numeric" "numeric" "numeric" "numeric"

# 各列をその平均値で除す
mtcars[] <- lapply(mtcars, function(x) x / mean(x))
```

x は要素ごとに f の第 1 引数として渡される．別の引数を変更したい場合

## 11.1 初めての汎関数：lapply()

は無名関数を使う．次の例では指定された x の平均を計算する際に trim 引数を設定している．

```
trims <- c(0, 0.1, 0.2, 0.5)
x <- rcauchy(1000)
unlist(lapply(trims, function(trim) mean(x, trim = trim)))
#> [1] -0.70233848 -0.05364091 -0.04422391 -0.04330569
```

### 11.1.1 ループのパターン

ベクトルにループを適用する場合，基本となる3つの方法がある．

1. 要素ごとのループ：for (x in xs)
2. インデックスによるループ：for (i in seq_along(xs))
3. 名前によるループ：for (nm in names(xs))

最初のように要素を取り出す方法はループには向かない．出力を効率的に保存できないからだ．この方法では，データ構造を拡張しながら保存することになるからだ．

```
xs <- runif(1e3)
res <- c()
for (x in xs) {
  # これは実行速度が遅い！
  res <- c(res, sqrt(x))
}
```

これが遅いのは，ループのたびにベクトルを拡張することになり，そのつど R は要素をすべてコピーすることになるからだ．この問題については 17.7 節「コピーの回避」で議論している．代わりに，出力に必要なメモリスペースを確保しておき，そこに結果を埋めていく方が優れている．これには上記の2番目の方法を使うのが簡単である．

```
res <- numeric(length(xs))
for (i in seq_along(xs)) {
  res[i] <- sqrt(xs[i])
}
```

for ループに3つ基本的な書き方があったように，lapply() についても基

本となる3つの書き方がある.

```
lapply(xs, function(x) {})
lapply(seq_along(xs), function(i) {})
lapply(names(xs), function(nm) {})
```

　lapply() は出力の保存まで面倒を見てくれるので，最初の方法を使うのがよい．もし処理している要素のインデックスや名前が必要な場合には，2番目ないし3番目の方法を使うべきだ．どちらの方法でも要素の位置 (i, nm) と値 (xs[[i]], xs[[nm]]) を抽出できる．このように，ある方法に困難を感じる場合は，別の方法を使うと簡単に処理できることが多いだろう．

### 11.1.2　エクササイズ

1. 次の2つの lapply() の呼び出し方が等価な結果となるのはなぜか？

    ```
    trims <- c(0, 0.1, 0.2, 0.5)
    x <- rcauchy(100)

    lapply(trims, function(trim) mean(x, trim = trim))
    lapply(trims, mean, x = x)
    ```

2. 以下の関数はベクトルを標準化して各要素の値を $[0, 1]$ の範囲に収める．この関数をデータフレームの各列に対して適用するにはどうしたらよいか？　また，データフレームの数値列だけに適用するにはどうすべきか？

    ```
    scale01 <- function(x) {
      rng <- range(x, na.rm = TRUE)
      (x - rng[1]) / (rng[2] - rng[1])
    }
    ```

3. 以下のリストに格納されているモデル式を順番に mtcars に当てはめるのに，for ループと lapply() のそれぞれを使って実行せよ．

    ```
    formulas <- list(
      mpg ~ disp,
      mpg ~ I(1 / disp),
      mpg ~ disp + wt,
    ```

```
mpg ~ I(1 / disp) + wt
)
```

4. ブートストラップ法で mtcars を複製したデータのリストに，for ループ と lapply() のそれぞれを使って mpg ~ disp を当てはめよ．また無名関数を使わずに処理できるか検討せよ．

```
bootstraps <- lapply(1:10, function(i) {
  rows <- sample(1:nrow(mtcars), rep = TRUE)
  mtcars[rows, ]
})
```

5. 前述の2つのエクササイズのそれぞれのモデルに対し，以下の関数 rsq を用いて決定係数 $R^2$ を抽出せよ．

```
rsq <- function(mod) summary(mod)$r.squared
```

## 11.2 Forループ汎関数：lapply() の仲間たち

for ループの代わりに汎関数を使おうとする場合，すでに実装されている基本的な汎関数でほとんどの場合に対応できることを認識しておくとよい．自身で汎関数を実装する前に，既存の汎関数に習熟しておくべきだ．たびたび同じようなパターンのループ処理をしていることに気が付いたならば，それを抽出して自身の汎関数を実装するのがよいだろう．

続く節では lapply() を基本に，以下のバリエーションについて検討する．

- lapply() のバリエーションである sapply() と vapply() は，リストではなくベクトル，行列，配列を出力する．
- Map() と mapply() は複数「入力」されたデータ構造に対して，（並列計算の意味ではなく，各々の引数の要素に対してという意味で）並列に繰り返し処理を適用する．
- lapply() と Map() の並列処理版である mclapply() と mcMap().
- 特別な課題を解くために新たに rollapply() という関数を実装する．

### 11.2.1 ベクトル出力：sapply と vapply

sapply() と vapply() は，lapply() とよく似ているが，出力が簡素化されておりアトミックベクトルである点が異なる．sapply() が出力の型を適切に推測するのに対して，vapply() は出力の型を指定する追加の引数を必要とする．sapply() はタイプ数が少なくて済むのでインタラクティブな使用に向いているが，関数内部で使用されている場合に不適切な引数を与えられると理解しにくいエラーを返してくる．vapply() が出力する警告などのメッセージは冗長であるが，エラーの内容を確認しやすい．少なくとも何のメッセージをも返さないまま処理に失敗しているようなことはない．したがって，他の関数内部で使用するのに適している．

次の例は上述の違いを示している．データフレームが与えられたとき，sapply() と vapply() は同じ結果を返却する．しかし空のリストが与えられた場合に sapply() が返すべきは長さ0の論理ベクトルのはずだが，実際に返すのは空のリストである．

```
sapply(mtcars, is.numeric)
#>  mpg  cyl  disp   hp  drat   wt  qsec   vs   am  gear  carb
#> TRUE TRUE TRUE TRUE TRUE TRUE TRUE TRUE TRUE TRUE TRUE

vapply(mtcars, is.numeric, logical(1))
#>  mpg  cyl  disp   hp  drat   wt  qsec   vs   am  gear  carb
#> TRUE TRUE TRUE TRUE TRUE TRUE TRUE TRUE TRUE TRUE TRUE

sapply(list(), is.numeric)
#> list()

vapply(list(), is.numeric, logical(1))
#> logical(0)
```

sapply() や vapply() の引数に指定した関数が異なる型や長さの結果を返す場合，sapply() は特段メッセージなどを表記することなくリストを返す一方，vapply() はエラーを返す．したがって，インタラクティブにコンソールで使用している際には，何が間違っているのかを簡単に気がつくことができるので，sapply() は使い勝手の良いものであるが，一方，関数を書くときに用いるには危険なのである．

次の例は，データフレームの列のクラスを抽出する際に起こるかもしれな

## 11.2 Forループ汎関数：lapply()の仲間たち

い問題について示したものである．もし読者が誤ってクラスの値は一種類だと仮定し，sapply()を使用するならば，文字列ベクトルの代わりにリストが与えられるまでその問題に気がつかないだろう．

```
df <- data.frame(x = 1:10, y = letters[1:10])
sapply(df, class)
#>         x         y
#> "integer"  "factor"

vapply(df, class, character(1))
#>         x         y
#> "integer"  "factor"

df2 <- data.frame(x = 1:10, y = Sys.time() + 1:10)
sapply(df2, class)
#> $x
#> [1] "integer"
#>
#> $y
#> [1] "POSIXct" "POSIXt"

vapply(df2, class, character(1))
#> Error in vapply(df2, class, character(1)) : values must be length 1,
#>  but FUN(X[[2]]) result is length 2
```

　sapply()はlapply()の結果をリストからベクトルへと計算の最終段階で変形するラッパ関数である．vapply()は，リストの代わりに，ベクトルや行列といった適切な型に結果を割り当てる，lapply()のまた別のある1実装形である．次のコードはRのみで実装した場合の，sapply()とvapply()の本質的な部分を示している（当然，実際の関数はより良いエラー処理や名前の保存機能を有している）．

```
sapply2 <- function(x, f, ...) {
  res <- lapply2(x, f, ...)
  simplify2array(res)
}
vapply2 <- function(x, f, f.value, ...) {
  out <- matrix(rep(f.value, length(x)), nrow = length(x))
  for (i in seq_along(x)) {
    res <- f(x[i], ...)
    stopifnot(
```

```
      length(res) == length(f.value),
      typeof(res) == typeof(f.value)
    )
    out[i, ] <- res
  }
  out
}
```

lapply() に対して vapply() と sapply() は出力が異なるが，次の項では入力が異なる Map() について考察しよう．

### 11.2.2 複数の引数：Map（に加え，mapply）

lapply() では関数に渡せる引数のうち 1 つはその要素を変化させられるが，この際に他の引数の値は固定させられる．この仕様では問題の対処に不十分な場合も多い．例えば，観測値とそのウェイトをそれぞれリストとした場合に加重平均（重み付き平均）を計算するにはどうすればよいだろうか？

```
# サンプルデータの生成
xs <- replicate(5, runif(10), simplify = FALSE)
ws <- replicate(5, rpois(10, 5) + 1, simplify = FALSE)
```

lapply() で重みなしの平均（通常の平均値）を計算するのは簡単である．

```
unlist(lapply(xs, mean))
#> [1] 0.5621491 0.4193887 0.5315374 0.3610102 0.3410020
```

しかし weighted.mean() に重みを渡すにはどうすべきだろうか？ lapply(x, means, w) は期待通りには動作しない．lapply() に追加された引数が展開されずに渡されるからである．あえて次のようにループを使うこともできる．

## 11.2 Forループ汎関数：lapply()の仲間たち

```
unlist(lapply(seq_along(xs), function(i) {
  weighted.mean(xs[[i]], ws[[i]])
}))
#> [1] 0.5930086 0.4205287 0.5687444 0.3823167 0.3168992
```

これは期待通りに動作するが，やや不格好な書き方である．より洗練された書き方は，lapply() のバリエーションである Map() を使うことである．これを用いるとすべての引数が期待通りに展開される．

```
unlist(Map(weighted.mean, xs, ws))
#> [1] 0.5930086 0.4205287 0.5687444 0.3823167 0.3168992
```

引数の順番が少し異なる点に注意しよう．lapply() で関数は第2引数であったが，Map() では第1引数である．

これは以下のコードと等価である．

```
stopifnot(length(xs) == length(ws))
out <- vector("list", length(xs))
for (i in seq_along(xs)) {
  out[[i]] <- weighted.mean(xs[[i]], ws[[i]])
}
```

Map() と lapply() の間には自然な対応があり，Map() による処理は添字を使用する lapply() に変換可能である．その間には "自然な" 等価性がある．しかし，Map() を使う方がより簡潔であり，何をしようとしているコードなのかをはっきりと物語るからだ．

Map は，2つ（ないしそれ以上）のリスト（あるいはデータフレーム）を平行して処理する場合に便利な関数だ．すでに各列を標準化する方法を示したが，これとは別に，まず列ごとに平均値を計算し，次にこれらの平均値でそれぞれの列を割ることも考えられる．これは lapply() で一度に処理できる．しかし，あえて2つのステップに分けることで，ステップごとの結果を検証しやすくなる．これは，特に最初のステップの処理が複雑な場合には役立つだろう．

```
mtmeans <- lapply(mtcars, mean)
mtmeans[] <- Map(`/`, mtcars, mtmeans)
```

```
# この場合，結果は以下のコードに等しい．
mtcars[] <- lapply(mtcars, function(x) x / mean(x))
```

引数のいくつかを定数ないし固定値として扱う場合，無名関数を使う．

```
Map(function(x, w) weighted.mean(x, w, na.rm = TRUE), xs, ws)
```

次の章で，このアイデアをより簡潔に表現した例を示そう．

---

**mapply**

Map() よりも mapply() の方に親しんでいる読者もいるだろうが，以下の理由から筆者は Map() の方を使っている．

- mapply() で simplify = FALSE を指定すれば，ほとんどの場合で出力は変わらない．
- 定数の入力を与えるため無名関数を使うのではなく，mapply の引数 MoreArgs でリストを追加の引数として与えることも考えられる．ただし，これは通常の R における "遅延評価" のセマンティクスに違反するので，他の関数の挙動とは著しく異なる動作となる．

結論をいえば，mapply() は複雑なわりに利便性に劣っている．

---

### 11.2.3 ローリング計算

for ループを代替する処理を書くのに基本パッケージの機能が使えない場合はどうすべきだろうか．ループの一般的な構造を検討した上で自身で代替のコードを作成し，そのラッパを用意するのもよいだろう．その意味で，ローリング（または，ランニング）平均を使ったデータの平滑化は興味深い事例かもしれない．

```
rollmean <- function(x, n) {
  out <- rep(NA, length(x))

  offset <- trunc(n / 2)
  for (i in (offset + 1):(length(x) - n + offset - 1)) {
    out[i] <- mean(x[(i - offset):(i + offset - 1)])
  }
  out
}
```

## 11.2 Forループ汎関数：lapply()の仲間たち

```
x <- seq(1, 3, length = 1e2) + runif(1e2)
plot(x)
lines(rollmean(x, 5), col = "blue", lwd = 2)
lines(rollmean(x, 10), col = "red", lwd = 2)
```

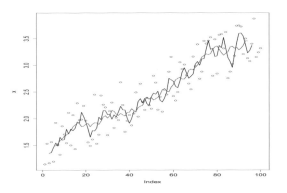

しかし，もし，ノイズがより変動しやすい（例えばロングテールな分布の）場合，ローリング平均では外れ値に敏感なりすぎる懸念があるため，代わりにローリング中央値の計算を検討することがあるかもしれない．

```
x <- seq(1, 3, length = 1e2) + rt(1e2, df = 2) / 3
plot(x)
lines(rollmean(x, 5), col = "red", lwd = 2)
```

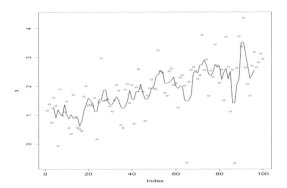

## 第11章 汎関数

　rollmean() を rollmedian() へと変更するには，rollmean() のループ内で mean を median に置き換えればよい．ただし，新しい関数を作るためにコピー＆ペーストするよりは，ローリング処理によりデータを要約するという考え方を抽出して関数としてもよいだろう．

```
rollapply <- function(x, n, f, ...) {
  out <- rep(NA, length(x))

  offset <- trunc(n / 2)
  for (i in (offset + 1):(length(x) - n + offset + 1)) {
    out[i] <- f(x[(i - offset):(i + offset)], ...)
  }
  out
}
plot(x)
lines(rollapply(x, 5, median), col = "red", lwd = 2)
```

　rollapply() で内部のループが vapply() によく似ていることにお気づきだろうか．そこで以下のように関数を書き直してよいだろう．

```
rollapply <- function(x, n, f, ...) {
  offset <- trunc(n / 2)
  locs <- (offset + 1):(length(x) - n + offset + 1)
  num <- vapply(
    locs,
    function(i) f(x[(i - offset):(i + offset)], ...),
    numeric(1)
  )
  c(rep(NA, offset), num)
}
```

　これは zoo パッケージに実装された zoo::rollapply() と本質的に同じであるが，後者にはさらに多くの機能があり，またエラーチェックも十分になされている．

### 11.2.4 並列化

`lapply()` の興味深い特徴に，それぞれの繰り返し処理が相互に独立しているため，計算の順序が問題にならないことが挙げられる．実際，以下に示す `lapply3()` では，処理の順序をランダムに入れ替えているが，計算結果は常に等しい．

```
lapply3 <- function(x, f, ...) {
  out <- vector("list", length(x))
  for (i in sample(seq_along(x))) {
    out[[i]] <- f(x[[i]], ...)
  }
  out
}
unlist(lapply(1:10, sqrt))
#>  [1] 1.000000 1.414214 1.732051 2.000000 2.236068 2.449490 2.645751
#>  [8] 2.828427 3.000000 3.162278

unlist(lapply3(1:10, sqrt))
#>  [1] 1.000000 1.414214 1.732051 2.000000 2.236068 2.449490 2.645751
#>  [8] 2.828427 3.000000 3.162278
```

この意味するところは重要である．計算の順序を設定できるため，それぞれの処理を異なる CPU に処理を割り当て，並列計算することが容易になるのだ．これはまさに `parallel::mclapply()`（さらに，`parallel::mcMap()`）が行っていることである．（これらの関数は windows 環境下では動作しないが，代わりに，`parLapply()` を使うことができる．詳細については，17.10 節「並列化」を参照されたい．）

```
library(parallel)
unlist(mclapply(1:10, sqrt, mc.cores = 1))
#>  [1] 1.000000 1.414214 1.732051 2.000000 2.236068 2.449490 2.645751
#>  [8] 2.828427 3.000000 3.162278
```

このケースにおいては，実際，`mclapply()` は `lapply()` よりも遅い．これは，各並列計算の計算コストがそもそも低い一方，さらに，異なるコアに計算を割り当て，その計算結果を統合するという余分な処理が必要となるためである．

実用的な例を挙げれば，線形モデルのブートストラップサンプルを生成する場合が該当し，その利点は明らかだろう．

```
boot_df <- function(x) x[sample(nrow(x), rep = T), ]
rsquared <- function(mod) summary(mod)$r.square
boot_lm <- function(i) {
rsquared(lm(mpg ~ wt + disp, data = boot_df(mtcars)))
}

system.time(lapply(1:500, boot_lm))
#>     ユーザ    システム    経過
#>      0.776     0.003     0.779

system.time(mclapply(1:500, boot_lm, mc.cores = 2))
#>     ユーザ    システム    経過
#>      0.001     0.002     0.427
```

CPUのコア数を増やしてもパフォーマンスが単純に改善されるわけではないが，`lapply()`や`Map()`を並列処理に置き換えるとパフォーマンスは劇的に改善しうる．

### 11.2.5 エクササイズ

1. `vapply()`を以下の例で使用せよ：
    a) データフレーム（各列は数値）のすべての列の標準偏差を計算せよ．
    b) データフレーム（各列は数値とは限らない）のすべての数値列の標準偏差を計算せよ（ヒント：`vapply()`を2度使う必要がある）．
2. データフレームの各列の`class()`を取得するために`sapply()`を使う場合に注意すべきことは何か？
3. 以下のコードは正規分布に従わないデータに対するt検定をシミュレーションするものである．`sapply()`と無名関数を用いて，各シミュレーションにおけるp値を抜き出せ．
    ```
    trials <- replicate(
      100,
      t.test(rpois(10, 10), rpois(7, 10)),
      simplify = FALSE
    )
    ```

発展問題：[[を直接使うことで，無名関数の利用を避けよ．

4. replicate() は何をする関数か？ どのような for ループの代替となるか？ その関数の引数が lapply() や vapply() などの類似関数と異なる理由は何か？
5. lapply() を再定義して，FUN 引数に名前と各要素の値を渡すようにせよ．
6. Map() と vapply() を組み合わせ，すべての入力を並列に処理し，その結果をベクトル（または行列）に保存するように lapply() を再定義せよ．この場合，関数の引数には何を指定すべきか？
7. sapply() のマルチコア処理に変えた mcsapply() を実装せよ．同様に vapply() を並列化した mcvapply() も実装できるかどうかを検討せよ．

## 11.3 行列やデータフレームの操作

汎関数はまたデータ処理で一般的なループの代りに利用できる．本節では，そうした代用のパターンと利点を示し，より発展的な話題についても触れる．本節では，データ構造を扱う汎関数の3カテゴリーを解説する．

- 行列に対して apply(), sweep(), outer() を使用する．
- tapply() はベクトルによって定義されたグループに応じて，ある他のベクトルの要約を作成する．
- plyr パッケージでは，tapply() を一般化し，データフレーム，リスト，配列を入出力とした処理を簡単に行える．

### 11.3.1 行列と配列の操作

ここまで取り扱ってきた汎関数はいずれも1次元のデータ構造を対象としていた．本節で紹介する3つの汎関数は，より高次元のデータを処理するのに役立つ．apply() は sapply() のバリエーションで行列や配列を扱える．apply() は，行列や配列の各行または列を個別の数値に崩すことで要約する操作と考えればよいかもしれない．apply() には以下4の引数がある．

- X：要約対象となる行列か配列

- `MARGIN`：要約を行う方向を指示するベクトル行の場合は1，列は2などとなる
- `FUN`：要約処理を行う関数
- `...`：`FUN`で指定された関数に引き継がれる引数

`apply()`を用いた典型的なコードは以下のようなものだろう．

```
a <- matrix(1:20, nrow = 5)
apply(a, 1, mean)
#> [1]  8.5  9.5 10.5 11.5 12.5

apply(a, 2, mean)
#> [1]  3  8 13 18
```

`apply()`を利用する場合にはいくつか注意が必要である．`apply()`に`simplify`引数がないので，出力の型が前もって予想しにくい．そのため関数内部で利用する場合，安全性のため，出力の型を注意深くチェックする必要がある．また`apply()`は，要約関数が恒等な操作（identity 関数）であったとしても出力が必ずしも入力と同じにならないという意味で「べき等性[1]」を保証していない．

```
a1 <- apply(a, 1, identity)
identical(a, a1)
#> [1] FALSE

identical(a, t(a1))
#> [1] TRUE

a2 <- apply(a, 2, identity)
identical(a, a2)
#> [1] TRUE
```

`aperm()`や`plyr::aaply()`では高次元配列を，べき等性が保証された形式で並べ替えることができる．

`sweep()`は要約統計量を「掃き出す」[2]．これは配列の標準化を行うために

---

[1] 訳注：`function(x){x}`のように入力をそのまま返す関数（identity operator と呼ばれる．R には identity 関数がある）を用いても，入出力が一致しないという意味．
[2] 訳注：`STATS`引数で指定された統計量を`FUN`引数で指定された方法で各要素に対して計算を行う処理．

## 11.3 行列やデータフレームの操作

apply() と共に利用されることが多い．次の例は，行列の行を標準化して，x2 の各要素の値が 0〜1 の間になるよう調整している．

```
x <- matrix(rnorm(20, 0, 10), nrow = 4)
x1 <- sweep(x, 1, apply(x, 1, min), `-`)
x2 <- sweep(x1, 1, apply(x1, 1, max), `/`)
```

最後に行列に対する汎関数として outer() がある．outer() は他の汎関数とはやや異なり，複数のベクトルを入力として，各要素の組み合わせに対して処理（以下の例では掛け算）を適用し，そして出力する．

```
# ベクトルの要素どうしを掛け算
outer(1:3, 1:10, "*")
#>      [,1] [,2] [,3] [,4] [,5] [,6] [,7] [,8] [,9] [,10]
#> [1,]    1    2    3    4    5    6    7    8    9    10
#> [2,]    2    4    6    8   10   12   14   16   18    20
#> [3,]    3    6    9   12   15   18   21   24   27    30
```

apply() とそれに関連した関数について深く学ぶには以下を参照されたい．

- "R において apply, sapply, lapply を用いる" by Peter Werner[3]．
- "悪名高き apply 関数" by Slawa Rokicki[4]．
- "R における apply 関数–チュートリアル，および例を添えて" by axiomOfChoice[5]．
- stackoverflow での質問 "R のグルーピング操作に関する関数：sapply vs. lapply vs. apply vs. tapply vs. by vs. aggregate"[6]．

### 11.3.2 グループへの apply() 適用

tapply() は apply() の一般化であり，各行の列数がそれぞれ異なる「でこぼこした」配列に適用できる．こうした処理はデータを要約する場合にし

---

[3] http://petewerner.blogspot.com/2012/12/using-apply-sapply-lapply-in-r.html
[4] http://rforpublichealth.blogspot.no/2012/09/the-infamous-apply-function.html
[5] http://forgetfulfunctor.blogspot.jp/2011/07/r-apply-function-tutorial-with-examples.html
[6] http://stackoverflow.com/questions/3505701/r-grouping-functions-sapply-vs-lapply-vs-apply-vs-tapply-vs-by-vs-aggrega

ばしば必要となる．例えば，医学実験で脈拍数を集計し，2グループ間で比較したいとしよう．

```
pulse <- round(rnorm(22, 70, 10 / 3)) + rep(c(0, 5), c(10, 12))
group <- rep(c("A", "B"), c(10, 12))

tapply(pulse, group, length)
#>  A  B
#> 10 12

tapply(pulse, group, mean)
#>     A     B
#> 70.70 75.25
```

tapply()は，入力されたデータから「でこぼこな」データ構造を生成し，そのデータ構造の個々の要素に関数を適用する．この場合まず最初にsplit()と同様の処理を行う．すなわち引数を2つとり，最初のベクトルを2つ目のベクトルで指定されたグループごとに要約したリストを返す．

```
split(pulse, group)
#> $A
#>  [1] 70 67 73 69 73 64 70 71 77 73
#>
#> $B
#>  [1] 77 74 75 73 70 71 79 77 76 77 73 81
```

この場合tapply()はsplit()とsapply()の組み合わせにすぎない．

```
tapply2 <- function(x, group, f, ..., simplify = TRUE) {
  pieces <- split(x, group)
  sapply(pieces, f, simplify = simplify)
}
tapply2(pulse, group, length)
#>  A  B
#> 10 12

tapply2(pulse, group, mean)
#>     A     B
#> 70.70 75.25
```

逆にtapply()をsplit()とsapply()の組み合わせとして書き直すことが

できるのであれば，それはコーディングに有用な基本部品を手に入れられたことの証しといえよう．

### 11.3.3 plyr パッケージ

基本パッケージに含まれる汎関数を使う場合に問題となるのは，これらが長い間に複数のプログラマによって拡張されており，一貫性に欠けることだ．

- 例えば tapply() と sapply() では出力の簡素化を指定する引数は simplify であるが，mapply() では SIMPLIFY となっている．なお apply() では簡素化は指定できない．
- vapply() は sapply() のバリエーションで出力の型を指定できるが，tapply()，apply()，Map() にはこうしたバリエーションは存在しない．
- 基本パッケージの 汎関数のほとんどで第1引数はベクトルだが，Map() の第1引数は関数である．

こうした違いをいちいち覚える必要があるため，これらの演算子を習得するのは容易ではない．さらには，入出力の型の組み合わせをすべて検討してみると，その結果基本パッケージでは対応しきれないことがわかる．

|            | list      | data frame | array     |
|------------|-----------|------------|-----------|
| list       | lapply()  |            | sapply()  |
| data frame | by()      |            |           |
| array      |           |            | apply()   |

こうした事情が plyr パッケージ開発の背景にある．plyr では関数名と引数名には一貫性があり，また入出力となるデータ構造のすべて組み合わせに対応している．

|            | list    | data frame | array   |
|------------|---------|------------|---------|
| list       | llply() | ldply()    | laply() |
| data frame | dlply() | ddply()    | daply() |
| array      | alply() | adply()    | aaply() |

表に挙げた関数はいずれも入力を分割し，各パーツに関数を適用し，そして結果を結合する．こうした過程は「分割-適用-再結合 (split-apply-combine)」と呼ばれる．この発想と **plyr** については，*Journal of Statistical Software* で公開されているオープンアクセスな論文 "The Split-Apply-Combine Strategy for Data Analysis" に詳細に述べられているので参照されたい．

### 11.3.4　エクササイズ

1. apply() はどのように出力を調整しているだろうか？ apply() のドキュメントを読み，実行せよ．
2. tapply() は split() と sapply() の組み合わせであったが，split() と vapply() の組み合わせに相当する関数はない．これは必要だろうか．あるいは有用だろうか．自身で実装せよ．
3. split() を R の基本関数だけで実装せよ．（ヒント：unique() を使ってサブセットを作るとよい．）さらに for ループなしで作成できるだろうか？
4. 入出力の型として欠けているのは何だろうか？ **plyr** の論文に回答があるが，まずは自身で検討せよ．

## 11.4　リストの操作

汎関数は見方を変えると，リストを変更したり，部分抽出したり，取り崩すための標準ツールの集まりとも考えられる．一般に関数型プログラミング言語にはこのためのツールが3つある．Map(), Reduce(), Filter() がそれに該当する．ここまで Map() についてはすでにとりあげた．次の節では Reduce(), Filter() を解説する．前者は引数が2つある関数を拡張し，後者は TRUE ないし FALSE を返す関数である叙述関数を処理する重要な汎関数である．

### 11.4.1　Reduce()

Reduce() は2つの引数を指定できる関数 f を再帰的に実行することで，ベクトル x を単独の値に縮約する．すなわち f にベクトルの最初の2つの要

## 11.4 リストの操作

素を渡して実行し，この結果をベクトルの 3 番目の要素と合せて再び実行する．したがって Reduce(f, 1:3) という呼び出しは，f(f(1, 2), 3) に等しい．また Reduce は，リストの隣接する 2 つの要素を「折りたたむ」処理であるため，fold という名前でも知られている．

次の 2 つの例では，Reduce を前置および中置記法の関数に適用している[7]．

```
Reduce(`+`, 1:3) # -> ((1 + 2) + 3)
Reduce(sum, 1:3) # -> sum(sum(1, 2), 3)
```

Reduce() の本質は，単純な for ループで実装できる．

```
Reduce2 <- function(f, x) {
  out <- x[[1]]
  for(i in seq(2, length(x))) {
    out <- f(out, x[[i]])
  }
  out
}
```

もっとも実際の Reduce() の実装は複雑であり，リストの左と右のどちらから処理を開始するのかを指定する引数 (right) や，初期値を設定する引数 (init)，さらには処理の途中で中間結果も出力するための引数 (accumulate) が加えられている．Reduce() は引数を 2 つとる関数を拡張し，複数の引数を処理できるようにするエレガントな方法である．そのため，要素のマージや共通部分の抽出など再帰的な処理が必要となる関数を実装するのに役立つ．例えば数値ベクトルからなるリストがあり，ここから特定の値を見つけ出したいとする．

```
l <- replicate(5, sample(1:10, 15, replace = T), simplify = FALSE)
str(l)
#> List of 5
#>  $ : int [1:15] 2 3 4 9 2 10 5 6 1 3 ...
#>  $ : int [1:15] 5 5 2 4 2 5 9 5 4 4 ...
#>  $ : int [1:15] 3 6 9 6 10 4 2 10 2 8 ...
#>  $ : int [1:15] 6 2 1 9 2 10 7 3 6 1 ...
#>  $ : int [1:15] 8 6 7 9 7 5 7 8 1 1 ...
```

---

[7] 訳注：+ は引数の間に + が入ってくるため中置記法の関数，sum は引数の前に sum があることから前置記法の関数である．

このためには，各ベクトルの共通部分を順番に抽出する処理を書けばよい．

```
intersect(intersect(intersect(intersect(l[[1]], l[[2]]),
  l[[3]]), l[[4]]), l[[5]])
#> [1] 2 3 9
```

これは読みづらい．Reduce() を使えば以下のように書き直せる．

```
Reduce(intersect, l)
#> [1] 2 3 9
```

### 11.4.2　叙述（プレディケート）汎関数

叙述関数 (predicate)[8] は TRUE か FALSE のいずれかを返す関数であり，例えば is.character(), all() や is.NULL が該当する．叙述汎関数はリストやデータフレームの各要素に叙述関数を適用する．基本パッケージには 3 つの有用な叙述汎関数がある．Filter(), Find(), そして Position() である．

- Filter() は叙述関数がマッチする要素のみを選択する．
- Find() は叙述関数がマッチする最初の要素を返却する（もし right = TRUE と引数が設定されているのならば，最初の要素ではなく最後の要素が返される）．
- Position() は叙述関数がマッチする最初の要素の位置（インデックス）を返す（あるいは right = TRUE が設定されていれば Find() と同様に最後の要素が返される）．

実装すると役に立つ叙述汎関数として where() が考えられる．これはリストやデータフレーム，叙述関数から論理ベクトルを生成するようカスタマイズした汎関数となろう．

```
where <- function(f, x) {
  vapply(x, f, logical(1))
}
```

これらの汎関数をデータフレームに適用した例を示す．

---

[8] 訳注：C++ でしばしば言及される言い回しであり，叙述関数，あるいはプレディケートなどと記述されている場合もある．

```
df <- data.frame(x = 1:3, y = c("a", "b", "c"))
where(is.factor, df)
#>       x     y
#> FALSE  TRUE

str(Filter(is.factor, df))
#> 'data.frame':    3 obs. of  1 variable:
#>  $ y: Factor w/ 3 levels "a","b","c": 1 2 3

str(Find(is.factor, df))
#>  Factor w/ 3 levels "a","b","c": 1 2 3

Position(is.factor, df)
#> [1] 2
```

### 11.4.3 エクササイズ

1. なぜ is.na() は叙述関数ではないのか？ 基本パッケージに，is.na() の叙述関数版と考えられる関数はあるだろうか？
2. Filter() と vapply() を用いてデータフレームのすべての数値列の要約統計量を計算する関数を作成せよ．
3. which() と Position() にはどのような関係があるだろうか？ 同様に，where() と Filter() の関係はどうだろうか？
4. リストと叙述関数を引数にとり，叙述関数がいずれかの入力に TRUE を返却する場合に同じく TRUE を返すように Any() を実装せよ．同様に All() も実装せよ．
5. Haskell に実装されている span() を実装せよ（これはリスト x と叙述関数 f を引数にとり，叙述関数が連続してマッチする要素の場所を返却する．R の rle() に相当する．）

## 11.5 数学的な汎関数

　汎関数は数学ではごく一般的である．極限，最大値，根（f(x)=0 をみたすような点の集合），積分はすべて汎関数である．一般に関数はただ1つの値（または数のベクトル）を返却する．一見，それらの関数は，今まで述べてき

たようなループを削除するというテーマに合致していないように見えるが，より突き詰めていけば，いずれも繰り返しを伴ったアルゴリズムによって実装されていることがわかるだろう．

本節では，Rに組み込みの数学的な汎関数をいくつかとりあげる．これらは引数に関数をとり，単一の値を返却する汎関数である．

- integrate()：f()によって定義される曲線下部の面積を計算する．
- uniroot()：f()が0となる点を計算する．
- optimise()：f()が最も小さい（または大きい）値をとる点を見つける．

単純な関数sin()を例に，これらの汎関数の動作を探ってみよう：

```
integrate(sin, 0, pi)
#> 2 with absolute error < 2.2e-14

str(uniroot(sin, pi * c(1 / 2, 3 / 2)))
#> List of 5
#>  $ root      : num 3.14
#>  $ f.root    : num 1.22e-16
#>  $ iter      : int 2
#>  $ init.it   : int NA
#>  $ estim.prec: num 6.1e-05

str(optimise(sin, c(0, 2 * pi)))
#> List of 2
#>  $ minimum  : num 4.71
#>  $ objective: num -1

str(optimise(sin, c(0, pi), maximum = TRUE))
#> List of 2
#>  $ maximum  : num 1.57
#>  $ objective: num 1
```

統計学では，最尤法のために最適化が用いられる．最尤法には2つのパラメータがある．それは，まず問題に固有ですでに定まったデータと，最大値をとる点を求めようとする変動パラメータである．このように2つパラメータがある問題はクロージャを利用するのに適している．クロージャと最適化を組み合わせると，次のように最尤推定問題を解くことになるだろう．

## 11.5 数学的な汎関数

次の例は，データがポアソン分布に従う場合にその強度を表す lambda パラメータの最尤推定量を計算する方法を示している．最初に関数ファクトリを用意する．これは，あるデータに対して lambda パラメータの負の対数尤度 (NLL) を計算する．ここで負の値を使うのは，R の optimise() がデフォルトで最小値を計算するためである．

```
poisson_nll <- function(x) {
  n <- length(x)
  sum_x <- sum(x)
  function(lambda) {
    n * lambda - sum_x * log(lambda) # + lambda を含まない項
  }
}
```

ここでクロージャは，データに対して定数となる値を前もって計算できることに注目しよう．

この関数ファクトリは，入力データに応じたデータ固有の NLL 関数を生成するのに使うことができる．初期値さえ適切に設定されれば，optimize() によって最良の値（つまり最尤推定値）を計算できる．

```
x1 <- c(41, 30, 31, 38, 29, 24, 30, 29, 31, 38)
x2 <- c(6, 4, 7, 3, 3, 7, 5, 2, 2, 7, 5, 4, 12, 6, 9)
nll1 <- poisson_nll(x1)
nll2 <- poisson_nll(x2)

optimise(nll1, c(0, 100))$minimum
#> [1] 32.09999

optimise(nll2, c(0, 100))$minimum
#> [1] 5.466681
```

この出力が正しいことは，解析的に求めた値と一致することからわかる．この場合，最尤推定値はデータの平均値に他ならず，mean(x1) と mean(x2) になる．

重要な数学的な汎関数としては他に optim() がある．これは optimise() を一般化し，1 次元以上の問題に適用可能にした汎関数である．この動作原理に興味があれば，R 言語のみで実装した最適化関数が含まれる **Rvmmin**

パッケージを調べるとよいだろう．意外にも **Rvmmin** は，CではなくRのみで実装されているにも関わらず，計算速度で **optim()** に劣らない．実はこの問題では，計算のボトルネックになるのは最適化処理ではなく，関数を繰り返し評価することなのだ．

### 11.5.1 エクササイズ

1. `arg_max()` を実装せよ．これは関数と入力ベクトルを引数としてとり，関数が最大値をとる入力ベクトルの要素を返却する．例えば `arg_max(-10:5, function(x) x ^ 2)` は $-10$ を返却し，`arg_max(-5:5, function(x) x ^ 2)` は `c(-5,5)` を返却する．また同様に `arg_min()` も実装せよ．
2. 発展問題：不動点アルゴリズム[9] を読み，練習問題をRで実装せよ．

## 11.6 ループを維持すべき場合

ループによっては汎関数に置き換えられない場合がある．本節では，よくある3つのケースを指摘しよう．

- 即時修正[10]
- 再帰関数
- while ループ

汎関数を使って問題を強引に解くことはできるが，あまり良い考えではない．非常に難解なコードができあがるからである．これでは，そもそも汎関数を利用する理由がなくなってしまう．

### 11.6.1 即時修正

もし，読者が既存のデータフレームの一部を変更する必要があるならば，

---

[9] http://mitpress.mit.edu/sicp/full-text/book/book-Z-H-12.html#%_sec_1.3
[10] 訳注：Modifying in place の意味．現在確保されているメモリ領域のまさに，その場所を書き換える処理のこと．18.4節「即時修正」も参照のこと．

往々にしてforループを使った方がよい．例えば次のコードは，関数のリストの要素名と，データフレームにおける列名とをマッチさせて，変数ごとに異なる変換処理を施している．

```
trans <- list(
  disp = function(x) x * 0.0163871,
  am = function(x) factor(x, levels = c("auto", "manual"))
)
for(var in names(trans)) {
  mtcars[[var]] <- trans[[var]](mtcars[[var]])
}
```

通常，このループを lapply() で置き換えることはないが，不可能ではない．<<- を使ってループを lapply() に置き換えればよいだけだ．

```
lapply(names(trans), function(var) {
  mtcars[[var]] <<- trans[[var]](mtcars[[var]])
})
```

forループを置き換えるとコードは長くなり，理解するのが難しくなった．この場合 <<- の意味と x[[y]] <<- z が何を行っているのかを理解しなければならない（が，容易ではない）．要するに，せっかくシンプルで理解しやすいforループを使っているのに，これをわざわざ難解なコードに変えるのは無意味だろう．

### 11.6.2 再帰的な関係

要素間の関係が独立ではない，あるいは再帰的に定義されている場合，forループを汎関数に変換するのは難しい．例えば，データをスムージングするための1手法である指数平滑化は，前後のデータ点の重み付き平均をとるが，これを以下の exps() では for ループで処理している．

```
exps <- function(x, alpha) {
  s <- numeric(length(x) + 1)
  for (i in seq_along(s)) {
    if (i == 1) {
      s[i] <- x[i]
    } else {
```

```
      s[i] <- alpha * x[i - 1] + (1 - alpha) * s[i - 1]
    }
  }
  s
}
x <- runif(6)
exps(x, 0.5)
#> [1] 0.9796846 0.9796846 0.6839309 0.7706844 0.4067672 0.4382614 0.6834676
```

これまでにとりあげた汎関数では，位置 i での出力が，1つ前の i-1 での入出力の両方に依存するような処理はできないため，上のコードの for ループを削除できない．

こうした場合に，for ループを削除する方法の1つが，漸化式の解法にあるように，再帰計算を除去し，漸化式を解き，その関係性を陽に参照する形として書き改めることである．このためには別の数学的なツールが必要でコード作成も困難になるが，よりシンプルな関数ができることになるので，やりがいもあるだろう．

### 11.6.3 while ループ

R にはさらに while ループがある．これは，特定の条件が満たされない限り，ループを続行する．while ループは for ループよりも一般性がある．for ループは while ループによって置き換えられるが，その逆は必ずしも可能ではないからだ．

例えば以下の for ループは置き換え可能だ．

```
for (i in 1:10) print(i)
```

次のように while ループに変換すればよい．

```
i <- 1
while(i <= 10) {
  print(i)
  i <- i + 1
}
```

しかしながら while ループの多くは for ループに置き換えられない．前

もってループが何回実行されるのか不明な場合が多いからだ．

```
i <- 0
while(TRUE) {
  if (runif(1) > 0.9) break
  i <- i + 1
}
```

これはシミュレーションで遭遇することの多い問題である．

この場合は問題に固有の性質を見抜きさえすればループそのものを削除できる．上記のコードは確率 p = 0.1 で失敗するベルヌーイ試行が，連続して成功する回数を調べている．これは確率変数であり幾何分布に従う．よって上のコードは i <- rgeom(1, 0.1) で置き換えられる．

## 11.7 関数族

本章を締めくくるにあたりに，汎関数がシンプルなコードブロックでありながら，強力でかつ一般性のある処理を行うことができることを如実に示すケーススタディをとりあげる．ここでは2の数を加算するという単純なアイデアから始めよう．これを汎関数によって拡張し，複数の数を合計し，計算を並列化する．さらには累積和を求め，配列の次元ごとに和を求めることができるようにしてみよう．

まず単純な加算関数を定義しよう．2つスカラーを引数としてとる単純な関数である．

```
add <- function(x, y) {
  stopifnot(length(x) == 1, length(y) == 1,
    is.numeric(x), is.numeric(y))
  x + y
}
```

（ここで利用している R の基本加算演算子[11]にはより多くの機能があるが，このケーススタディではきわめてシンプルなコードブロックから始めて拡張していくことに焦点をあてる．）

---

[11] 訳注：x+y の + のこと．

次にna.rm引数を加えるが，これをヘルパ関数として実装すると作業が簡単になるだろう．そこで，もしxが欠損値ならばyを返し，もしyが欠損値ならばxを返す関数を定義する．xとyの双方が欠損している場合は，第3の引数identityの値を返すようにする．こうすることでヘルパ関数は必要以上に一般化されるが，他の * や - といった中置演算子を実装する際に役立つだろう．

```
rm_na <- function(x, y, identity) {
  if (is.na(x) && is.na(y)) {
    identity
  } else if (is.na(x)) {
    y
  } else {
    x
  }
}
rm_na(NA, 10, 0)
#> [1] 10

rm_na(10, NA, 0)
#> [1] 10

rm_na(NA, NA, 0)
#> [1] 0
```

これにより，欠損値の処理も可能なadd()を以下のように作成できる．

```
add <- function(x, y, na.rm = FALSE) {
  if (na.rm && (is.na(x) || is.na(y))) rm_na(x, y, 0) else x + y
}
add(10, NA)
#> [1] NA

add(10, NA, na.rm = TRUE)
#> [1] 10

add(NA, NA)
#> [1] NA

add(NA, NA, na.rm = TRUE)
#> [1] 0
```

ここで 0 を rm_na の identity 引数として選択し，add(NA, NA, na.rm = TRUE) が 0 を返すようにした理由は単純である．他の引数に対しては数値を返す演算子であるから，NA の場合にも数を返すようにしたのだ．その場合に適切な数値はおのずと決まる．加算は結合的[12]であり，その順序に依存しない．したがって次の 2 つの関数呼び出しは同じ値を返すはずである．

```
add(add(3, NA, na.rm = TRUE), NA, na.rm = TRUE)
#> [1] 3

add(3, add(NA, NA, na.rm = TRUE), na.rm = TRUE)
#> [1] 3
```

すると add(NA, NA, na.rm = TRUE) は 0 でなければならず，したがって identity = 0 が正しいデフォルト値となる．

基本的な処理が実装できたので，次により複雑な入力を取り扱えるように拡張しよう．一般化の 1 つの方向として 2 つ以上の数を加算できるようにするのは自然だろう．これにより 2 つの数の加算を繰り返すことができる．入力が c(1, 2, 3) であれば add(add(1, 2), 3) を計算すればよい．これは Reduce() の簡単な応用である：

```
r_add <- function(xs, na.rm = TRUE) {
  Reduce(function(x, y) add(x, y, na.rm = na.rm), xs)
}
r_add(c(1, 4, 10))
#> [1] 15
```

これはうまくいくように見えるが，以下に示すように，いくつか特別なケースをテストする必要がある．

```
r_add(NA, na.rm = TRUE)
#> [1] NA

r_add(numeric())
#> NULL
```

これは正しくない．最初の実行例では欠損値を無視するように設定しているにも関わらず，欠損値が出力される．また次の実行例では，要素数が 1 の

---

[12] 訳注：数学でいう結合法則を満たすこと，足し算をする順序が不問という意味．

数値ベクトルを返す（はずの）関数がNULLを出力している．

この2つの問題は実は関連している．Reduce()に長さ1のベクトルを与えると，縮約すべき対象がないため，入力がそのまま返却されるわけだ．また長さ0のベクトルを渡せば，常にNULLが返却される．これを修正する最も簡単な方法は，Reduce()のinit引数を使うことである．この値が入力ベクトルの先頭に加えられる．

```
r_add <- function(xs, na.rm = TRUE) {
  Reduce(function(x, y) add(x, y, na.rm = na.rm), xs, init = 0)
}
r_add(c(1, 4, 10))
#> [1] 15

r_add(NA, na.rm = TRUE)
#> [1] 0

r_add(numeric())
#> [1] 0
```

これによるr_add()はsum()と等価になった．

要素ごとに2つのベクトルを加算することができるように，数（スカラー）ではなく，ベクトルに対するadd()を作るのもよいだろう．これを実装するためにMap()やvapply()を使用することができるが，そのどちらも完璧なものではない．Map()は数値ベクトルの代わりにリストを返却するため，我々はsimplify2array()を使用し，Map()の出力をベクトルへと変換する必要がある．また，vapply()はベクトルを返却するものの，実装する上ではインデックスに関してのループを必要とする．

```
v_add1 <- function(x, y, na.rm = FALSE) {
  stopifnot(length(x) == length(y), is.numeric(x), is.numeric(y))
  if (length(x) == 0) return(numeric())
  simplify2array(
    Map(function(x, y) add(x, y, na.rm = na.rm), x, y)
  )
}

v_add2 <- function(x, y, na.rm = FALSE) {
  stopifnot(length(x) == length(y), is.numeric(x), is.numeric(y))
```

```
  vapply(seq_along(x), function(i) add(x[i], y[i], na.rm = na.rm),
    numeric(1))
}
```

いくつかのテストケースが，これらの関数が我々の期待通りに動作するかを確かめるための手助けとなる．ここでは，数値のリサイクリング処理[13]をしないため，我々は少しRの組み込み関数よりも厳格なテストを行う（もし読者が望めばそれを付け加えることもできるが，私はリサイクリング処理はしばしば思わぬバグの要因となることに気がついた）．

```
# 両方の関数が同じ結果を与える
v_add1(1:10, 1:10)
#>  [1]  2  4  6  8 10 12 14 16 18 20

v_add1(numeric(), numeric())
#> numeric(0)

v_add1(c(1, NA), c(1, NA))
#> [1]  2 NA

v_add1(c(1, NA), c(1, NA), na.rm = TRUE)
#> [1] 2 0
```

add()のまた別の派生版は累積和計算である．我々はこれをaccumulate引数をTRUEと設定することで，Reduce()を使って実装することができる．

```
c_add <- function(xs, na.rm = FALSE) {
  Reduce(function(x, y) add(x, y, na.rm = na.rm), xs,
    accumulate = TRUE)
}
c_add(1:10)
#>  [1]  1  3  6 10 15 21 28 36 45 55

c_add(10:1)
#>  [1] 10 19 27 34 40 45 49 52 54 55
```

これはcumsum()と等価なものである．

最後に，行列などのより複雑なデータ構造に対する加算を定義してもよい

---

[13] 訳注：1:10 + 1:5などの要素数の異なるベクトル間のコードが動くように，内部的にベクトルの要素を繰り返し使うことで補間することを指している．

だろう．そのためには行ないし列方向にそれぞれ加算する row や col を定義
できるだろう．あるいは任意の次元での和を計算できるよう配列に対応した
和関数を定義してもよい．これらは add() と apply() を組み合わせることで
容易に実装できる．

```
row_sum <- function(x, na.rm = FALSE) {
  apply(x, 1, add, na.rm = na.rm)
}
col_sum <- function(x, na.rm = FALSE) {
  apply(x, 2, add, na.rm = na.rm)
}
arr_sum <- function(x, dim, na.rm = FALSE) {
  apply(x, dim, add, na.rm = na.rm)
}
```

最初の 2 つの関数は rowSums() と colSums() に等価である．

ここで作成した関数は，R の組み込み関数にそれぞれ等価な関数が存在している．にも関わらずあえて実装したのは 2 つの理由からだ．

- すべてのバリエーションは単純な中置演算子 (add()) と十分にテストされている汎関数 (Reduce(), Map(), apply()) の組み合わせで実装されているため，ここで実装したバリエーションも一貫した動作をするであろう．
- ここに示した基本的仕組みは，そのまま他の演算子にも適用できる．特に R の組み込み関数において，バリエーションの少ない演算子を拡張する際に参考になるだろう．

このアプローチの欠点は実装が効率的ではないことだ（例えば colSums(x) は apply(x, 2, sum) よりもずっと高速である）．しかし速くはないとしても，単純な実装はバグも少ないという意味でよい出発点である．またより高速な関数を作成した際，その出力が正しいかどうかを比較するためにも利用できる．

本節の内容についてさらに理解を深めたければ Steve Losh によるブログ記事「ラムダ式によるリスト生成」[14] を参照することをお勧めする．ここで

---

[14] http://stevelosh.com/blog/2013/03/list-out-of-lambda/

は，リストのような高レベルな言語構造を，よりプリミティブな言語的特徴（クロージャ，または lamda 式[15]）から生成する方法が説明されている．

## 11.7.1 エクササイズ

1. 2つの引数のいずれか小さい方，あるいは大きい方を返す smaller および larger 関数を実装せよ．これに na.rm = TRUE 引数を加えよ．このときの identity 引数に適切な値は何か（ヒント：smaller(NA, NA, na.rm = TRUE) は他の x の値のいずれよりも大きいはずであるから，smaller(x, smaller(NA, NA, na.rm = TRUE), na.rm = TRUE) の解は x でなければならない）．smaller と larger を使い，min(), max(), pmin(), pmax(), また新しい関数として row_min() を row_max() を実装せよ．

2. *and, or, add, multiply, smaller, larger* を列に持ち，*binary operator, reducing variant, vectorised variant, array variants* を行に持つ一覧表を作れ．
   a) R の組み込み関数から，それぞれの役割を実行する関数名を対応する表のセルに埋めよ．
   b) R の関数の名前と引数を比較せよ．ここに一貫性はあるだろうか？改善するならばどうするか．
   c) 一覧に欠けている関数を実装せよ．

3. paste() を本節で示したように拡張することを考えよう．paste() の中核となる2引数関数は何であろうか？ paste() の sep および collapse 引数に対応するのは何か？ R に実装されていない paste のバリエーションとしては何が考えられるだろうか？

---

[15] 訳注：R でいう無名関数のようなものと考えればよい．

# 12

# 関数演算子

　本章において,読者は関数演算子(function operators,以下 FO)について学ぶ.関数演算子は1つ(またはそれ以上の)関数を引数として,出力として関数を返すものである.いくつかの点で関数演算子は汎関数に似ている.どちらも必ずしも必要ではないが,使うとコードは読みやすく,また理解しやすくなるので,コードを書く速度自体も速くなるだろう.2つの違いは,汎関数がループ処理から共通のパターンを抽出するのに対して,関数演算子は無名関数から共通のパターンを抽出することにある.

　次のコードは簡単な関数演算子 chatty() を示したものである.その関数演算子は関数をラップしており,第1引数を出力するだけの新しい関数を生成している.この関数は,例えば vapply() のような汎関数がどのように動作しているのかを見るのに役立つ "のぞき窓" となる.

```
chatty <- function(f) {
  function(x, ...) {
    res <- f(x, ...)
    cat("Processing ", x, "\n", sep = "")
    res
  }
}
f <- function(x) x ^ 2
s <- c(3, 2, 1)
chatty(f)(1)
#> Processing 1
#> [1] 1

vapply(s, chatty(f), numeric(1))
#> Processing 3
#> Processing 2
#> Processing 1
```

```
#> [1] 9 4 1
```

　前の章で，Reduce()，Filter()，Map() などの多くの組み込み汎関数にはわずかな引数しかないことを確認した．そのため，これらの関数の処理を変更するには無名関数を使う必要があった．ここでは通常の無名関数の代わりを用意し，本章で説明する内容がわかりやすくなるように工夫しよう．例えば，11.2.2 項「複数の引数：Map（に加え，mapply）」では Map() と無名関数に決まった引数を与えて実行した．

```
Map(function(x, y) f(x, y, zs), xs, ys)
```

　本章の後半では，partial() を使用した関数の部分適用について学ぶ．部分適用は，無名関数をカプセル化し，デフォルトの引数で実行するので，簡潔なコードを書く手助けとなる．

```
Map(partial(f, zs = zs), xs, yz)
```

　これは FO の重要な使用例である．入力関数を変換することで，汎関数からパラメータを削除することができるのだ．実際，入力と出力の関数が同じである限り，このアプローチは，しばしば思いもしなかった方法で，汎関数をより拡張可能なものとするのだ．

　本章では FO の重要なタイプを 4 つとりあげる．すなわち挙動，入力，出力，そして結合である．それぞれのタイプに対して，有用な FO をいくつか提示するが，これらを問題を分解するための手段としても利用する方法を述べよう．例えば引数を組み合わせるのではなく，複数の関数を結合させるために使う．本章の目的はすべての FO をリストアップすることではなく，他の関数型プログラミングの技法と組み合わせて使う事例を紹介することにある．ただし読者自身が関数演算子を使ってそれぞれの問題を解くには熟考と試行錯誤が必要であろうことは指摘しておきたい．

### 本章の概要：

- 12.1 節「挙動に関わる FO」では，自動的に関数の利用状況のログをディスクに記録したり，あるいは，関数が一度だけ実行されることを保証するように関数の挙動を変更する FO を紹介する．

- 12.2 節「出力に関わる FO」では，関数の出力を操作する FO の書き方を示す．これらの FO は，エラーを捕獲するような単純なことから，関数の処理を根本的に変えてしまうことまでできる．
- 12.3 節「入力に関わる FO」では，Vectorize() や partial() のような FO を用いて，関数への引数を修正する方法について述べる．
- 12.4 節「FO を結び付ける」では，複数の関数を，関数合成や論理操作によってつなぎ合わせることができる FO の機能を解説する．

**本章を読むための準備：**

本章では，ゼロから FO を書くことはもちろん，**memoise, plyr, pryr** パッケージに搭載されている関数演算子も使用する．install.packages(c("memoise", "plyr", "pryr")) を実行し，それらのパッケージをインストールして欲しい．

## 12.1 挙動に関わる FO

挙動に関わる FO は入出力引数となる関数を変更しないが，ある特別な挙動を追加する．本節では，以下 3 つの有用な挙動を実装する関数を見ていく．

- 多数のリクエストがサーバーに押し寄せないよう，処理に遅延を付け加える．
- 長時間実行されるプロセスをチェックするために n 回の呼び出しごとにコンソールに出力を行う．
- 計算のパフォーマンスを改善するために以前の計算結果をキャッシュする．

これらの挙動の必要性を理解するために，ベクトルに格納された多数の URL からダウンロードすることを考えよう．これは，lapply() と download_file() を使えば簡単に実装することができる．

```
download_file <- function(url, ...) {
  download.file(url, basename(url), ...)
}
```

```
lapply(urls, download_file)
```

（download_file() は utils::download.file() の単なるラッパであるが，保存先ファイル名のデフォルト値を URL から抽出する．）

この関数には，他にも役に立つ実装を加えることが考えられるだろう．例えば URL を格納したリストがとても長い場合，関数が正常に動作中であることを確認するため，10個の URL の処理が終わるたびにドット (.) を画面に出力したいという状況だ．さらにインターネット越しにダウンロードしているのであるから，サーバーへの負荷を避けるためにリクエストごとに若干の待ち時間を持たせるべきだろう．こうした挙動を for ループを用いて実装すると，かなり複雑なものとなる．一方で，この機能を追加する場合にはカウンタ機能が必要となるため，lapply() を利用することもできない．

```
i <- 1
for(url in urls) {
  i <- i + 1
  if (i %% 10 == 0) cat(".")
  Sys.delay(1)
  download_file(url)
}
```

このコードは理解しづらい．繰り返しのカウンタ，画面への出力，ファイルのダウンロードといった異なる作業が混在しているからだ．本節では，このような個別の挙動をカプセル化した以下のような FO を作成する．

```
lapply(urls, dot_every(10, delay_by(1, download_file)))
```

上記のコードにある delay_by() を実装するのは簡単であり，本章で紹介する FO の大多数で使われている基本的なテンプレートに従っている．

```
delay_by <- function(delay, f) {
  function(...) {
    Sys.sleep(delay)
    f(...)
  }
}
system.time(runif(100))
#>    user  system elapsed
```

## 12.1 挙動に関わる FO

```
#>          0      0      0
system.time(delay_by(0.1, runif)(100))
#>    user  system elapsed
#>    0.00    0.00    0.11
```

　dot_every() は，処理カウンタを管理しなければならないため，やや複雑であるが，その方法については，幸い 10.3.2 項「可変な状態」で説明済みである．

```
dot_every <- function(n, f) {
  i <- 1
  function(...) {
    if (i %% n == 0) cat(".")
    i <<- i + 1
    f(...)
  }
}
x <- lapply(1:100, runif)
x <- lapply(1:100, dot_every(10, runif))
#> ..........
```

　それぞれの FO で関数を最後の引数にしていることにお気づきだろうか．これは，複数の関数演算子を合成している場合でもコードを読みやすくしてくれる．もし，関数を第 1 引数とするならば以下のコードは修正する必要がある．

```
download <- dot_every(10, delay_by(1, download_file))
```

　これを，次のように変更する．

```
download <- dot_every(delay_by(download_file, 1), 10)
```

　例えば dot_every() の引数（10 という数値）は，その呼び出し位置からかなり離れているので，コードを追いにくい．これはダグウッドサンドイッチと呼ばれる問題である[1]．これは，パンのスライス（これが関数呼び出しのカッコに相当する）の間に，たくさんのサンドイッチの具材（引数）を挟ん

---

[1] 訳注：米国の新聞漫画 Blondie の主人公の夫の名がダグウッドと呼ばれていることより．

でいる状態を表わす比喩だ．

さらに指摘すると，これら FO には挙動がはっきりとわかる名前を意図的に付けている．処理を 1 秒だけ遅らせる FO は delay_by(1,...) とし，10 回の関数呼び出しごとにドットを表示する FO には dot_every(10, ...) と命名している．関数名が実装した意図や内容をよりはっきりと表しているほど，他の人（また将来の自分自身）にとって読んだり理解したりするのが容易なコードになる．

### 12.1.1 メモ化

複数のファイルをリストに用意している場合，誤って同じファイルを何度もダウンロードしてしまうかもしれない．これは，引数の URL リストに unique() を適用して重複を削除したり，あるいは手作業で URL をその結果と対応付けるデータ構造を管理することで避けられるかもしれない．別のアプローチとして "メモ化" という方法がある．これは関数を修正して，演算結果を自動的にキャッシュする機能を加えることである．

```
library(memoise)
slow_function <- function(x) {
  Sys.sleep(1)
  10
}
system.time(slow_function())
#>    ユーザ   システム      経過
#>         0         0         1

system.time(slow_function())
#>    ユーザ   システム      経過
#>         0         0         1

fast_function <- memoise(slow_function)
system.time(fast_function())
#>    ユーザ   システム      経過
#>         0         0         1

system.time(fast_function())
#>    ユーザ   システム      経過
#>         0         0         0
```

## 12.1 挙動に関わる FO

　メモ化は，メモリ使用量と計算速度のトレードオフという，計算機科学分野では古典的な事例である．メモ化された関数は，メモリをより消費し以前に計算したケースの入力と出力のすべてを記憶しておくことで，より高速に動作する．

　メモ化が実用的な事例がフィボナッチ数列の計算である．フィボナッチ数列は，初めの2つの数が共に1で，以降が f(n) = f(n - 1) + f(n - 2) と再帰的に定義される数列である．これを R で素直に実装すると処理は非常に遅くなる．例えば fib(10) では fib(9) と fib(8) を計算するが，fib(9) では fib(8) と fib(7) を計算することになり，重複する計算が繰り返されることになるからだ．fib() をメモ化すると，それぞれの値は一度だけ計算されるようになり，その実装はずっと速くなる．

```
fib <- function(n) {
  if (n < 2) return(1)
  fib(n - 2) + fib(n - 1)
}
system.time(fib(23))
#>    ユーザ    システム     経過
#>      0.20        0.00     0.21

system.time(fib(24))
#>    ユーザ    システム     経過
#>      0.34        0.00     0.34

fib2 <- memoise(function(n) {
  if (n < 2) return(1)
  fib2(n - 2) + fib2(n - 1)
})
system.time(fib2(23))
#>    ユーザ    システム     経過
#>      0.02        0.00     0.02

system.time(fib2(24))
#>    ユーザ    システム     経過
#>         0           0        0
```

　もちろん関数は何でもメモ化した方が良いわけではない．例えば，乱数ジェネレーターをメモ化してしまうと常に同じ値を返し続けるので，もはや

乱数生成器ではない．

```
runifm <- memoise(runif)
runifm(5)
#> [1] 0.1230225877 0.4119662563 0.0007839263 0.7799223021 0.1699245896

runifm(5)
#> [1] 0.1230225877 0.4119662563 0.0007839263 0.7799223021 0.1699245896
```

memoise()の仕様がわかってしまえば，これを先ほどの問題に適用するのは簡単である．

```
download <- dot_every(10, memoise(delay_by(1, download_file)))
```

これにより簡単にlapply()と組み合わせて利用できる関数となる．ただし，このままではlapply()内部のループで何か間違った動作が生じても，それを知ることは難しい．次の項ではFOを利用してループ内部に隠された処理を明るみに出す方法を紹介する．

### 12.1.2 関数呼び出しの捕捉

汎関数の問題点の1つが，その内部処理を確認しにくいことにある．forループに比べて，その内部をこじあけることは簡単ではない．幸い，FOとtee()を組み合せることで，その内部を覗くことができる．

以下で定義されるtee()は3つの引数をとり，いずれも関数である．fは挙動を変えたい関数，on_inputはfに対する引数と共に呼ばれる関数，on_outputはfの出力と共に呼び出される関数である．

```
ignore <- function(...) NULL
tee <- function(f, on_input = ignore, on_output = ignore) {
  function(...) {
    on_input(...)
    output <- f(...)
    on_output(output)
    output
  }
}
```

（この関数はUNIXのシェルコマンドteeに触発されたものである．tee

## 12.1 挙動に関わる FO

は，ファイル処理の過程をコンソールに表示すると同時に，結果をファイルへと保存する．）

ここで uniroot() 汎関数の中身を調べ，解に至るまでの繰り返し処理を確認するのに tee() を使おう．次の例では x と cos(x) の交点を求めている．

```
g <- function(x) cos(x) - x
zero <- uniroot(g, c(-5, 5))
show_x <- function(x, ...) cat(sprintf("%+.08f", x), "\n")

# 関数がどの点 x で評価されているかを表示
zero <- uniroot(tee(g, on_input = show_x), c(-5, 5))
#> -5.00000000
#> +5.00000000
#> +0.28366219
#> +0.87520341
#> +0.72298040
#> +0.73863091
#> +0.73908529
#> +0.73902425
#> +0.73908529

# 関数の値を表示
zero <- uniroot(tee(g, on_output = show_x), c(-5, 5))
#> +5.28366219
#> -4.71633781
#> +0.67637474
#> -0.23436269
#> +0.02685676
#> +0.00076012
#> -0.00000026
#> +0.00010189
#> -0.00000026
```

cat() は，関数の処理の流れを確認するのに利用できるが，関数の実行が完了するつど，その値を操作することはできない．そこで remember() という関数を作り，関数呼び出しの流れを捕捉し，実行時の引数を記録し，さらに必要があればリストに変換する．以下のコードでは一部で S3 クラスが使われているが，これは 7.2 節「S3」で説明されている．

```
remember <- function() {
  memory <- list()
  f <- function(...) {
    # これは非効率なコード！
    memory <<- append(memory, list(...))
    invisible()
  }
  structure(f, class = "remember")
}
as.list.remember <- function(x, ...) {
  environment(x)$memory
}
print.remember <- function(x, ...) {
  cat("Remembering...\n")
  str(as.list(x))
}
```

これによりunirootが最終的な答えへと向かう様子をプロットすることができる.

```
locs <- remember()
vals <- remember()
zero <- uniroot(tee(g, locs, vals), c(-5, 5))
x <- unlist(as.list(locs))
error <- unlist(as.list(vals))
plot(x, type = "b"); abline(h = 0.739, col = "grey50")
```

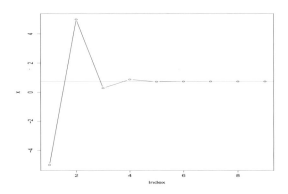

```
plot(error, type = "b"); abline(h = 0, col = "grey50")
```

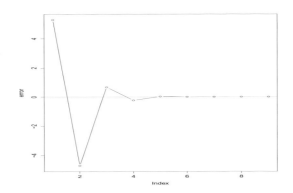

### 12.1.3 遅延評価

ここまで紹介した関数演算子には，以下に示す共通のパターンがある．

```
funop <- function(f, otherargs) {
  function(...) {
    # 何かの処理
    res <- f(...)
    # また別の処理
    res
  }
}
```

残念ながら，この実装には問題がある．関数引数が遅延評価されるのだ．つまり f() が，FO を適用してから関数を評価するまでの間に変更されてしまうかもしれないからだ．これは，複数の関数演算子を適用する for ループや lapply() を使う場合には特に問題となる．以下では関数のリストを例としてとりあげ，それぞれを遅延評価させている．すると，平均を求めるべき箇所で，合計が出力されてしまう[2]．

```
funs <- list(mean = mean, sum = sum)
funs_m <- lapply(funs, delay_by, delay = 0.1)

funs_m$mean(1:10)
```

---

[2] 訳注：この問題は R-3.2.0 のリリース (PR#16093) に伴い修正されており，以降のバージョンの R では force() を使う必要はない．

```
#> [1] 5.5
```

この問題は f() の評価を強制することで回避できる：

```
delay_by <- function(delay, f) {
  force(f)
  function(...) {
    Sys.sleep(delay)
    f(...)
  }
}

funs_m <- lapply(funs, delay_by, delay = 0.1)
funs_m$mean(1:10)
#> [1] 5.5
```

新しい FO を作成する場合には，このように force() を間に挟むことは良い習慣である．

### 12.1.4 エクササイズ

1. 関数を実行するたびに，そのタイムスタンプと，適当なメッセージをログとしてファイルに保存する FO を書け．
2. 次の関数はどのような処理をするか？ それに対し，どのような関数名が適切であるか？

   ```
   f <- function(g) {
     force(g)
     result <- NULL
     function(...) {
       if (is.null(result)) {
         result <<- g(...)
       }
       result
     }
   }
   runif2 <- f(runif)
   runif2(5)
   #> [1] 0.2573233 0.2263349 0.5627006 0.4356829 0.5855316
   ```

```
runif2(10)
#> [1] 0.2573233 0.2263349 0.5627006 0.4356829 0.5855316
```

3. `delay_by()` を修正し，決められた時間だけ処理を遅延させるのではなく，関数が最後に呼び出されてから一定の時間が経過していることが保証されるようにせよ．つまり g <- delay_by(1, f); g(); Sys.sleep(2); g() と実行する場合は，2回目の g() の呼び出しは遅滞なく直ちに実行される．
4. ある特定の時刻まで処理を遅延させる `wait_until()` を実装せよ．
5. 以下のコードでは memoise の呼び出しを加えているが，いずれのコードでも挿入する位置は他にも2箇所考えられただろう．それぞれのコードで memoise が他でもなくこの位置に挿入されている理由を説明せよ．

```
download <- memoise(dot_every(10, delay_by(1, download_file)))
download <- dot_every(10, memoise(delay_by(1, download_file)))
download <- dot_every(10, delay_by(1, memoise(download_file)))
```

6. なぜ `remember()` の実装は非効率なのか．また，より効率的な実装とするためにはどうしたらよいか．
7. stackoverflow[3] から引用した以下のコードが，期待した動作をしないのはなぜか．

```
# 傾きa，切片bの線形関数を返却する
f <- function(a, b) function(x) a * x + b

# 異なるパラメータを持った関数リストを作成する
fs <- Map(f, a = c(0, 1), b = c(0, 1))

fs[[1]](3)
#> [1] 4

# 0 * 3 + 0 = 0 を結果として期待するが…
```

---

[3] http://stackoverflow.com/questions/8440675

## 12.2 出力に関わる FO

さらに複雑な処理として関数の出力を修正してみよう．これはまったく単純かもしれないし，あるいは通常の出力とはまったく異なる結果を返すように関数の動作を根本的に変えてしまうことになるかもしれない．本節では2つの簡単な修正を加えた，Negate() と failwith() と，同じく2つの基本的な修正を加えた，capture_it() と time_it() を学ぶ．

### 12.2.1 軽微な修正

base::Negate() と plyr::failwith() は，渡された関数を部分的に修正するだけではあるが，これらを汎関数と組み合わせると役に立つ．

Negate() は論理ベクトルを返却値とする関数（論理型叙述関数）を引数にとり，出力の論理否定を返す．ある関数の真理値を逆転させたい場合には便利だろう．Negate() の中核部分はきわめて単純である．

```
Negate <- function(f) {
  force(f)
  function(...) !f(...)
}
(Negate(is.null))(NULL)
#> [1] FALSE
```

たとえば筆者は，null 要素をすべてリストから除去する compact() のような関数を作る際，このアイデアをしばしば利用している．

```
compact <- function(x) Filter(Negate(is.null), x)
```

plyr::failwith() は引数として渡された関数を修正して，エラーをそのまま出力させるのではなく，適当なデフォルト値を返すように変更する．failwith() の中核部分もまた単純で，エラーを捕捉して処理の継続を可能にする try() のラッパにすぎない．

```
failwith <- function(default = NULL, f, quiet = FALSE) {
  force(f)
  function(...) {
```

```
    out <- default
    try(out <- f(...), silent = quiet)
    out
  }
}
log("a")
#> Error in log("a"): non-numeric argument to mathematical function

failwith(NA, log)("a")
#> [1] NA

failwith(NA, log, quiet = TRUE)("a")
#> [1] NA
```

（try()については9.3.1項「try()でエラーを無視する」で詳細に解説している.）

failwith()は汎関数と組み合わせると大変有用である. 例えば, エラーを呼び出し元へ伝えてループ処理を強制終了させるのではなく, 最後まで繰り返しを実行させ, その後に, どこに問題があったのかをチェックできる. たとえば, 一般化線形モデル (GLM) を, リストに格納された多数のデータフレームにフィッティングさせる状況を考えよう. GLMは, 最適化計算においてときどきその処理に失敗するが, 読者はとりあえずいったんすべてのモデルをフィッティングさせ, その後に処理の失敗を後から振り返って確認したいと考えるかもしれない.

```
# もしどこかのモデルでエラーが生じた場合，すべてのモデルのフィッティング処
理が失敗する
models <- lapply(datasets, glm, formula = y ~ x1 + x2 * x3)
# もしあるモデルでエラーが生じた場合，そこでは値がNULLとなる
models <- lapply(datasets, failwith(NULL, glm),
  formula = y ~ x1 + x2 * x3)

# compact関数を用い，NULLの結果のみを削除する
ok_models <- compact(models)
# 失敗したモデルに対応するデータを抜き出す
failed_data <- datasets[vapply(models, is.null, logical(1))]
```

これは汎関数と関数演算子を組み合わせることの有効性を示す典型的な例だろう. データ分析において遭遇する問題を解くのに必要な処理を簡潔に表

現できる方法を読者に授けているのだ．

### 12.2.2 関数の動作を変更する

他にも関数演算子は，関数の動作に根本的な変更を加える場合がある．すなわち本来関数が返す評価結果に代わって，その評価結果をまた別の評価関数へと変換したものを返却値にすることもできる．以下に 2 つ例を挙げよう．

- 関数の文字出力（print() されるもの）をテキストとして返す．

    ```
    capture_it <- function(f) {
      force(f)
      function(...) {
        capture.output(f(...))
      }
    }
    str_out <- capture_it(str)
    str(1:10)
    #>  int [1:10] 1 2 3 4 5 6 7 8 9 10
    
    str_out(1:10)
    #> [1] " int [1:10] 1 2 3 4 5 6 7 8 9 10"
    ```

- 関数実行にかかった時間を出力する．

    ```
    time_it <- function(f) {
      force(f)
      function(...) {
        system.time(f(...))
      }
    }
    ```

また，time_it() を用いると，汎関数の章で紹介したコードのいくつかを書き改めることができる．

```
compute_mean <- list(
  base = function(x) mean(x),
  sum = function(x) sum(x) / length(x)
```

```
)
x <- runif(1e6)
# 以前，無名関数を用いて実行時間の計測を行う際には，以下のように書いた
# lapply(compute_mean, function(f) system.time(f(x)))

# 同じ処理を関数演算子を構成して実行する
call_fun <- function(f, ...) f(...)
lapply(compute_mean, time_it(call_fun), x)
#> $base
#>     ユーザ    システム         経過
#>          0           0            0
#>
#> $sum
#>     ユーザ    システム         経過
#>          0           0            0
```

この例に限ると，関数演算子の恩恵はそれほど大きくない．関数演算子の構成が単純で，また同じ演算子をそれぞれの関数に適用しているからだ．一般に，複数の演算子を使う場合や，演算子を作るのは難しいが使うのは簡単である場合，関数演算子の効果は高いのである．

### 12.2.3 エクササイズ

1. 引数として渡された関数の出力の符号を反転する negative() という名前の FO を作成せよ．
2. **evaluate** パッケージを使うと，表現式 (expression) からすべての出力（計算結果，文字列やメッセージ，警告，エラー，プロット）を捕捉することが容易になる．上で示した caputure_it() に，関数から発せられる警告やエラーを捕捉する機能を加えよ．
3. 作業しているディレクトリで生成ないし削除されたファイルを追跡する FO を作れ（ヒント：dir() と setdiff() を使いなさい）．他に追跡すべきグローバル環境への影響があれば，追加せよ．

## 12.3 入力に関わる FO

次により複雑になるが，関数の引数を修正することを検討しよう．この場合も，関数の挙動のごく一部を修正したり（例えば，デフォルト引数を設定する），必要があればさらに大きく変更したり（例えば，引数がスカラーであればベクトルに，ベクトルであれば行列にする）できる．

### 12.3.1 あらかじめ決められた関数の引数：部分関数適用

無名関数は，ある関数の特定の引数だけ「固定」して実行するために利用されることがある．これは「部分 (関数) 適用[4]」と呼ばれるが，pryr::partial() として実装されている．すでに第 14 章「表現式」を読み終えている読者は，partial() のソースコードを確認し，動作原理を考察してみるのもよいだろう．実のところ，この関数はたった 5 行のコードで構成されている．

partial() を使うことで，次のような書き換えが可能になる．

```
f <- function(a) g(a, b = 1)
compact <- function(x) Filter(Negate(is.null), x)
Map(function(x, y) f(x, y, zs), xs, ys)
```

が

```
f <- partial(g, b = 1)
compact <- partial(Filter, Negate(is.null))
Map(partial(f, zs = zs), xs, ys)
```

となる．

この考え方を，関数のリストを処理するコードを，単純化するために使うことができる．

```
funs2 <- list(
  sum = function(...) sum(..., na.rm = TRUE),
  mean = function(...) mean(..., na.rm = TRUE),
  median = function(...) median(..., na.rm = TRUE)
)
```

---

[4] 訳注：他のプログラミング言語においては "関数の部分適用" とも言及される．

このコードは以下のように書くことができる：

```
library(pryr)

funs2 <- list(
  sum = partial(sum, na.rm = TRUE),
  mean = partial(mean, na.rm = TRUE),
  median = partial(median, na.rm = TRUE)
)
```

部分関数適用を使うのは関数型プログラミング言語で簡単ではあるが，Rの遅延評価のルールへの影響は明らかではない．このためpryr::partial()では，無名関数をアドホックに作成した場合と可能なかぎり同じ動作をする関数を作成している．これに対して，Peter Meilstrupによって開発された**ptools**パッケージでは異なるアプローチがとられている．このトピックに興味があれば，彼が作成した中置演算子である，%()%, %>>%, %<<%のコードを読むとよいだろう．

## 12.3.2　引数型の変更

型のまったく異なる引数を与えても動作するように関数を修正することも可能である．実際，そのような修正を行う関数がすでにいくつかある．

- base::Vectorize() はスカラーを引数にとる関数を，ベクトルを引数にとる関数へと変換する．つまりベクトル化されていない関数を引数にとり，その関数の引数のうちvectorize.argsで指定された引数をベクトル処理できるように修正する．これにより効率が劇的に改良されるわけではないが，ベクトル化された関数を作る簡便な方法としては使えるであろう．

  sample()のsize引数をベクトル化するのは，ささやかながら有用な拡張である．これにより一度の関数呼び出しで，複数のサンプルを生成できる．

  ```
  sample2 <- Vectorize(sample, "size", SIMPLIFY = FALSE)
  str(sample2(1:5, c(1, 1, 3)))
  #> List of 3
  #>  $ : int 4
  ```

```
#>  $ : int 1
#>  $ : int [1:3] 5 1 4

str(sample2(1:5, 5:3))
#> List of 3
#>  $ : int [1:5] 3 5 4 2 1
#>  $ : int [1:4] 4 5 3 1
#>  $ : int [1:3] 4 2 1
```

この例で SIMPLIFY = FALSE を設定し，ベクトル化された関数が常にリストを返すようにしている．これは現実的な仕様であろう．

- splat() は，複数の引数を1つのリストにまとめた関数に変換する．

```
splat <- function (f) {
  force(f)
  function(args) {
    do.call(f, args)
  }
}
```

これは可変な引数を持っている関数を呼び出す際に便利である．

```
x <- c(NA, runif(100), 1000)
args <- list(
  list(x),
  list(x, na.rm = TRUE),
  list(x, na.rm = TRUE, trim = 0.1)
)
lapply(args, splat(mean))
#> [[1]]
#> [1] NA
#>
#> [[2]]
#> [1] 10.4023
#>
#> [[3]]
#> [1] 0.5110101
```

- plyr::colwise() はベクトルを引数とする関数を，データフレームでも

動作するように変更する．

```
median(mtcars)
#> Error in median.default(mtcars): need numeric data
median(mtcars$mpg)
#> [1] 19.2

plyr::colwise(median)(mtcars)
#>    mpg cyl  disp  hp  drat    wt  qsec vs am gear carb
#> 1 19.2   6 196.3 123 3.695 3.325 17.71  0  0    4    2
```

### 12.3.3 エクササイズ

1. 先に実装したdownload()は単独のファイルをダウンロードするが，partial()とlapply()を用いて複数のファイルを同時にダウンロードできるよう修正する方法を述べよ．またpartial()を使う場合と，無名関数などを用いて実装する場合を比べたとき，その長所と短所は何だろうか？

2. plyr::colwise()のソースコードを読み，それがどのように動作しているのかを調べよ．colwise()の主な3つのタスクは何だろうか？ colwise()をよりシンプルにするために，3つのタスクをそれぞれ関数演算子として実装できるだろうか？（ヒント：partial()を検討しよう．）

3. 関数の返り値がデータフレームならば行列に，また行列ならばデータフレームに変換するFOを実装せよ．S3クラスについて理解しているのならば，それぞれas.data.frame.function()とas.matrix.function()を名付けよ．

4. 本章では，関数の出力を変更する5つの関数を見てきた．それらの概要をまとめよ．出力の型の組み合わせを表にまとめよ．この表の行と列に設定すべきは何か？ 表で欠落している部分を埋めるには，どのような関数演算子が考えられるか．その使用例も提案せよ．

5. 本章と前章で，関数の部分適用のために無名関数を使用している例をすべて見つけ出せ．それらの無名関数をpartial()に置換せよ．その実装について，どう考えるか．コードは読みやすくなるだろうか？

## 12.4 FOを結び付ける

　関数演算子は単独の関数を操作するだけではない．複数の関数を引数としてとることができる．たとえば plyr::each() はベクトル化された関数のリストを引数としてとり，それらを結合して1つの関数にする．

```
summaries <- plyr::each(mean, sd, median)
summaries(1:10)
#>    mean      sd  median
#> 5.50000 3.02765 5.50000
```

　より複雑な例としては，合成あるいはブール演算によって関数を結び付ける例もある．これらの潜在的な応用可能性は，複数の関数を同時に結び付ける"接着剤"といえよう．

### 12.4.1 関数の合成

　関数を結び付ける重要な方法の1つが合成 (f(g(x))) である．合成は関数のリストをとり，引数に対してそれらの関数を順に適用していく．以下は複数の関数を連続適用して目的とする結果を得ている典型的な例であるが，この処理は合成によって実現可能である．

```
sapply(mtcars, function(x) length(unique(x)))
#>  mpg cyl disp   hp drat   wt qsec   vs   am gear carb
#>   25   3   27   22   22   29   30    2    2    3    6
```

　単純な合成は以下のようになる．

```
compose <- function(f, g) {
  function(...) f(g(...))
}
```

　(pryr::compose() は，複数の関数を引数としてとることができる，より機能が盛り沢山な関数であり，以下で示す残りの例で使用される．)
　これを使うことで，以下のように書くことができる：

```
sapply(mtcars, compose(length, unique))
```

```
#>  mpg  cyl disp   hp drat   wt qsec   vs   am gear carb
#>   25    3   27   22   22   29   30    2    2    3    6
```

数学的には，関数の合成は中置演算子 o を用いて (f o g)(x) と記述される．人気のある関数型プログラミング言語 Haskell では，このために . が使われている．R でも，独自に中置演算子を定義して関数を合成できる．

```
"%o%" <- compose
sapply(mtcars, length %o% unique)
#>  mpg  cyl disp   hp drat   wt qsec   vs   am gear carb
#>   25    3   27   22   22   29   30    2    2    3    6

sqrt(1 + 8)
#> [1] 3

compose(sqrt, '+')(1, 8)
#> [1] 3

(sqrt %o% '+')(1, 8)
#> [1] 3
```

合成を使えば，compose() に対して関数の部分適用を用いているにすぎない Negate を簡潔に実装できる．

```
Negate <- partial(compose, '!')
```

関数の合成を用いると母標準偏差を求める関数を以下のように実装できる：

```
square <- function(x) x^2
deviation <- function(x) x - mean(x)

sd2 <- sqrt %o% mean %o% square %o% deviation
sd2(1:10)
#> [1] 2.872281
```

この種のプログラミングはタシットプログラミング (tacit programming) やポイントフリープログラミング (point-free programming) と呼ばれる．(point-free という用語は数学の 1 分野である位相幾何学における値を表す"点"から来ている．このスタイルはまた軽蔑的に pointless（無意味）とい

う名前でも知られている）．この種類のプログラミングにおいては，変数を明示的に参照することはない．そうではなく関数を高レベルで合成し，データの低レベルな流れには焦点をあてない．焦点となるのは"何をなすか"であり，"なされているのは何か"ではない．我々はパラメータではなく，関数のみを扱っているのであり，データを表現する名詞ではなく，何をするのかを表す動詞を用いるのである．このスタイルは Haskell では一般的であり，Forth や Factor のようなスタック志向のプログラミング言語において典型的である．これは R においては自然でもエレガントでもないスタイルとなってしまうが，試してみるのも悪くないだろう．

compose() は特に partial() と組み合わせて使うと便利である．partial() によって合成される関数に追加の引数を渡すことが可能になるからだ．このプログラミングスタイルには1つ利点がある．それは関数名の傍に引数を留めておけることだ．構想するコードのサイズが大きくなるにつれて全体の挙動を理解することが難しくなるので，実は大切なポイントとなる．

以下に本章の最初の節で紹介した例を再びとりあげ，上で示した2つの関数合成のスタイルで書き改めた．関数の合成を用いたコードはオリジナルのコードよりも長くはなるが，その関数と引数が傍にあるため，むしろ理解はしやすい．なお関数は右から左（下から上）にたどって読む必要がある．つまり一番初めに呼び出される関数（以下の例では download_file）が，どちらのスタイルにおいても処理の一番最後に書かれている．逆の方向でコードが読めるように compose() を定義することもできるが，他のパートと異なる読み方をする必要が生じるため，これは混乱をもたらしそうである．

```
download <- dot_every(10, memoise(delay_by(1, download_file)))

download <- pryr::compose(
  partial(dot_every, 10),
  memoise,
  partial(delay_by, 1),
  download_file
)

download <- partial(dot_every, 10) %o%
  memoise %o%
```

```
partial(delay_by, 1) %o%
download_file
```

## 12.4.2 論理型叙述関数とブール代数

論理型叙述関数とともに用いられる`Filter()`などの汎関数を使う際，複数の条件を結合させるのに，筆者はついつい無名関数に頼る傾向がある．

```
Filter(function(x) is.character(x) || is.factor(x), iris)
```

その代わりに，論理型叙述関数を結合する関数演算子を定義してもよいはずだ．

```
and <- function(f1, f2) {
  force(f1); force(f2)
  function(...) {
    f1(...) && f2(...)
  }
}

or <- function(f1, f2) {
  force(f1); force(f2)
  function(...) {
    f1(...) || f2(...)
  }
}

not <- function(f) {
  force(f)
  function(...) {
    !f(...)
  }
}
```

この結果，以下のようなコードを書ける．

```
Filter(or(is.character, is.factor), iris)
Filter(not(is.numeric), iris)
```

こうして，関数の結果（bool型）ではなく，関数そのものに対するブール

代数を定義できる[5]．

## 12.4.3 エクササイズ

1. compose() を Reduce と %o% を用いて自分で実装せよ．ボーナスポイントとして，これを function の呼び出しをすることなし（無名関数なし）に実装せよ．
2. and() と or() を拡張して，引数として渡される関数をいくつでも処理できるようにせよ．Reduce() を用いて実装することができるか？ また，それらに遅延評価が適用されているだろうか？（例えば and() では，すべての関数を評価してから結果を返すのではなく，最初に FALSE が出てきた時点で関数の評価を終了して，即座に FALSE を返却する.)
3. 中置演算子 xor() を実装せよ．まず R に用意されている xor() を用いてみよ．次に and() と or() を合成して実装せよ．それぞれのアプローチのメリットとデメリットは何だろうか？ 既存の xor() との名前の衝突を避けるには，どのような関数名にすべきか．また，その関数名と and()，not()，or() との整合性を保つには，これらの名称をどのように変更すべきか考えよ．
4. 上記においては，論理値を返却する関数に対するブール代数を実装した．数値ベクトルを返却する関数に対する基本的な演算 (plus()，minus()，multiply()，divide()，exponentiate()，log()) を実装せよ．

---

[5] 訳注：or や not など，通常 TRUE や FALSE に使用する演算を直接関数に適用できるという意味．

# 第 III 部

# 言語オブジェクトに対する計算

# 13

# 非標準評価

「文法の柔軟性は，もしそれが曖昧さをもたらさないとするならば，インタラクティブなプログラミング言語にそれを求めることは，理に適ったもののように思われる．」
— Kent Pitman

Rは，値だけではなく，その値自身を導く操作に対して演算を行うための強力なツールを持っている．もし読者がその他のプログラミング言語の経験があるのならば，これはRにおいて最も驚くべき特徴の1つだろう．次のsinカーブを描く単純なコードについて考えよう．

```
x <- seq(0, 2 * pi, length = 100)
sinx <- sin(x)
plot(x, sinx, type = "l")
```

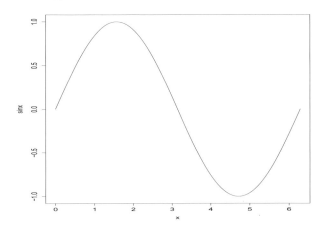

結果の軸のラベルを見てみよう．Rはどのように，x軸の変数がx，y軸上の変数がsin(x)と命名されていると知ったのだろう？ 大半のプログラミン

グ言語において，我々は関数の引数の値にのみアクセスすることができる．一方，Rにおいては，我々は引数を計算するために使用されたコード自身に対してもまたアクセスすることができるのだ！これはコードを非標準的な方法で評価することを可能にする．**非標準評価** (non-standard evaluation)，または手短にNSEとして知られている手法を用いるのだ．NSEは，劇的にタイピング数を減らすので，インタラクティブにデータ解析を行う際に，有用である．

**本章の概要：**

- 13.1節「表現式の捕捉」では，substitute()を用いて，未評価な式を取得するための方法について示す．
- 13.2節「subset()における非標準評価」では，データフレームから簡潔に行を抽出するために，substitute()とeval()を結び付け，subset()を動作させる方法を示す．
- 13.3節「変数のスコープに関する問題」では，NSE特有の変数のスコープの問題について議論し，その解決策についても示す．
- 13.4節「別の関数からの呼び出し」では，なぜNSEを使うすべての関数が，その関数からエスケープするためのハッチ（出口）と，非標準評価ではない通常の評価を用いる版の関数を持つべきなのかを示す．
- 13.5節「substitute()」では，エスケープするためのハッチを持たない関数に対して，substitute()を連携させる方法を示す．
- 13.6節「非標準評価」では，NSEの問題点について議論し，本章を締めくくる．

**本章を読むための準備：**

本章を読む前に，読者はすでに（環境）と（静的スコープ）について習熟しているものとする．読者はまた，Rコンソール上にてinstall.packages("pryr")と入力し，**pryr**パッケージをあらかじめインストールする必要がある．いくつかの練習問題においては**plyr**パッケージが必要であり，読

者は install.packages("plyr") と R コンソールにおいて入力することで，CRAN から当該パッケージをインストールすることができる．

## 13.1 表現式の捕捉

substitute() を使うことで非標準評価が可能となる．substitute() は関数の引数を参照するが，引数の値ではなく引数を利用するコードにアクセスする．

```
f <- function(x) {
  substitute(x)
}
f(1:10)
#> 1:10

x <- 10
f(x)
#> x

y <- 13
f(x + y^2)
#> x + y^2
```

この段階では substitute() が何を返却するのか正確に把握する必要はない（それは次の表現式のトピックである）．さしあたり返り値を表現式 (expression) と呼ぼう．

substitute() は，関数の引数がプロミス (promise) と呼ばれる特別なタイプのオブジェクトで表現されることを利用している．プロミスは，値が計算するのに必要な表現式と，同じく計算が行われる環境を捕捉する．一般には，プロミスの存在は自覚されていない．プロミスにアクセスするときはすでにコードが評価され，その結果が得られているからだ．

substitute() はしばしば deparse() とペアで使われる．この関数は substitute() の出力である表現式を引数としてとり，文字列のベクトルに変換する．

```
g <- function(x) deparse(substitute(x))
g(1:10)
```

```
#> [1] "1:10"

g(x)
#> [1] "x"

g(x + y^2)
#> [1] "x + y^2"
```

基本パッケージの関数の多くがこの仕組みを利用している．例えばクオート（""）を避けるために使うことができる．

```
library(ggplot2)
# 下記に同じ
library("ggplot2")
```

他にも plot.default() で，デフォルトのラベルを生成するために利用している．あるいは data.frame() では，データフレームを生成する際に使用した表現式をそのまま列名のラベルにすることができる．

```
x <- 1:4
y <- letters[1:4]
names(data.frame(x, y))
#> [1] "x" "y"
```

これらの根幹にある考え方を，以下では特に NSE が有効に使われている subset() を例に検討していく．

### 13.1.1 エクササイズ

1. deparse() には知っておくとプログラミングで役に立つ重要な特徴がある．入力が長すぎる場合，複数の文字列として返す機能である．例えば，次の関数呼び出しは要素数が 2 のベクトルを生成する．なぜこうなるかは，注意深くマニュアルを読めば理解できるだろう．deparse() のラッパ関数を定義して，単独の文字列を返すように実装し直してみよ．

    ```
    g(a + b + c + d + e + f + g + h + i + j + k + l + m +
      n + o + p + q + r + s + t + u + v + w + x + y + z)
    ```

2. なぜ as.Date.default() は substitute() と deparse() を使用しているの

だろうか？ なぜpairwise.t.test()もまたそれを利用しているのだろうか．ソースコードを読んでみよ．
3. pairwise.t.test()は常にdeparse()が長さ1の文字列ベクトルを返却すると仮定している．この仮定に違反する入力を構築できるだろうか？その場合，何が起こるだろうか？
4. 上記で定義したf()は単にsubstitute()を呼び出しているだけである．g()を定義するのにf()を使うことはできないだろうか？ 言い換えれば，次のコードは何を返すだろうか？ まずは予想を立て，その上でコードを実行し，結果を吟味せよ．

```
f <- function(x) substitute(x)
g <- function(x) deparse(f(x))
g(1:10)
g(x)
g(x + y ^ 2 / z + exp(a * sin(b)))
```

## 13.2 subset()における非標準評価

前節で行ったように，引数として与えられたコードを出力することは便利であるが，未評価のコードは別の目的にも利用できる．subset()では，インタラクティブな操作でデータフレームの一部を抽出するためのショートカットとして使われている．データフレーム名を何度も繰り返す必要がなくなるので，タイピング量を減らせるのだ．

```
sample_df <- data.frame(a = 1:5, b = 5:1, c = c(5, 3, 1, 4, 1))

subset(sample_df, a >= 4)
#>   a b c
#> 4 4 2 4
#> 5 5 1 1

# これは以下と等価
# sample_df[sample_df$a >= 4, ]

subset(sample_df, b == c)
#>   a b c
```

```
#> 1 1 5 5
#> 5 5 1 1

# これは以下と等価
# sample_df[sample_df$b == sample_df$c, ]
```

　subset() の特殊性は，通常と異なるスコーピング規則を実装している点にある．例えば，a >= 4 や b == c といった表現式は，実行環境やグローバル環境ではなく，指定されたデータフレームの環境で評価される．これは非標準評価の真髄ともいえる．

　subset() はどのように動作しているのだろうか？ 引数として渡された表現式の評価結果ではなく，式そのものを捕捉する方法についてはわかっている．よって表現式をコンテキストにそって評価する方法を調べればいいだろう．このコンテキストでは x が globalenv()$x ではなく sample_df$x と解釈されなければならない．これを実現するのが eval() である．この関数は表現式を引数にとり，特別な環境内で評価する．

　eval() について詳細に検討するには，より役に立つ quote() の挙動を知っておく必要がある．quote() も substitute() 同様，未評価の表現式を捕捉するが，これに何の変更も加えない[1]．そのため substitute() の実行結果のようにユーザを困惑させることがない．quote() は常に入力をそのまま返す．

```
quote(1:10)
#> 1:10

quote(x)
#> x

quote(x + y^2)
#> x + y^2
```

　eval() は第 1 引数が表現式なので，実験してみるには quote() が必要となる．eval() に引数を 1 つだけ渡した場合，実行時の環境で評価される．そのため x が何であれ，eval(quote(x)) の実行結果は x とまったく同じになる．

```
eval(quote(x <- 1))
```

---

[1] 訳注：substitute() は関数内部での使用において，quote() とは異なり表現式に対して変更を加える．詳細は 13.5 節「substitute()」を参照されたい

## 13.2 subset()における非標準評価　287

```
eval(quote(x))
#> [1] 1

eval(quote(y))
#> Error in eval(expr, envir, enclos) : object 'y' not found
```

　quote() と eval() は対となっている．以下の例で，eval() がそれぞれ quote() を1枚だけ剝ぐ様子がわかるだろう．

```
quote(2 + 2)
#> 2 + 2

eval(quote(2 + 2))
#> [1] 4

quote(quote(2 + 2))
#> quote(2 + 2)

eval(quote(quote(2 + 2)))
#> 2 + 2

eval(eval(quote(quote(2 + 2))))
#> [1] 4
```

　eval() の第2引数にはコードが実行される環境を指定できる．

```
x <- 10
eval(quote(x))
#> [1] 10

e <- new.env()
e$x <- 20
eval(quote(x), e)
#> [1] 20
```

　リストやデータフレームは，環境と同じように，名前に値を束縛する作用があるので，eval() の第2引数は必ずしも環境である必要はなく，リストやデータフレームでもよい．

```
eval(quote(x), list(x = 30))
#> [1] 30

eval(quote(x), data.frame(x = 40))
```

```
#> [1] 40
```

これにより，subset() の処理を部分的に実現できる．

```
eval(quote(a >= 4), sample_df)
#> [1] FALSE FALSE FALSE  TRUE  TRUE

eval(quote(b == c), sample_df)
#> [1]  TRUE FALSE FALSE FALSE  TRUE
```

eval() を用いる際によくある間違いは，第1引数を quote し忘れることである．以下の結果を比較してみよう．

```
a <- 10
eval(quote(a), sample_df)
#> [1] 1 2 3 4 5

eval(a, sample_df)
#> [1] 10

eval(quote(b), sample_df)
#> [1] 5 4 3 2 1

eval(b, sample_df)
#> Error in eval(b, sample_df) : object 'b' not found
```

eval() と substitute() を組み合せると subset() を作成できる．最初に抽出条件の表現式を捕捉し，これをデータフレームを環境として評価する．この結果が部分抽出に利用できる．

```
subset2 <- function(x, condition) {
  condition_call <- substitute(condition)
  r <- eval(condition_call, x)
  x[r, ]
}
subset2(sample_df, a >= 4)
#>   a b c
#> 4 4 2 4
#> 5 5 1 1
```

## 13.2.1 エクササイズ

1. 次のコードの結果を予想せよ.

    ```
    eval(quote(eval(quote(eval(quote(2 + 2))))))
    eval(eval(quote(eval(quote(eval(quote(2 + 2))))))) 
    quote(eval(quote(eval(quote(eval(quote(2 + 2)))))))
    ```

2. subset2() を1列だけのデータフレームに適用するとバグを生じる. 次のコードはどのような結果を返すだろうか？ 正しい型のオブジェクトを返すよう subset2() を修正できるか？

    ```
    sample_df2 <- data.frame(x = 1:10)
    subset2(sample_df2, x > 8)
    #> [1]  9 10
    ```

3. Rに組み込まれている subset() (subset.data.frame()) は，条件判定で欠損値を除去する. 同じく NA を削除するよう subset2() を修正せよ.

4. subset() では選択する変数を引数で指定できる. この場合, 変数名は位置の指定として扱われる. たとえば, subset(mtcars, , -cyl) を実行すると, cyl 変数を出力から削除できる. あるいは subset(mtcars, , disp:drat) とすると, disp から drat までの間に並んだ変数をすべて選択できる. これはどのように動作しているのだろうか？ 理解を助けるため, 以下に該当部分だけ抽出し, 独立した関数とした.

    ```
    select <- function(df, vars) {
      vars <- substitute(vars)
      var_pos <- setNames(as.list(seq_along(df)), names(df))
      pos <- eval(vars, var_pos)
      df[, pos, drop = FALSE]
    }
    select(mtcars, -cyl)
    ```

5. evalq() は何をする関数か？ eval() と quote() を使った上述の例は evalq() を使うことでタイプ数を減らすことができることを試してみよ.

## 13.3 変数のスコープに関する問題

　subset2() は正しく動作しているように見える．だが値そのものではなく，表現式を操作しているので，より幅広く検証する必要がある．例えば，次に示す実行例では変数名が違うだけなのだから，同じ結果が返されるべきだろう．

```
y <- 4
x <- 4
condition <- 4
condition_call <- 4

subset2(sample_df, a == 4)
#>   a b c
#> 4 4 2 4

subset2(sample_df, a == y)
#>   a b c
#> 4 4 2 4

subset2(sample_df, a == x)
#>      a b c
#> 1    1 5 5
#> 2    2 4 3
#> 3    3 3 1
#> 4    4 2 4
#> 5    5 1 1
#> NA   NA NA NA
#> NA.1 NA NA NA

subset2(sample_df, a == condition)
#> [1] a b c
#> <0 行> (または長さ 0 の row.names)

subset2(sample_df, a == condition_call)
#>[1] a b c
#> <0 行> (または長さ 0 の row.names)
#>Warning message:
#> In a == condition_call :
#>   longer object length is not a multiple of shorter object length
```

## 13.3 変数のスコープに関する問題

何が間違っているのだろうか？ここで設定した変数名に注意してみよう．これらは subset2() 内部で定義された変数名と同じなのだ．eval() は，第2引数として指定されたデータフレーム内に第1引数で指定された変数を見つけられない場合，subset2() の環境を調べる．これは明らかに期待とは異なる振る舞いだ．したがってデータフレーム内に変数が見つからない場合に eval() が探索すべき場所を指定しなければならない．

鍵となるのは eval() の第3引数 enclos である．これにより，環境のない（リストやデータフレームなどの）オブジェクトの親（ないしクロージング）環境を指定できる．指定している環境に変数が見つからない場合，eval は enclos を調べ，さらに enclos の親環境を辿っていく．enclos は，もし envir が実際の環境の場合には無視される．ここでは変数 x を，subset2() が呼び出された環境（呼び出し元）で探したいのであった．R の用語では，この環境は親フレームと呼ばれ，parent.frame() でアクセスできる．これは動的スコープの例に他ならない．動的スコープでは，値は，それが定義された環境ではなく，関数が呼び出された場所（環境）から引き出される．

```
subset2 <- function(x, condition) {
  condition_call <- substitute(condition)
  r <- eval(condition_call, x, parent.frame())
  x[r, ]
}

x <- 4
subset2(sample_df, a == x)
#>   a b c
#> 4 4 2 4
```

enclos は，いわばリストやデータフレームを環境へと変換するショートカットである．これは list2env() でも実現できる．この場合，親環境を明示的に指定してリストを環境へ変えることになる．：

```
subset2a <- function(x, condition) {
  condition_call <- substitute(condition)
  env <- list2env(x, parent = parent.frame())
  r <- eval(condition_call, env)
  x[r, ]
```

```
}
x <- 5
subset2a(sample_df, a == x)
#>   a b c
#> 5 5 1 1
```

### 13.3.1 エクササイズ

1. `plyr::arrange()` は `subset()` と似ているが，`subset()` が行を選択するのに対して，こちらはデータを並び変える．これはどのように動いているだろうか？ また，`substitute(order(...))` はどのように動くだろうか？ 関数を用意して実験してみなさい．
2. `transform()` は何をする関数だろうか？ ドキュメントを読め．これはどのように動作しているだろうか？ `transform.data.frame()` のソースコードを読め．`substitute(list(...))` はどのような処理をするか答えよ．
3. `plyr::mutate()` は `transform()` と似た関数であるが，処理を順番に行うので，直前に変換された列を参照できる．

    ```
    df <- data.frame(x = 1:5)
    transform(df, x2 = x * x, x3 = x2 * x)
    plyr::mutate(df, x2 = x * x, x3 = x2 * x)
    ```

    `mutate` はどのように動作しているのだろうか？ `mutate()` と `transform()` の主な違いは何か？
4. `with()` は何をするのか？ これはどのように動作するだろうか？ `with.default()` のソースコードを読め．`within()` は何をするのか？ これはどのように動作するだろうか？ `within.data.frame()` のソースコードを読め．`with()` に比べて，コードがずっと複雑なのはなぜだろうか？

## 13.4 別の関数からの呼び出し

言語オブジェクトの操作は，ユーザが直接関数を呼び出す場合には便利だが，他の関数から呼び出す場合には使いにくい．`subset()` はタイプ量を減ら

## 13.4 別の関数からの呼び出し

す効果はあるものの，非インタラクティブに使うのは難しい．例えば，データの行の一部をランダムに入れ替える関数を作成した場合を考えよう．これを行う良いやり方は，行を選択する関数と行を並び変える関数を合成する方法である．実際に書いてみよう．

```
subset2 <- function(x, condition) {
  condition_call <- substitute(condition)
  r <- eval(condition_call, x, parent.frame())
  x[r, ]
}

scramble <- function(x) x[sample(nrow(x)), ]

subscramble <- function(x, condition) {
  scramble(subset2(x, condition))
}
```

しかし，これは期待通りには動作しない．

```
subscramble(sample_df, a >= 4)
#> Error in eval(expr, envir, enclos) : object 'a' not found

traceback()
#> 5: eval(expr, envir, enclos)
#> 4: eval(condition_call, x, parent.frame()) at #3
#> 3: subset2(x, condition) at #1
#> 2: scramble(subset2(x, condition)) at #2
#> 1: subscramble(sample_df, a >= 4)
```

何が間違っているのだろうか？ これを理解するために，subset2() をdebug() し，一行一行コードを追いかけていこう．

```
debugonce(subset2)
subscramble(sample_df, a >= 4)
#> debugging in: subset2(x, condition)
#> debug at #1: {
#>     condition_call <- substitute(condition)
#>     r <- eval(condition_call, x, parent.frame())
#>     x[r, ]
#> }
```

第13章 非標準評価

```
n
#> debug at #2: condition_call <- substitute(condition)
n
#> debug at #3: r <- eval(condition_call, x, parent.frame())
r <- eval(condition_call, x, parent.frame())
#> Error in eval(expr, envir, enclos) : object 'a' not found
condition_call
#> condition
eval(condition_call, x)
#> Error in eval(expr, envir, enclos) : object 'a' not found
Q
```

　何がネックであるか理解できただろうか？ condition_callにはcondition という表現式がある．したがって，condition_callを評価すると，必然的にconditionをも評価することになるが，これはa >= 4の評価を必要とする．しかし，親の環境にaオブジェクトが存在しないため，これは計算できない．かといってaがグローバル環境に設定されていれば，問題はもっと複雑になる．

```
a <- 4
subscramble(sample_df, a == 4)
#>    a b c
#> 4  4 2 4
#> 5  5 1 1
#> 1  1 5 5
#> 3  3 3 1
#> 2  2 4 3

a <- c(1, 1, 4, 4, 4, 4)
subscramble(sample_df, a >= 4)
#>      a  b  c
#> NA  NA NA NA
#> 5    5  1  1
#> 4    4  2  4
#> 3    3  3  1
```

## 13.4 別の関数からの呼び出し

これは，インタラクティブな利用を想定した関数と，安全性が優先された関数との間でしばしば生じる葛藤の1つである．substitute() を使う関数ではタイピング量が減るが，他の関数から呼び出すのは困難かもしれない．

開発者は常に"エスケープハッチ"（NSE ではなく，通常評価を用いた版の関数）を関数に用意しておくべきだ．今回のケースではクオート済み（表現式に変換済み）引数をとる subset2() を作成できるだろう．

```
subset2_q <- function(x, condition) {
  r <- eval(condition, x, parent.frame())
  x[r, ]
}
```

この関数がクオート済みの表現式をとることを明示するため，関数名に _q というサフィックスを加えている[2]．このような使い方は稀であろうから，多少名前が長くなっても許されるだろう．

これで subset2() と subscramble() の両方を subset2_q() を使って書き直すことができる．

```
subset2 <- function(x, condition) {
  subset2_q(x, substitute(condition))
}

subscramble <- function(x, condition) {
  condition <- substitute(condition)
  scramble(subset2_q(x, condition))
}

subscramble(sample_df, a >= 3)
#>   a b c
#> 3 3 3 1
#> 4 4 2 4
#> 5 5 1 1
```

R では，これとは異なる方法でエスケープしようとする傾向が見られ，NSE を無効にするための引数が用意されていることが多い．例えば require() に

---

[2] 訳注：この思想は著者 Hadley が現在開発・保守している **dplyr** パッケージにも受けつがれている．**dplyr** パッケージは関数名の最後にアンダースコア（"_"）をつけてクオート済みの表現式をとる関数であることを明示している．

は character.only = TRUE という引数がある．筆者には，ある引数の挙動を別の引数で制御するのが良いアイデアだとは思えない．関数の呼び出しがより複雑でわかりにくくなるからだ．

### 13.4.1 エクササイズ

1. 次の関数はすべて NSE を利用している．それぞれの関数で，どのように NSE が利用されているか説明せよ．またエスケープハッチが用意されているかドキュメントで確認せよ．
   - `rm()`
   - `library()` と `require()`
   - `substitute()`
   - `data()`
   - `data.frame()`
2. R の `match.fun()`，`page()`，`ls()` は，標準評価と非標準評価を自動的に判断して適切に実行する．これらの関数はそれぞれ異なる方法で判別を行っているが，それぞれを比較し検討して，処理の中核部分を確認せよ．
3. `plyr::mutate()` を 2 つの関数に分解することでエスケープハッチを加えよ．ここで関数の 1 つは，未評価の入力を捕捉する．もう 1 つの関数はデータフレームと式のリストを引数にとって計算を実行する．
4. `ggplot2::aes()` のエスケープハッチは何か？ `plyr::()` ではどうか？これらの共通点は何か？ また，それぞれで異なる箇所の利点と欠点は何か？
5. 本節で筆者が提案した `subset2_q()` は実際のコードを簡略化している．次に示す改良版の利点は何だろうか？

```
subset2_q <- function(x, cond, env = parent.frame()) {
  r <- eval(cond, x, env)
  x[r, ]
}
```

改良された `subset2_q` を使って `subset2()` と `subscramble()` を書き直せ．

## 13.5 substitute()

非標準評価を使う関数の大半はエスケープハッチを用意している．エスケープハッチのない関数を呼ぼうとする場合，何が起こるだろうか？ 例えば，2つの変数をその名前で指定してlatticeグラフィックスを作成する場合を想定してみよう．

```
library(lattice)
xyplot(mpg ~ disp, data = mtcars)

x <- quote(mpg)
y <- quote(disp)
xyplot(x ~ y, data = mtcars)
#> Error in tmp[subset] : object of type 'symbol' is not subsettable
```

ここでsubstitute()を別の目的で利用することを考えてみよう．つまり表現式の修正に使うのだ．残念ながら，substitute()で呼び出しオブジェクトを通常の実行環境で修正するのは面倒である．グローバル環境から呼び出すと置換がなされないのだ．この場合の動作はquote()と変わらない．

```
a <- 1
b <- 2
substitute(a + b + z)
#> a + b + z
```

ところが関数の内部で実行すると必要な部分だけ適切に置換がなされるのだ．

```
f <- function() {
  a <- 1
  b <- 2
  substitute(a + b + z)
}
f()
#> 1 + 2 + z
```

substitute()の挙動を確認するための関数subs()が **pryr** には実装されている．関数名は短縮されているが，動作はsubstitute()と変わらない．

ただしsubs()はグローバル環境でも置換を行う．そのため，試行錯誤を簡単に行うことができるだろう．

```
a <- 1
b <- 2
subs(a + b + z)
#> 1 + 2 + z
```

subs()とsubstitute()はそれぞれ第2引数で環境を指定できる．デフォルトでは現在の実行環境となるが，名前と値をペアにしたリストで代替できる．次の例はこの方法で文字，変数名，関数呼び出しを置き換えている．

```
subs(a + b, list(a = "y"))
#> "y" + b

subs(a + b, list(a = quote(y)))
#> y + b

subs(a + b, list(a = quote(y())))
#> y() + b
```

Rではすべての処理が関数呼び出しであることを思い出していただきたい．したがって+という関数を別の関数に置き換えることすらできる．

```
subs(a + b, list("+" = quote(f)))
#> f(a, b)

subs(a + b, list("+" = quote(`*`)))
#> a * b

subs(y <- y + 1, list(y = 1))
#> 1 <- 1 + 1
```

形式的には，置換は表現式のすべての名前を精査した上で以下の3つのパターンで実行される．

1. 通常の変数ならば，その値に置き換えられる
2. プロミス（関数引数）ならば，紐付けされた表現式に置き換えられる
3. ...ならば，...の中身に置き換えられる

これ以外の場合は置き換えは行われない．

この仕組みを利用することで，xyplot() を適切に呼び出すのが可能になる．

```
x <- quote(mpg)
y <- quote(disp)
subs(xyplot(x ~ y, data = mtcars))
#> xyplot(mpg ~ disp, data = mtcars)
```

関数内部であればもっと簡単になる．x と y を明示的にクオートする必要がないからだ（上述のルール2）．

```
xyplot2 <- function(x, y, data = data) {
  substitute(xyplot(x ~ y, data = data))
}
xyplot2(mpg, disp, data = mtcars)
#> xyplot(mpg ~ disp, data = mtcars)
```

substitute に... を加えるならば，その呼び出し (xyplot3) に引数を追加できる．

```
xyplot3 <- function(x, y, ...) {
  substitute(xyplot(x ~ y, ...))
}
xyplot3(mpg, disp, data = mtcars, col = "red", aspect = "xy")
#> xyplot(mpg ~ disp, data = mtcars, col = "red", aspect = "xy")
```

実際に描画するにはこの呼び出しに eval() を適用すればよい．

### 13.5.1 substitute() へのエスケープハッチの追加

substitute() は非標準評価を使っており，エスケープハッチは用意されていない．このため，表現式が変数として保存されている場合には substitute() を使えないことになる．

```
x <- quote(a + b)
substitute(x, list(a = 1, b = 2))
#> x
```

substitute() 自身にエスケープハッチはないが，substitute を使えばこの機能を追加できる．

```
substitute_q <- function(x, env) {
  call <- substitute(substitute(y, env), list(y = x))
  eval(call)
}

x <- quote(a + b)
substitute_q(x, list(a = 1, b = 2))
#> 1 + 2
```

このsubstitute_qの実装は短いが,内容は濃い.先に示した例をsubstitute_q(x, list(a = 1, b = 2))で再び実行してみよう.これはトリッキーに見えるだろう.substitute()がNSEを使っているため,カッコを操作する通常の技法は使えないのだ.

1. はじめにsubstitute(substitute(y, env), list(y = x))が評価される.substitute(y, env)という表現式が捕捉されるとyはxの値に置き換えられる.xはリストの内部に置かれているので評価され,置換の規則通りにこの値でyが置き換えられる.これによりsubstitute(a + b, env)という表現式が得られる.
2. 次に,現在の関数内部の表現式が評価される.substitute()は第1引数を評価し,その名前と値のペアをenv環境に求める.ここではenvはlist(a = 1, b = 2)である.どちらもプロミスではなく値なので,結果として1 + 2となる.

### 13.5.2 未評価の三連ドット(...)の捕捉

また...で指定された未評価な表現式をすべて捕捉すると役に立つ.基本パッケージでは多くの方法でこれを実現しているが,中でも適用範囲の広い方法を1つ紹介しよう.

```
dots <- function(...) {
  eval(substitute(alist(...)))
}
```

この方法は引数をすべて捕捉するalist()を使っているだけだ.これはpryr::dots()と同じである.pryrパッケージにはまたpryr::named_dots()

が実装されているが，これは文字列へと変換された表現式をデフォルトの名前とみなすことで，すべての引数を名前指定できるようにする（data.frame()で列にはすべて名前が与えられるのと同様である）．

### 13.5.3 エクササイズ

1. subs() を使って，それぞれのペアで左側にある表現式を右側の表現式に変換せよ．
   - a + b + c -> a * b * c
   - f(g(a, b), c) -> (a + b) * c
   - f(a < b, c, d) -> if (a < b) c else d
2. 次の表現式のペアで左側の表現式を右側の表現式へと変換できない理由を述べよ．
   - a + b + c -> a + b * c
   - f(a, b) -> f(a, b, c)
   - f(a, b, c) -> f(a, b)
3. pryr::named_dots() はどのように動作しているのだろうか？ ソースコードで確認せよ．

## 13.6 非標準評価の欠点

　NSEの最大の欠点は，関数が参照透過ではなくなることだろう．関数が**参照透過**であるとは，引数となる変数をその具体的な値で変えてしまっても実行結果が変わらない場合をいう．例えば，ある関数f()が参照透過であり，かつ引数xとyの値が10であるならば，f(x)，f(y)，f(10)はいずれも同じ結果を返す．参照透過なコードは，オブジェクトの名前に依存せず，常にカッコの内部から外へと評価を続けることができるので，理解しやすいコードとなる．

　その性質からして参照透過ではない重要な関数も多数存在する．付値演算子を例にとろう．a <- 1というコードでaをその値である1と置き換えても同じ結果にはならない．このため，付値の処理は関数の冒頭に挿入されるの

である．以下のコードは理解しにくいだろう．

```
a <- 1
b <- 2
if ((b <- a + 1) > (a <- b - 1)) {
  b <- b + 2
}
```

　NSEを利用すると，関数は参照透過でなくなる．このため，関数の出力を正確に予測しようとするのにプログラマはひどく頭を悩ますことになる．したがって，NSEによる効果が大きいと判断できる場合だけ利用するべきだ．例えば，library()とrequire()ではパッケージ名にクオートを加えても加えなくても実行できる．これは内部でdeparse(substitute(x))というコードが少しのトリックを加えて実行されているからである．このため以下の2行はまったく同じ結果となる．

```
library(ggplot2)
library("ggplot2")
```

　ところがパッケージを表わす変数が特定の値と紐付けられていると問題が生じる．以下のコードでロードされるパッケージは何だろうか？

```
ggplot2 <- "plyr"
library(ggplot2)
```

　同じことは，ls()，rm()，data()，demo()，example()，vignette()のような関数についても当てはまる．""というたった2ストロークのタイピングを節約するために，参照透過性を壊すことは，筆者には意味があるとは思えない．失わせるに値しないし，読者にこの目的でNSEを使うことを勧めもしない．この程度の処理のためにNSEを利用することを筆者は推奨しない．

　非標準評価を利用することが実際に役立っているのがdata.frame()だ．この関数では，出力の名前が明示的に指定されなかった場合，入力変数名から自動的に補われる．

```
x <- 10
y <- "a"
df <- data.frame(x, y)
names(df)
```

```
#> [1] "x" "y"
```

　この例が有用であるのは間違いない．既存の変数からデータフレームを作成する場合に，わざわざ列名を指定するという冗長なコードを書く手間を省いてくれるからである．それに，必要があれば，変数名を明示的に指定することもできる．

　非標準評価を利用すると強力な関数を書き上げることができる．しかし，コードを書くのは難しくなり，理解もしにくい．NSE を利用する場合は，その利点と欠点を見極め，エスケープハッチを用意することも忘れてはならない．

### 13.6.1　エクササイズ

1. 次の関数はどのような処理をするのか？ エスケープハッチは何だろうか？ これは NSE を適切に利用しているだろうか？

    ```
    nl <- function(...) {
      dots <- named_dots(...)
      lapply(dots, eval, parent.frame())
    }
    ```

2. ~で生成されたモデル式は，プロミスに頼らずとも，表現式とその環境を明示的に捕捉することができる．クオートを使う利点と欠点は何だろうか．この場合，参照透過性にはどのような影響があるだろうか？
3. 標準・非標準評価のルールに関する以下のドキュメントを読め．
    http://developer.r-project.org/nonstandard-eval.pdf.

# 14

# 表現式

　第13章「非標準評価」では，Rの計算の背後にある表現式へのアクセスと評価の基礎について学んだ．本章では，コードを用いてこれらの表現式の操作方法について学ぶ．メタプログラム，すなわち，別のプログラムによってプログラムを生成する方法について学ぶ．

**本章の概要：**

- 14.1節「表現式の構造」では，表現式 (expression) の構造について深く学ぶことから始める．表現式の4つの要素である定数 (constant)，名前 (name)，呼び出し (call)，ペアリスト (pairlist) について学ぶ．

- 14.2節「名前」では，名前の詳細について説明する．

- 14.3節「呼び出し」では，呼び出しの詳細について説明する．

- 14.4節「現在の呼び出しの捕捉」では，少し遠回りをして，Rにおける呼び出しの一般的な用法について議論する．

- 14.5節「ペアリスト」では，表現式の4つの要素に関する議論を完了させ，これら4つの要素から関数を生成する方法について示す．

- 14.6節「パーシングとデパーシング」では，表現式とテキストの間での変換方法について議論する．

- 14.7節「再帰関数を用いた抽象構文木の巡回」では，本章で習得した事項を組み合わせ，任意のRのコードに対して計算および修正が可能な関数を作成する．

## 第14章 表現式

本章を読むための準備：

本章を通じて，pryr パッケージが提供するツールを用いて動作の確認をおこなう．まだインストールしていないなら，install.packages("pryr") を実行してインストールせよ．

### 14.1 表現式の構造

言語オブジェクト[1]を処理するには，まず言語構造を理解しておく必要がある．そこで R のコードに関して新たな語彙やツール，そして考え方を学ぶが，最初に処理と結果の違いを理解しておこう．

```
x <- 4
y <- x * 10
y
#> [1] 40
```

このコードで x に 10 を掛け合わせて y に付値する処理と，実際の結果 (40) を区別したい．前章で見たように，quote() を用いることで処理内容を捕捉できる．

```
z <- quote(y <- x * 10)
z
#> y <- x * 10
```

quote() は，**表現式** (expression) を返す．表現式とは，R によって実行できる処理を表すオブジェクトである．（残念ながら，その意味では expression() は表現式を返さない．その代わりに，表現式のリストのようなものを返す．詳細については，14.6 節「パーシングとデパーシング」を見よ．）

表現式はコードの階層的な木構造を表現しているため，**抽象構文木** (abstract syntax tree, AST) とも呼ばれる．pryr::ast() を使って確認してみよう．

---

[1] 訳注：R では，あらゆる言語要素をオブジェクトとして扱うことができる．R の言語オブジェクトには，表現式オブジェクト (expression)，呼び出しオブジェクト (call)，名前オブジェクト (name または symbol) の3つがある．

```
ast(y <- x * 10)
#> \- ()
#>    \- `<-
#>    \- `y
#>    \- ()
#>       \- `*
#>       \- `x
#>       \- 10
```

表現式には，4つの要素がある．定数 (constant)，名前 (name)，呼び出し (call)，そして，ペアリスト (pairlist) である．

- 定数 (constant) は，"a" や 10 のように，長さが 1 のアトミックベクトル (atomic vector) である．ast() は，アトミックベクトルをそのまま表示する．

    ```
    ast("a")
    #> \-  "a"
    ```

    ```
    ast(1)
    #> \-  1
    ```

    ```
    ast(1L)
    #> \-  1L
    ```

    ```
    ast(TRUE)
    #> \-  TRUE
    ```

    定数をクオートすると，変更せずに返す．

    ```
    identical(1, quote(1))
    #> [1] TRUE
    ```

    ```
    identical("test", quote("test"))
    #> [1] TRUE
    ```

- 名前 (name)，もしくはシンボル (symbol) は，オブジェクトの値ではなく名前を表す．ast() は，名前の前にバックティックを置いて表示する．

    ```
    ast(x)
    ```

```
#> \- `x
```

```
ast(mean)
#> \- `mean
```

```
ast(`見慣れない名前`)
#> \- `見慣れない名前
```

- 呼び出し (call) は，関数を呼び出す処理を表す．リストと同様に，呼び出しは再帰的である．ここには定数，名前，ペアリスト，他の呼び出しが含まれる．ast() はまず () を表示し，次に子の要素をリストアップする．最初の子は呼び出される関数であり，残りの子は関数の引数となる．

```
ast(f())
#> \- ()
#>    \- `f
```

```
ast(f(1, 2))
#> \- ()
#>    \- `f
#>    \- 1
#>    \- 2
```

```
ast(f(a, b))
#> \- ()
#>    \- `f
#>    \- `a
#>    \- `b
```

```
ast(f(g(), h(1, a)))
#> \- ()
#>    \- `f
#>    \- ()
#>       \- `g
#>    \- ()
#>       \- `h
#>       \- 1
#>       \- `a
```

6.3 節「すべての操作は関数呼び出しである」で説明したように，関数呼び出しのようには見えないコードでも，同様の階層構造をとっている．

```
ast(a + b)
#> \- ()
#>    \- `+
#>    \- `a
#>    \- `b

ast(if (x > 1) x else 1/x)
#> \- ()
#>    \- `if
#>    \- ()
#>       \- `>
#>       \- `x
#>       \- 1
#>    \- `x
#>    \- ()
#>       \- `/
#>       \- 1
#>       \- `x
```

- ペアリスト (pairlist) は，ドット付きのペアリストの略で，R の過去の遺産である．

```
ast(function(x = 1, y) x)
#> \- ()
#>    \- `function
#>    \- []
#>       \ x = 1
#>       \ y = `MISSING
#>    \- `x
#>    \- <srcref>

ast(function(x = 1, y = x * 2) {x / y})
#> \- ()
#>    \- `function
#>    \- []
#>       \- x = 1
#>       \- y = ()
```

```
#>         \- `*
#>         \- `x
#>         \- 2
#>   \- ()
#>     \- `{
#>     \- ()
#>       \- `/
#>         \- `x
#>         \- `y
#>   \- <srcref>
```

str() は，オブジェクトの情報を出力するが，上記の命名規約に従っていないので注意が必要である．名前はシンボル，呼び出しは言語オブジェクトとして表示される[2]．

```
str(quote(a))
#> symbol a
```

```
str(quote(a + b))
#> language a + b
```

低レベルの関数を使うと，定数，名前，呼び出し，そしてペアリスト以外のオブジェクトを含む呼び出し木 (call tree) を生成することもできる．次の例は，substitute() を用いて，データフレームを呼び出し木に挿入している．しかし，これはあまり良いアイデアではない．オブジェクトの情報が正確に表示されていないからだ．表示された呼び出しは「リスト」のように見えるが，評価されると「データフレーム」を返すのだ．

```
class_df <- substitute(class(df), list(df = data.frame(x = 10)))
class_df
#> class(list(x = 10))
```

```
eval(class_df)
#> [1] "data.frame"
```

以上の4つの要素によって R のすべてのコードは構造が定義されて

---

[2] 訳注：シンボルは "symbol"，言語オブジェクトは "language" と表記されている．

いる．次節でより詳細について説明する．

### 14.1.1 エクササイズ

1. ある要素が表現式を構成する部品として妥当（すなわち，定数，名前，呼び出し，ペアリスト）かどうかを確認する関数が基本パッケージには存在しない．各種 is() を参考に，定数や呼び出し，名前，そしてペアリストを確認する関数を実装せよ．
2. pryr::ast() は，非標準評価を用いている．標準評価を行うエスケープハッチを確認せよ．
3. 複数のelse条件をもつif文の呼び出し木は，どのような形をしているか．
4. ast(x + y %+% z) と ast(x ^ y %+% z) を比較せよ．ユーザが追加した中置演算子では優先順序が異なることに注意せよ．
5. 表現式に要素数が1を越えるアトミックベクトルを含めることができないのはなぜか．6個のアトミックベクトルのうち，表現式に現れることがないものはどれか．そして，それはなぜか．

## 14.2 名前

名前を捕捉するには，一般に quote() を使う．as.name() を用いて，文字列を名前に変換することも可能である．しかし，この変換が役に立つのは，関数が引数として文字列をとる場合だけだろう．それ以外では quote() を使った方がタイピング数が減るからだ．（なおオブジェクトが名前かどうかは is.name() で確かめる．）

```
as.name("名前")
#> 名前

identical(quote(名前), as.name("名前"))
#> [1] TRUE

is.name("名前")
#> [1] FALSE

is.name(quote(名前))
```

```
#> [1] TRUE

is.name(quote(f(名前)))
#> [1] FALSE
```

（名前はシンボルとも呼ばれる．as.symbol() と is.symbol() の関係は，as.name() と is.name() の関係に等しい）

妥当でない名前は，自動的にバックティックで囲まれる．

```
as.name("a b")
#> `a b`

as.name("if")
#> `if`
```

なお特殊な名前が1つあるので，ここで解説しておこう．すなわち空の名前 (empty name) である．空の名前は，欠損している引数を表すために使われる．このオブジェクトは奇妙な振る舞いをする．空の名前を変数に束縛することはできない．束縛しようとすると，引数が欠損しているとしてエラーが起きてしまう．空の名前は，引数が欠損している関数をプログラムで自動的に生成したいような場合にのみ使われる[3]．

```
f <- function(x) 10
formals(f)$x

is.name(formals(f)$x)
#> [1] TRUE

as.character(formals(f)$x)
#> [1] ""

missing_arg <- formals(f)$x
# 動作しない！
is.name(missing_arg)
#> エラー: 引数 "missing_arg" がありませんし，省略時既定値もありません
```

空の名前を明示的に生成する必要がある場合は，quote() に名前付き引数を渡して呼び出せばよい．

---

[3] 訳注：後述の14.2.1項「エクササイズ」の1にもあるように，formals() は base パッケージで提供されており，関数の引数の取得や設定を行う関数である．

```
quote(expr =)
```

### 14.2.1 エクササイズ

1. 関数の引数を取得ないし設定するには `formals()` を利用する．以下の関数を，デフォルト値が x は欠損値，y は 10 となるように，`formals()` を用いて修正せよ．

    ```
    g <- function(x = 20, y) {
      x + y
    }
    ```

2. `as.name()` と `eval()` を用いて `get()` と同等の関数を記述せよ．`as.name()`，`substitute()`，`eval()` を用いて `assign()` と同等の関数を記述せよ．（ここでは環境に複数の選択肢が生じることは気にかけず，ユーザ側が環境を明示的に指定できると仮定せよ．）

## 14.3 呼び出し

呼び出し (call) は，リストに非常によく似ている．`length`, `[[`, `[` メソッドがあり，さらに他の呼び出しを含むことができるので再帰的でもある．呼び出しの最初の要素は，呼び出される関数であり，通常は関数の**名前** (name) である．

```
x <- quote(read.csv("important.csv", row.names = FALSE))
x[[1]]
#> read.csv

is.name(x[[1]])
#> [1] TRUE
```

あるいは最初の要素は別の呼び出しでもよい．

```
y <- quote(add(10)(20))
y[[1]]
#> add(10)

is.call(y[[1]])
```

```
#> [1] TRUE
```

呼び出しの残りの要素は引数である．これらの要素は名前または位置を指定して抽出できる．

```
x <- quote(read.csv("important.csv", row.names = FALSE))
x[[2]]
#> [1] "important.csv"

x$row.names
#> [1] FALSE

names(x)
#> [1] ""              ""              "row.names"
```

したがって呼び出しの要素数から 1 を引くと引数の個数になる．

```
length(x) - 1
#> [1] 2
```

### 14.3.1 呼び出しの修正

標準的な置換演算子である $<- と [[<-で呼び出しの要素を追加，変更，修正できる．

```
y <- quote(read.csv("important.csv", row.names = FALSE))
y$row.names <- TRUE
y$col.names <- FALSE
y
#> read.csv("important.csv", row.names = TRUE, col.names = FALSE)

y[[2]] <- quote(paste0(filename, ".csv"))
y[[4]] <- NULL
y
#> read.csv(paste0(filename, ".csv"), row.names = TRUE)

y$sep <- ","
y
#> read.csv(paste0(filename, ".csv"), row.names = TRUE, sep = ",")
```

呼び出しは，[ メソッドもサポートしているが，使用にあたっては注意が必要である．最初の要素を削除してしまうと，役立たない呼び出しが生成さ

れてしまう．

```
x[-3] # 2番目の引数を削除する
#> read.csv("important.csv")

x[-1] # 関数の名前を削除する - しかし依然呼び出しのままである！
#> "important.csv"(row.names = FALSE)

x
#> read.csv("important.csv", row.names = FALSE)
```

評価されていない引数（表現式）のリストが必要な場合は明示的に強制変換する．

```
# 評価されていない引数のリスト
as.list(x[-1])
#> [[1]]
#> [1] "important.csv"
#>
#> $row.names
#> [1] FALSE
```

一般的に，Rの関数呼び出しのセマンティクスは非常に柔軟であるため，位置を指定して引数を取得したり設定するのは危険が伴なう．たとえば次の3つの呼び出しでは，それぞれの位置の値は異なるにも関わらず，実行内容に変わりはない．

```
m1 <- quote(read.delim("data.txt", sep = "|"))
m2 <- quote(read.delim(s = "|", "data.txt"))
m3 <- quote(read.delim(file = "data.txt", , "|"))
```

これを回避するため，**pryr**パッケージは standardise_call() を提供している．この関数は，**base**パッケージの match.call()[4] を援用し，呼び出し時の位置や略語で暗黙のうちに特定される引数を，すべて名前付き引数として順番通りに並べ直す．

```
standardise_call(m1)
#> read.delim(file = "data.txt", sep = "|")
```

---

[4] 訳注：match.call() は，引数から完全な名前で指定される呼び出しを生成して返す関数である．

```
standardise_call(m2)
#> read.delim(file = "data.txt", sep = "|")

standardise_call(m3)
#> read.delim(file = "data.txt", sep = "|")
```

### 14.3.2 要素からの呼び出し生成

要素から新しい呼び出しを生成するには，call() または as.call() を利用できる．call() の最初の引数は，関数の名前を指定する文字列である．その他の引数は，呼び出しの引数を表す表現式である．

```
call(":", 1, 10)
#> 1:10

call("mean", quote(1:10), na.rm = TRUE)
#> mean(1:10, na.rm = TRUE)
```

as.call() は，call() を少しだけ変形したものであり，入力として単一のリストをとる．最初の要素は，名前か呼び出しである．2 番目以降の要素は引数である．

```
as.call(list(quote(mean), quote(1:10)))
#> mean(1:10)

as.call(list(quote(adder(10)), 20))
#> adder(10)(20)
```

### 14.3.3 エクササイズ

1. 次の 2 つの呼び出しは同じに見えるが，実際は異なっている．

    ```
    (a <- call("mean", 1:10))
    #> mean(1:10)

    (b <- call("mean", quote(1:10)))
    #> mean(1:10)

    identical(a, b)
    #> [1] FALSE
    ```

    違いは何か．どちらが望ましいか．

2. Rのコードだけで do.call() を実装せよ.
3. c() を用いて呼び出しと表現式を連結すると，リストが生成される．concat() を実装して，次のコードが呼び出しとその他の引数を結合して動作するようにせよ.

   ```
   concat(quote(f), a = 1, b = quote(mean(a)))
   #> f(a = 1, b = mean(a))
   ```

4. list() は表現式には分類されていない．そこで，自動的にリストを結合して引数にするような call 関数を実装できるだろう．以下のコードが動作するように make_call() を実装せよ.

   ```
   make_call(quote(mean), list(quote(x), na.rm = TRUE))
   #> mean(x, na.rm = TRUE)
   
   make_call(quote(mean), quote(x), na.rm = TRUE)
   #> mean(x, na.rm = TRUE)
   ```

5. mode<- はどのように動作するか. call() をどのように使用しているか.
6. pryr::standardise_call() のソースコードに目を通せ．この関数は，どのように動作しているか．また，この関数が is.primitive() を必要としているのはなぜか.
7. standardise_call() は，次の呼び出しの場合には必ずしも正しく動作しない．なぜか.

   ```
   standardise_call(quote(mean(1:10, na.rm = TRUE)))
   #> mean(x = 1:10, na.rm = TRUE)
   
   standardise_call(quote(mean(n = T, 1:10)))
   #> mean(x = 1:10, n = T)
   
   standardise_call(quote(mean(x = 1:10, , TRUE)))
   #> mean(x = 1:10, , TRUE)
   ```

8. pryr::modify_call() のドキュメントに目を通せ．この関数の動作について，どのように考えるか．ソースコードに目を通せ.
9. ast() を用いて，if() 呼び出しには3つの引数があることを確認せよ．このうち必須なのはどれか．for() 呼び出しと while() 呼び出しの引数は何か.

## 14.4 現在の呼び出しの捕捉

Rの関数の多くは，現在の呼び出し (current call) を利用する．現在の呼び出しとは，現在の関数の実行を引き起こした表現式である．現在の呼び出しを捕捉する方法は2つある．

- sys.call() はユーザの入力をそのままに捕捉する．
- match.call() は，名前付き引数の形式に直した呼び出しを出力する．これは sys.call() の結果に自動的に pryr::standardise_call() を適用するのに等しい．

次の例は，match.call() と sys.call() の違いをよく表わしている．

```
f <- function(abc = 1, def = 2, ghi = 3) {
  list(sys = sys.call(), match = match.call())
}
f(d = 2, 2)
#> $sys
#> f(d = 2, 2)
#>
#> $match
#> f(abc = 2, def = 2)
```

モデリングに使用する関数ではmatch.call() を使って，モデルを生成するのに使われた呼び出しを捕捉している[5]．この仕組みがあるため，モデルを後でupdate() したり，もとの引数の一部を変更して再度当てはめるのが可能になるのだ．以下で，update() を実際に動かしてみよう[6]．

```
mod <- lm(mpg ~ wt, data = mtcars)
update(mod, formula = . ~ . + cyl)
#>
#> Call:
#> lm(formula = mpg ~ wt + cyl, data = mtcars)
```

---

[5] 訳注：例えば，線形回帰を実行するなら stats パッケージの lm() がある．
[6] 訳注：ここでは，まず mpg を応答変数，wt を説明変数とする線形回帰分析を実行している．次に，wt に加えて cyl も説明変数に加えてモデルを再度当てはめている．なお，update() の formula 引数に現れる．~ . は最初に指定した mpg ~ wt を表している．

## 14.4 現在の呼び出しの捕捉

```
#>
#> Coefficients:
#> (Intercept)            wt           cyl
#>       39.69         -3.19         -1.51
```

update() の動作を確認するため，**pryr** パッケージのツールをいくつか使ってこの関数を書き直し，アルゴリズムの中核に焦点を当ててみよう．

```
update_call <- function (object, formula., ...) {
  call <- object$call

  # . ~ . のような式に対処するために update.formula() を使用する
  if (!missing(formula.)) {
    call$formula <- update.formula(formula(object), formula.)
  }
  modify_call(call, dots(...))
}
update_model <- function(object, formula., ...) {
  call <- update_call(object, formula., ...)
  eval(call, parent.frame())
}
update_model(mod, formula = . ~ . + cyl)
#>
#> Call:
#> lm(formula = mpg ~ wt + cyl, data = mtcars)
#>
#> Coefficients:
#> (Intercept)            wt           cyl
#>       39.69         -3.19         -1.51
```

オリジナルの update() には，関数の返り値を呼び出しにするか結果にするかを制御する evaluate 引数がある．しかし，原則的には，関数は引数に応じて異なる型の返り値を返すよりも，1種類のオブジェクトを返す方がよいと筆者は考えている．

この方針のもとで書き換えると，update() の小さなバグを修正することも可能になる．オリジナルの update() は，元のモデルを当てはめた環境でモデルを再評価したい場合にも，グローバル環境で呼び出しを再評価してし

320　第14章　表現式

まうのである[7].

```
f <- function() {
  n <- 3
  lm(mpg ~ poly(wt, n), data = mtcars)
}
mod <- f()
update(mod, data = mtcars)
#> poly(wt, n) でエラー:  オブジェクト 'n' がありません

update_model <- function(object, formula., ...) {
  call <- update_call(object, formula., ...)
  eval(call, environment(formula(object)))
}
update_model(mod, data = mtcars)
#>
#> Call:
#> lm(formula = mpg ~ poly(wt, n), data = mtcars)
#>
#> Coefficients:
#> (Intercept)   poly(wt, n)1   poly(wt, n)2   poly(wt, n)3
#>      20.091        -29.116          8.636          0.275
```

　これは重要な原則なので繰り返し指摘しておこう．match.call() により捕捉されるコードを再実行したいならば，もともと評価された環境も把握しておく必要がある．これは通常は，parent.frame() で捕捉される．ただし，これには欠点もある．環境にたまたまサイズの大きなオブジェクトが含まれていると，この環境を捕捉することはこのオブジェクトをも捕捉することにつながり，このオブジェクトがメモリから解放されなくなるのだ．この問題については，18.2節「メモリの使用とガベージコレクション」で詳細を調べる．

　基本パッケージの関数の中には，必ずしも必要がないところでmatch.call() を使用している場合がある．たとえば，write.csv() は，write.csv() 自身の呼び出しを捕捉して，write.table() を呼び出すコードに書き換えてし

---

[7] 訳注：以下のコードでは，f() は，wt の3次式で mpg を回帰している．f() 内で次数を表す変数 n に3を代入することにより，この処理を実行している．

## 14.4 現在の呼び出しの捕捉

まっている[8]。

```
write.csv <- function(...) {
  Call <- match.call(expand.dots = TRUE)
  for (arg in c("append", "col.names", "sep", "dec", "qmethod")) {
    if (!is.null(Call[[arg]])) {
      warning(gettextf("'%s' を設定しようとしましたが無視されました", arg))
    }
  }
  rn <- eval.parent(Call$row.names)
  Call$append <- NULL
  Call$col.names <- if (is.logical(rn) && !rn) TRUE else NA
  Call$sep <- ","
  Call$dec <- " "
  Call$qmethod <- "double"
  Call[[1L]] <- as.name("write.table")
  eval.parent(Call)
}
```

これを修正するのであれば，通常の関数呼び出しのセマンティクスを使って write.csv() を実装できるだろう．

```
write.csv <- function(x, file = "", sep = ",", qmethod = "double",
                     ...) {
  write.table(x = x, file = file, sep = sep, qmethod = qmethod,
              ...)
}
```

このコードの方が確かに理解しやすい．デフォルトの引数を変えてwrite.table() を呼び出しているだけだからだ．また，オリジナルのwrite.csv() に混入している微妙なバグも修正される．オリジナルではwrite.csv(mtcars, row = FALSE) はエラーを起こすが，write.csv(mtcars, row.names = FALSE) はエラーにならないのだ．ここで得られる教訓は，できる限り単純なツールで問題を解決した方が，得てして良い結果を生むということだろう．

---

[8] 訳注：R3.3.2 では，write.csv() の 3 行目にある for 文の変数 arg は argname となっている．

## 14.4.1 エクササイズ

1. update_model() と update.default() を比較せよ.
2. write.csv(mtcars, "mtcars.csv", row = FALSE) が動作しないのはなぜか. この関数の作者が忘れていた引数マッチングの性質とは何か.
3. C言語ではなく R のコードを使って, update.formula() を書き直せ.
4. 現在の関数を呼び出した関数をさらに呼び出している関数 (すなわち, 関数の親ではなく, 祖父母) を明確にする必要がときどき生じる. sys.call() または match.call() を用いてこの関数を見つけるには, どうしたらよいか.

## 14.5 ペアリスト

ペアリスト (pairlist) は, R の過去の遺産である. ペアリストは, リストと同じ挙動をするが, 内部の表現は異なっている (ベクトルではなく連結リストで実装されている). R でペアリストは, 関数の引数を除き, あらゆるところでリストに置き換えられている.

リストとペアリストの違いに注意を払う必要があるのは, 関数を自作しようとする場合だけである. 次の関数は, 仮引数 (formal argument) のリストと本体 (body), そして環境 (environment) といった構成要素から新たに関数を構築できる. この関数では as.pairlist() が使われており, function() に必要な args のペアリストの設定が保証される.

```
make_function <- function(args, body, env = parent.frame()) {
  args <- as.pairlist(args)

  eval(call("function", args, body), env)
}
```

この関数は pryr パッケージにも用意されており, 引数のチェック機能が追加されている. make_function() は alist() と組み合わせて使用するのが最も良い. なお, alist() は,「argument list」関数の略語である. alist() では引数を評価されず, alist(x = a) は list(x = quote(a)) として扱われる.

## 14.5 ペアリスト

```
add <- make_function(alist(a = 1, b = 2), quote(a + b))
add(1)
#> [1] 3

add(1, 2)
#> [1] 3

# デフォルト値のない引数を設定する場合，明示的に = が必要である．
make_function(alist(a = , b = a), quote(a + b))
#> function (a, b = a)
#> a + b

# ドット引数 `...` は = の左辺に置く
make_function(alist(a = , b = , ... =), quote(a + b))
#> function (a, b, ...)
#> a + b
```

`make_function()` は，クロージャで関数を生成する方法に比べて利点が1つある．ソースコードを簡単に確認できるのだ．

```
adder <- function(x) {
  make_function(alist(y =), substitute({x + y}), parent.frame())
}
adder(10)
#> function (y)
#> {
#>     10 + y
#> }
```

`make_function()` は，例えば `curve()` のような関数で役に立つ．例えば `curve()` は，関数を明示的に生成せずに数学関数を描画できる．

```
curve(sin(exp(4 * x)), n = 1000)
```

# 第 14 章 表現式

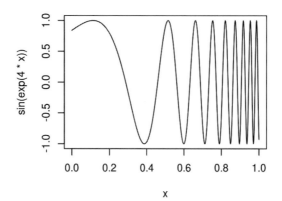

ここで，x はいわば代名詞である．つまり x は具体的な値を表しているわけではなく，単なるプレースホルダであり描画範囲内で変化する．make_function() を使って curve() を実装することもできる．

```
curve2 <- function(expr, xlim = c(0, 1), n = 100,
                   env = parent.frame()) {
  f <- make_function(alist(x = ), substitute(expr), env)
  x <- seq(xlim[1], xlim[2], length = n)
  y <- f(x)

  plot(x, y, type = "l", ylab = deparse(substitute(expr)))
}
```

代名詞を使用する関数は，前方参照[9] 関数 (anaphoric function) と呼ばれる．これは Arc[10] (Lisp と似た言語)，Perl[11]，Clojure[12] で使用されている．

---

[9] http://en.wikipedia.org/wiki/Anaphora_(linguistics)
[10] http://www.arcfn.com/doc/anaphoric.html
[11] http://www.perlmonks.org/index.pl?node_id=666047
[12] http://amalloy.hubpages.com/hub/Unhygenic-anaphoric-Clojure-macros-for-fun-and-profit

## 14.5.1 エクササイズ

1. alist(a) と alist(a = ) はどのように異なるか．入力と出力の両方について考えよ．
2. pryr::partial() のドキュメントとソースコードに目を通せ．この関数はどのような処理を行っているか．どのように動作しているか．また，pryr::unenclose() のドキュメントとソースコードに目を通して，同様に確認せよ．
3. curve() の実装は，実際には以下のようになっている．

```
curve3 <- function(expr, xlim = c(0, 1), n = 100,
                   env = parent.frame()) {
  env2 <- new.env(parent = env)
  env2$x <- seq(xlim[1], xlim[2], length = n)

  y <- eval(substitute(expr), env2)
  plot(env2$x, y, type = "l",
    ylab = deparse(substitute(expr)))
}
```

このアプローチは，上で定義した curve2() とどのように異なるか．

## 14.6 パーシングとデパーシング

ソースコードが表現式ではなく文字列として表されていることがある．文字列は parse() を用いて表現式に変換できる．parse() は deparse() の逆の処理であり，文字列のベクトルをとり，表現式オブジェクトとして返す．parse() の主な用途は，ディスク上にあるコードのファイルをパースすることである．そのため，1 番目の引数はファイルのパスである．コードが文字列ベクトルであれば text 引数を使用する必要がある．

```
z <- quote(y <- x * 10)
deparse(z)
#> [1] "y <- x * 10"

parse(text = deparse(z))
#> expression(y <- x * 10)
```

ファイルには,多くのトップレベルの呼び出しがあるかもしれないので,parse() は単一の表現式を返すことはない.その代わりに,大部分が表現式のリストからなるオブジェクトを返す.

```
exp <- parse(text = c("
  x <- 4
  x
  5
"))
length(exp)
#> [1] 3

typeof(exp)
#> [1] "expression"

exp[[1]]
#> x <- 4

exp[[2]]
#> x
```

expression() を用いて自力で表現式オブジェクトを生成することもできるが,推奨しない.表現式の使い方を知っているなら,この風変わりなデータ構造について学ぶ必要はない.

parse() と eval() を用いて,source() の簡易版を記述できる.ディスクからファイルを読み込み,parse() し,そして指定された環境にある各要素を eval() する.この簡易版の関数は新しい環境をデフォルトとするため,既存のオブジェクトに影響を与えない.source() は,ファイルの末尾にある式の結果を返すが,この結果は見えない.以下の simple_source() も同様の処理をおこなっている.

```
simple_source <- function(file, envir = new.env()) {
  stopifnot(file.exists(file))
  stopifnot(is.environment(envir))

  lines <- readLines(file, warn = FALSE)
  exprs <- parse(text = lines)
```

```
  n <- length(exprs)
  if (n == 0L) return(invisible())

  for (i in seq_len(n - 1)) {
    eval(exprs[i], envir)
  }
  invisible(eval(exprs[n], envir))
}
```

実際の `source()` は，入出力を echo したり，挙動を制御する追加的な設定が多数存在するため，もっと複雑である．

### 14.6.1 エクササイズ

1. `quote()` と `expression()` の違いは何か．
2. `deparse()` のヘルプを読み，`deparse()` と `parse()` が対称的に動作しない呼び出しを作成せよ．
3. `source()` と `sys.source()` を比較せよ．
4. `simple_source()` を変更して，最後の結果だけでなくすべての表現式の結果を返すようにせよ．
5. `simple_source()` によって生成されるコードには，ソースの参照が欠落している．`sys.source()` のソースコードと `srcfilecopy()` のヘルプを読み，ソースの参照を保存するように `simple_source()` を変更せよ．コメントを含む関数を読み込むことにより，コードのテストが可能である．コードがうまく作成されていれば，関数を実行するとソースコードだけでなくコメントも確認できるだろう．

## 14.7 再帰関数を用いた抽象構文木の巡回

`substitute()` または `pryr::modify_call()` を用いて，単一の呼び出しは容易に変更できる．より複雑なタスクに対しては，抽象構文木を直接用いて対処する必要がある．`codetools` パッケージには，こうした対処を行う興味深い事例がある．

- findGlobals() は，関数で使用されているすべてのグローバル変数を特定する．関数が親環境で定義された変数を誤って参照することがないことを確認するのに役立つだろう．
- checkUsage() は，使用されていないローカル変数やパラメータがないか，あるいは引数の部分マッチングによって不都合が生じないか，こうした幅広い問題を確認するのに役立つ．

findGlobals() や checkUsage() のような関数を作成するには，新しいツールが必要である．表現式は木構造であるため，再帰的な関数を使用するのが自然な選択だろう．ポイントは再帰の右側を取得することである．これは基本ケースを想定し，再帰ケースでの処理結果を組み合せる方法を理解するのを助けるだろう．呼び出しでは2つの基本ケース（アトミックベクトルと名前）と，2つの再帰ケースがある（呼び出しとペアリスト）．これは，表現式で動作する関数が次のようになることを意味する．

```
recurse_call <- function(x) {
  if (is.atomic(x)) {
    # 値を返す
  } else if (is.name(x)) {
    # 値を返す
  } else if (is.call(x)) {
    # 再帰的に recurse_call を呼び出す
  } else if (is.pairlist(x)) {
    # 再帰的に recurse_call を呼び出す
  } else {
    # ユーザが不正な入力を与えた
    stop("型 ", typeof(x), " の扱い方がわかりません",
      call. = FALSE)
  }
}
```

### 14.7.1 F と T の探索

ここでは簡単に，ある関数が論理値の短縮形である T と F を使用しているかどうかを決定する関数から始めてみよう．T と F は，一般的に良くないコーディング習慣とみなされ，R CMD check では警告が表示される．まず

## 14.7 再帰関数を用いた抽象構文木の巡回

は，T と TRUE の抽象構文木を比較してみよう．

```
ast(TRUE)
#> \- TRUE

ast(T)
#> \- `T
```

TRUE は，要素数が 1 の論理値ベクトルとしてパースされる．一方で，T は名前としてパースされる．ここから，再帰関数の基本ケースの書き方が導かれる．アトミックベクトルであれば論理値の短縮形ではないが，名前の場合は短縮形の可能性がある．そこで T と F の両方について確認する必要がある．再帰的なケースでは，どちらの場合も同じ処理を行うため，まとめることができる．

```
logical_abbr <- function(x) {
  if (is.atomic(x)) {
    FALSE
  } else if (is.name(x)) {
    identical(x, quote(T)) || identical(x, quote(F))
  } else if (is.call(x) || is.pairlist(x)) {
    for (i in seq_along(x)) {
      if (logical_abbr(x[[i]])) return(TRUE)
    }
    FALSE
  } else {
    stop("型 ", typeof(x), " の扱い方がわかりません",
      call. = FALSE)
  }
}

logical_abbr(quote(TRUE))
#> [1] FALSE

logical_abbr(quote(T))
#> [1] TRUE

logical_abbr(quote(mean(x, na.rm = T)))
#> [1] TRUE

logical_abbr(quote(function(x, na.rm = T) FALSE))
```

```
#> [1] TRUE
```

### 14.7.2　付値で生成された変数すべての探索

`logical_abbr()` は非常に単純である．単一の `TRUE` または `FALSE` を返すだけである．次のタスクは付値で生成された変数をすべて列挙することだが，これはいくぶん複雑だ．そこで単純な処理から始めて，関数を段階的に厳密にしていこう．

ここでも付値の抽象構文木を調べることから始めよう．

```
ast(x <- 10)
#> \- ()
#>    \- `<-
#>    \- `x
#>    \- 10
```

付値は呼び出しであり，最初の要素が名前 `<-`，2 番目の要素が付値されることになるオブジェクトの名前，そして 3 番目の要素は付値される値である．このため基本ケースは単純だ．定数と名前は付値を生成しないため，`NULL` を返す．再帰ケースもそれほど困難ではない．ペアリストと `<-` 以外の関数への呼び出しに対して `lapply()` を実行する．

```
find_assign <- function(x) {
  if (is.atomic(x) || is.name(x)) {
    NULL
  } else if (is.call(x)) {
    if (identical(x[[1]], quote(`<-`))) {
      x[[2]]
    } else {
      lapply(x, find_assign)
    }
  } else if (is.pairlist(x)) {
    lapply(x, find_assign)
  } else {
    stop("型 ", typeof(x), " の扱い方がわかりません",
      call. = FALSE)
  }
}
```

## 14.7 再帰関数を用いた抽象構文木の巡回

```
find_assign(quote(a <- 1))
#> a

find_assign(quote({
  a <- 1
  b <- 2
}))
#> [[1]]
#> NULL
#>
#> [[2]]
#> a
#>
#> [[3]]
#> b
```

この関数は，これらの単純なケースでは動作するが，出力はかなり冗長であり，余分な NULL が含まれている．リストを返す代わりに，単純化して文字列ベクトルを使用しよう．また若干複雑な 2 つの事例についても検証してみる．

```
find_assign2 <- function(x) {
  if (is.atomic(x) || is.name(x)) {
    character()
  } else if (is.call(x)) {
    if (identical(x[[1]], quote(`<-`))) {
      as.character(x[[2]])
    } else {
      unlist(lapply(x, find_assign2))
    }
  } else if (is.pairlist(x)) {
    unlist(lapply(x, find_assign2))
  } else {
    stop("型 ", typeof(x), " の扱い方がわかりません",
      call. = FALSE)
  }
}

find_assign2(quote({
  a <- 1
```

```
  b <- 2
  a <- 3
}))
#> [1] "a" "b" "a"

find_assign2(quote({
  system.time(x <- print(y <- 5))
}))
#> [1] "x"
```

大分良くはなったが，まだ 2 つの問題がある．名前が繰り返される場合の扱いと，他の付値の内部でなされる付値を無視していることだ．最初の問題を修正するのは容易である．重複した付値を取り除くために，再帰的なケースの周りで unique() をラップすればよいだろう．2 番目の問題の修正は，ややトリッキーになる．呼び出しが <- であれば，再帰に入るのだ．次の find_assign3() はこれら 2 つの戦略を実装している．

```
find_assign3 <- function(x) {
  if (is.atomic(x) || is.name(x)) {
    character()
  } else if (is.call(x)) {
    if (identical(x[[1]], quote(`<-`))) {
      lhs <- as.character(x[[2]])
    } else {
      lhs <- character()
    }

    unique(c(lhs, unlist(lapply(x, find_assign3))))
  } else if (is.pairlist(x)) {
    unique(unlist(lapply(x, find_assign3)))
  } else {
    stop("型 ", typeof(x), " の扱い方がわかりません",
      call. = FALSE)
  }
}

find_assign3(quote({
  a <- 1
  b <- 2
  a <- 3
```

## 14.7 再帰関数を用いた抽象構文木の巡回

```
}))
#> [1] "a" "b"

find_assign3(quote({
  system.time(x <- print(y <- 5))
}))
#> [1] "x" "y"
```

要素への付値についても検証する必要がある.

```
find_assign3(quote({
  l <- list()
  l$a <- 5
  names(l) <- "b"
}))
#> [1] "l"     "$"     "a"     "names"
```

オブジェクトそれ自体の付値を調べたいのであって，オブジェクトの性質を変更する付値の確認が目的ではない. そこでクオートされたオブジェクトの構文木を出力し，どのような条件を検証すればよいかを確認してみよう. つまり <- の呼び出しの 2 番目の要素は名前であり，他の呼び出しのはずはない.

```
ast(l$a <- 5)
#> \- ()
#>  \- `<-
#>  \- ()
#>    \- `$
#>    \- `l
#>    \- `a
#>  \- 5

ast(names(l) <- "b")
#> \- ()
#>  \- `<-
#>  \- ()
#>    \- `names
#>    \- `l
#>  \- "b"
```

これにより関数が完成する.

```
find_assign4 <- function(x) {
  if (is.atomic(x) || is.name(x)) {
    character()
  } else if (is.call(x)) {
    if (identical(x[[1]], quote(`<-`)) && is.name(x[[2]])) {
      lhs <- as.character(x[[2]])
    } else {
      lhs <- character()
    }

    unique(c(lhs, unlist(lapply(x, find_assign4))))
  } else if (is.pairlist(x)) {
    unique(unlist(lapply(x, find_assign4)))
  } else {
    stop("型 ", typeof(x), " の扱い方がわかりません",
      call. = FALSE)
  }
}

find_assign4(quote({
  l <- list()
  l$a <- 5
  names(l) <- "b"
}))
#> [1] "l"
```

この関数の完全版はかなり複雑になったが，単純な要素を作成しながら徐々に完成させたことが重要である．

### 14.7.3 呼び出し木の変更

次のステップはさらに複雑になるが，呼び出し木を修正して返すことだろう．この処理はbquote()に近い．bquote()はquote()に柔軟性を追加し，表現式の一部分をクオートしたりアンクオートしたりできる（Lispにおけるバックティック演算子と類似している）．すなわち.()を使って隠蔽されていない要素はすべてクオートされる．.()内ではすべての式は評価され，その結果に代えられる．

## 14.7 再帰関数を用いた抽象構文木の巡回

```
a <- 1
b <- 3
bquote(a + b)
#> a + b

bquote(a + .(b))
#> a + 3

bquote(.(a) + .(b))
#> 1 + 3

bquote(.(a + b))
#> [1] 4
```

bquote() を使えば，何をいつ評価するか簡単に制御できる．この bquote() はどのように動作しているのだろうか．以下では，他の関数と同様のスタイルを使用するために，bquote() を書き直している．ここでは入力がすでにクオート済みであると想定し，基本ケースと再帰ケースをより明確に分けている．

```
bquote2 <- function (x, where = parent.frame()) {
  if (is.atomic(x) || is.name(x)) {
    # 変更しない
    x
  } else if (is.call(x)) {
    if (identical(x[[1]], quote(.))) {
      # .() を呼び出し，評価する
      eval(x[[2]], where)
    } else {
      # それ以外の場合は再帰的に適用し，結果を呼び出しに変換する
      as.call(lapply(x, bquote2, where = where))
    }
  } else if (is.pairlist(x)) {
    as.pairlist(lapply(x, bquote2, where = where))
  } else {
    # ユーザが不正な入力を与えた
    stop("型 ", typeof(x), " の扱い方がわかりません",
      call. = FALSE)
  }
}
```

## 第14章　表現式

```
x <- 1
y <- 2
bquote2(quote(x == .(x)))
#> x == 1


bquote2(quote(function(x = .(x)) {
  x + .(y)
}))
#> function(x = 1) {
#>     x + 2
#> }
```

この関数と以前の再帰的な関数の間の主な違いは，呼び出しとペアリストの各要素を処理した後に，再び元の型に強制変換する必要があることだ．

ソースコードの木を変更する関数は，その結果を元のソースファイルに保存するためというよりは，実行時に表現式を生成する場合にこそ役立つ．実行コードではない情報はすべて失われるからである．

```
bquote2(quote(function(x = .(x)) {
  # これはコメントである
  x +   # 空白
    .(y)
}))
#> function(x = 1) {
#>     x + 2
#> }
```

これらのツールは，Thomas Lumley による "Programmer's Niche: Macros in R"[13] で議論されているように，Lisp のマクロに類似している．しかし，マクロはコンパイル時に実行されるが，これは R では意味をなさない．またマクロは常に表現式を返す．これらのツールは Lisp の fexpr[14] にも似ている．fexpr は，デフォルトでは引数が評価されない関数である．マクロや fexpr は，他言語から有益なテクニックを探すために役立つキーワードとなるだろう．

---

[13] http://www.r-project.org/doc/Rnews/Rnews_2001-3.pdf#page=10

[14] http://en.wikipedia.org/wiki/Fexpr

## 14.7.4 エクササイズ

1. `logical_abbr()` が `lapply()` のような汎関数ではなく，for ループを使用しているのはなぜか．
2. `logical_abbr()` は，クオートされたオブジェクトが与えられると動作するが，以下のように定義済みの関数が与えられたときは動作しない．なぜだろうか．`logical_abbr()` をどのように変更すれば関数でも動作するだろうか．また，どのような要素で関数を構成するべきだろうか．

   ```
   f <- function(x = TRUE) {
     g(x + T)
   }
   logical_abbr(f)
   ```

3. 定数，名前，呼び出し，またはペアリストを返す `ast_type()` と呼ばれる関数を記述せよ．`logical_abbr()`, `find_assign()`, `bquote2()` を書き直して，ネストされた if 文の代わりに `switch()` を使用せよ．
4. 関数への呼び出しをすべて抽出する関数を記述せよ．記述した関数を `pryr::fun_calls()` と比較せよ．
5. 入力を明示的に `quote()` する必要がないように，非標準評価を実行する `bquote2()` のラッパを記述せよ．
6. `bquote2()` を `bquote()` と比較せよ．`bquote()` には微妙なバグがある．引数がないと，呼び出しを関数に置き換えないのである．なぜか．

   ```
   bquote(.(x)(), list(x = quote(f)))
   #> .(x)()
   bquote(.(x)(1), list(x = quote(f)))
   #> f(1)
   ```

7. 基本の `recurse_call()` テンプレートを関数と式のリストに対しても動作するように改良せよ（たとえば，`parse(path_to_file)` のようにせよ）．

# 15

# ドメイン特化言語

　第一級環境 (first class environments)[1]，レキシカルスコーピング (lexical scoping)，非標準評価 (non-standard evaluation)，そしてメタプログラミング (metaprogramming) は，Rで組み込みドメイン特化言語 (domain specific language, DSL) を生成する強力なツールとなる．組み込みドメイン特化言語はホスト言語の構文解析や実行フレームワークを利用できるが，特定のタスクに適したものになるようにセマンティクスを調整する．ドメイン特化言語は大きなトピックであるため，本章では表面をなぞるにとどめる．ここでは言語を考案する方法ではなく，重要な実装技術に焦点をあてる．より詳しく学びたければ，Martin Fowler による *Domain Specific Languages*[2] を強く推奨する．この書籍では，ドメイン特化言語を生成するための多くの選択肢について議論するとともに，さまざまな言語例を豊富に提供している．

　R で最も有名なドメイン特化言語は，モデル式の仕様 (formula specification)[3] である．モデル式の仕様は，統計モデルにおいて予測変数 (predictors) と応答変数 (response) の関係を記述する簡潔な方法を提供している．他の例として，**ggplot2** パッケージ (可視化)，**plyr** パッケージ (データ操作) がある．これらの考え方を拡張して使用したパッケージに，**dplyr** パッケージがある．**dplyr** パッケージは，R の式を SQL に変換する `translate_sql()`

---

[1] 訳注：第 10 章「関数型プログラミング」の冒頭で，R の関数が第一級，すなわち他の関数の引数として関数を渡すこと，関数の内部での関数を定義すること，関数の返り値として関数を返すことがいずれも可能であることを説明した．R の環境についても同様に第一級であることから，ここでは第一級環境と呼んでいる．

[2] http://amzn.com/0321712943?tag=devtools-20 (翻訳：マーチン・ファイラー著，大塚他訳『ドメイン特化言語 パターンで学ぶDSLのベストプラクティス46項目』ピアソン桐原，2012 年)

[3] 訳注：単純なモデル式として，自動車の速度と停止まで進んだ距離を保持した **datasets** パッケージの cars データセットに対して，距離を速度で説明する単回帰分析 `lm(dist ~ speed, data=cars)` を想定するとよいだろう．`dist ~ speed` の部分がモデル式である．

を提供する.

```
library(dplyr)
translate_sql(sin(x) + tan(y))
#> <SQL> SIN("x") + TAN("y")

translate_sql(x < 5 & !(y >= 5))
#> <SQL> "x" < 5.0 AND NOT(("y" >= 5.0))

translate_sql(first %like% "Had*")
#> <SQL> "first" LIKE 'Had*'

translate_sql(first %in% c("John", "Roger", "Robert"))
#> <SQL> "first" IN ('John', 'Roger', 'Robert')

translate_sql(like == 7)
#> <SQL> "like" = 7.0
```

本章では，単純ではあるが役に立つ 2 つのドメイン特化言語を開発する．1 つは HTML を生成するためのドメイン特化言語であり，もう 1 つは R で表現された数式を LaTeX に変換する．

**本章を読むための準備：**

本章では，他の章や節で説明されてきた多くのテクニックを駆使する．特に，環境，汎関数，非標準評価，メタプログラミングについて理解している必要がある．

## 15.1 HTML

HTML (hypertext markup language) は，多くのウェブの背後にある言語である．HTML は，SGML (standard generalised markup language) の一種であり，XML (extensible markup language) とは似ているが全く同じわけではない．以下に HTML の簡単な例を示す.

```
<body>
  <h1 id='first'>ヘッディング</h1>
  <p>テキスト &amp; <b>太字のテキスト. </b></p>
  <img src='myimg.png' width='100' height='100' />
```

```
</body>
```

HTMLをこれまでに見たことがなかったとしても，HTMLをコーディングする構造のポイントとなる要素がタグ`<tag></tag>`であることがわかるだろう．タグは，他のタグの内部に指定することもでき，テキストを混在させることも可能である．一般にHTMLではスペースが無視されるため（複数個並んだスペースは単独のスペースと同じ扱いとなる），上記の例は1行で書くことも可能だが，いずれの場合もブラウザ上の表示は同じである．

```
<body><h1 id='first'>ヘッディング</h1><p>テキスト &amp; <b>太字のテキスト.
</b></p><img src='myimg.png' width='100' height='100' /> </body>
```

しかし，Rのコードのように，構造がより明確になるようにHTMLをインデントしたいはずだ．

HTMLには100以上のタグがあるが，説明のためにその中のいくつかに焦点を当てる．

- `<body>`: すべてのコンテンツが囲まれるトップレベルのタグ
- `<h1>`: トップレベルの見出し語であるヘッディング1を生成する
- `<p>`: パラグラフを生成する
- `<b>`: テキストを強調する
- `<img>`: 画像を埋め込む

（もっとも読者はすでにこれらのタグについてはご存知だろう！）

タグには名前付き属性 (named attribute) がある．名前付き属性は，`<tag a="a" b="b"></tag>`のような形式である．タグの値は，常にシングルクォートかダブルクォートで囲まれている．ほぼすべてのタグで使われる2つの重要な属性があり，`id`と`class`である．これらの属性は，文書のスタイルを制御するためにCSS (cascading style sheets) と一緒に使用される．

`<img>`のようにコンテンツのないタグもある．これらのタグは，空タグ (void tag) と呼ばれ，少し異なる構文で使われる．例えば`<img></img>`と書かれることなく，`<img />`として利用される．これらのタグには中身はないので，その属性が重要となる．実際，`img`に画像の多くに利用される3つの属性がある．`src`（画像の場所），`width`，そして`height`である．

< と > は，HTML では特別な意味をもつため，直接記述することはできない．その代わりに，HTML のエスケープ文字である &gt; と &lt; を使用する必要がある．そして，これらのエスケープ文字は & を使用しているため，アンパサンドは &amp; によりエスケープする．

### 15.1.1 本節の目標

本節の目標は，R から HTML の生成を容易にすることである．具体的な例を挙げると，可能な限り HTML に近いコードを用いて次の HTML を生成する．

```
<body>
  <h1 id='first'>ヘッディング</h1>
  <p>テキスト &amp; <b>太字のテキスト.</b></p>
  <img src='myimg.png' width='100' height='100' />
</body>
```

そのために，次のようなドメイン特化言語を開発しよう．

```
with_html(body(
  h1("ヘッディング", id = "first"),
  p("テキスト &", b("太字のテキスト.")),
  img(src = "myimg.png", width = 100, height = 100)
))
```

関数呼び出しのネストは，タグのネストと同じであることに注意せよ．名前のない引数はタグのコンテンツとなり，名前付き引数はタグの属性になる．このインターフェイスでは，タグとテキストは明らかに異なるため，& や他の特殊文字を自動的にエスケープできる．

### 15.1.2 エスケープ

エスケープはドメイン特化言語では基本であるから，最初にとりあげよう．文字をエスケープする方法を定めるため，"&" に特別な意味を与え，二重エスケープを使わないで済ませよう．最も簡単な方法は，通常のテキスト（エスケープが必要）と HTML（エスケープが不要）を区別する S3 クラスを生成することである．

## 15.1 HTML

```
html <- function(x) structure(x, class = "html")
print.html <- function(x, ...) {
  out <- paste0("<HTML> ", x)
  cat(paste(strwrap(out), collapse = "\n"), "\n", sep = "")
}
```

次に,HTML はそのままとし,通常のテキストに対して特殊文字 (&, <, >) をエスケープするメソッドを記述する.実行を容易にするためリストメソッドも追加しておく.

```
escape <- function(x) UseMethod("escape")
escape.html <- function(x) x
escape.character <- function(x) {
  x <- gsub("&", "&amp;", x)
  x <- gsub("<", "&lt;", x)
  x <- gsub(">", "&gt;", x)

  html(x)
}
escape.list <- function(x) {
  lapply(x, escape)
}

# 動作することを確認する
escape("これはテキストです")
#> <HTML> これはテキストです

escape("x > 1 & y < 2")
#> <HTML> x &gt; 1 &amp; y &lt; 2

# 二重エスケープは問題にはならない
escape(escape("これはテキストです. 1 > 2"))
#> <HTML> これはテキストです. 1 &gt; 2

# そして,HTML であることが既知のテキストはエスケープされない
escape(html("<hr />"))
#> <HTML> <hr />
```

エスケープは,多くのドメイン特化言語にとって重要な要素である.

### 15.1.3 基本的なタグ関数

次に，単純なタグ関数について記述し，考えられるすべての HTML のタグを処理できるよう，この関数を一般化する方法を検討する．まずは<p> から始めてみよう．HTML のタグは，属性（すなわち，id または class）と子（たとえば，<b> または<i>）の両方をもつ．関数呼び出しにおいて，これらを分離する方法が必要である．属性は名前の付いた値であり，子には名前がないとすると，名前付き引数と名前のない引数を区別するのが自然に思える．例えばp() の呼び出しは次のようになるだろう．

```
p("テキスト.", b("太字のテキスト"), class = "mypara")
```

関数定義において，<p> タグがとりうるすべての属性をリストアップもできるだろう．しかし，属性の数は非常に多いだけでなく，カスタム属性（custom attribute）[4] を用いる場合もあるので，このリストアップは大変な作業となる．代わりに，単純に... を使用し，属性に名前があるかどうかによって要素を分離するに留めよう．これを正確に行うには，names() の引数指定に一貫性がないことを意識しておく必要がある．

```
names(c(a = 1, b = 2))
#> [1] "a" "b"

names(c(a = 1, 2))
#> [1] "a" ""

names(c(1, 2))
#> NULL
```

この点に留意して，ベクトルから名前の付いた要素と名前の付いていない要素を抽出する 2 つのヘルパ関数を作成する．

```
named <- function(x) {
  if (is.null(names(x))) return(NULL)
  x[names(x) != ""]
}
unnamed <- function(x) {
  if (is.null(names(x))) return(x)
```

---

[4] http://html5doctor.com/html5-custom-data-attributes/

```
  x[names(x) == ""]
}
```

これで p() を生成する準備が整った[5]．内部に新しい関数 html_attributes() が使用されていることに注意されたい．この関数は，HTML の属性を正しく設定するために名前と値のペアのリストを使用している．この関数の処理は多少複雑である（その一因は，ここまで説明していない HTML の特殊性を扱っているためだ）が，新しいアイデアがあるわけでもなく，それほど重要な話題ではないので，ここでは議論しない（オンライン上で情報源を探せるだろう）．

```
source("dsl-html-attributes.r", local = TRUE)
p <- function(...) {
  args <- list(...)
  attribs <- html_attributes(named(args))
  children <- unlist(escape(unnamed(args)))

  html(paste0(
    "<p", attribs, ">",
    paste(children, collapse = ""),
    "</p>"
  ))
}

p("テキスト")
#> <HTML> <p>テキスト</p>

p("テキスト", id = "myid")
#> <HTML> <p id = 'myid'>テキスト</p>

p("テキスト", image = NULL)
#> <HTML> <p image>テキスト</p>

p("テキスト", class = "important", "data-value" = 10)
#> <HTML> <p class = 'important' data-value = '10'>テキスト</p>
```

---

[5] 訳注："dsl-html-attributes.r" は，以下のページから入手できる．
https://github.com/hadley/adv-r/blob/master/dsl-html-attributes.r

### 15.1.4 タグ関数

以上の p() の定義を用いると，他のタグにこのアプローチを適用するのはたやすい．必要なのは，"p" を変数に置き換えることだけである．タグの名前を指定されるとそのタグを生成する関数を作るため，ここでクロージャ (closure) を利用しよう．

```
tag <- function(tag) {
  force(tag)
  function(...) {
    args <- list(...)
    attribs <- html_attributes(named(args))
    children <- unlist(escape(unnamed(args)))

    html(paste0(
      "<", tag, attribs, ">",
      paste(children, collapse = ""),
      "</", tag, ">"
    ))
  }
}
```

(ループ内でこの関数が呼び出されることもあるので，tag 引数を強制評価している．これによって，遅延評価に起因するバグを回避できる．)

こうして，以前に示した例を実行できる．

```
p <- tag("p")
b <- tag("b")
i <- tag("i")
p("テキスト", b("太字のテキスト"), i("イタリックのテキスト"),
  class = "mypara")
#> <HTML> <p class =
#> 'mypara'>テキスト<b>太字のテキスト</b><i>イタリックのテキスト</i></p>
```

他のすべての HTML タグに対して関数を記述する前に，空タグに対する tag() のバリエーションを生成しておく必要がある．基本的には tag() にほぼ同じだが，名前のないタグがあると，エラーを投げる必要がある．また，タグの構造自体も少し異なる．

```
void_tag <- function(tag) {
```

```
  force(tag)
  function(...) {
    args <- list(...)
    if (length(unnamed(args)) > 0) {
      stop("タグ ", tag, " は子をもてません", call. = FALSE)
    }
    attribs <- html_attributes(named(args))

    html(paste0("<", tag, attribs, " />"))
  }
}

img <- void_tag("img")
img(src = "myimage.png", width = 100, height = 100)
#> <HTML> <img src = 'myimage.png' width = '100' height = '100' />
```

### 15.1.5 すべてのタグの処理

次に，HTML のすべてのタグのリストが必要である．

```
tags <- c("a", "abbr", "address", "article", "aside", "audio",
  "b","bdi", "bdo", "blockquote", "body", "button", "canvas",
  "caption","cite", "code", "colgroup", "data", "datalist",
  "dd", "del","details", "dfn", "div", "dl", "dt", "em",
  "eventsource","fieldset", "figcaption", "figure", "footer",
  "form", "h1", "h2", "h3", "h4", "h5", "h6", "head", "header",
  "hgroup", "html", "i","iframe", "ins", "kbd", "label",
  "legend", "li", "mark", "map","menu", "meter", "nav",
  "noscript", "object", "ol", "optgroup", "option", "output",
  "p", "pre", "progress", "q", "ruby", "rp","rt", "s", "samp",
  "script", "section", "select", "small", "span", "strong",
  "style", "sub", "summary", "sup", "table", "tbody", "td",
  "textarea", "tfoot", "th", "thead", "time", "title", "tr",
  "u", "ul", "var", "video")

void_tags <- c("area", "base", "br", "col", "command", "embed",
  "hr", "img", "input", "keygen", "link", "meta", "param",
  "source", "track", "wbr")
```

このリストを注意深く眺めると，基本パッケージの関数と同じ名前をもつ

タグ (`body`, `col`, `q`, `source`, `sub`, `summary`, `table`) が相当数あり，それ以外にもよく利用されるパッケージ（たとえば，`map`）と同じ名前のタグがあることがわかるだろう．したがって，これらの関数をグローバル環境あるいはパッケージ環境でデフォルトで利用可能にするわけにはいかない．代わりに，これらはリストに入れ，必要な場合に簡単にコードを呼び出せるよう，追加の処理を加えておこう．

```
tag_fs <- c(
  setNames(lapply(tags, tag), tags),
  setNames(lapply(void_tags, void_tag), void_tags)
)
```

これにより，タグ関数を呼び出す明確な（反面，やや冗長な）方法が用意された．

```
tag_fs$p("テキスト.", tag_fs$b("太字のテキスト"),
  tag_fs$i("イタリックのテキスト"))
#> <HTML> <p>テキスト．<b>太字のテキスト</b><i>イタリックのテキスト</i></p>
```

このリストにそってコードを評価する関数を用意して，HTML ドメイン特化言語を完成させよう．

```
with_html <- function(code) {
  eval(substitute(code), tag_fs)
}
```

これにより必要な場合に HTML を記述でき，しかし名前空間をかき乱すことはない簡潔な API ができあがる．

```
with_html(body(
  h1("ヘッディング", id = "first"),
  p("テキスト &", b("太字のテキスト.")),
  img(src = "myimg.png", width = 100, height = 100)
))
#> <HTML> <body><h1 id = 'first'>ヘッディング</h1><p>テキスト
#> &amp;<b>太字のテキスト．</b></p><img src = 'myimg.png' width
#> = '100' height = '100' /></body>
```

`with_html()` の中で，HTML のタグによって上書きされた同じ名前の R

の関数にアクセスしたいなら，パッケージ名::関数名と特定することにより実行できる．

### 15.1.6 エクササイズ

1. `<script>` タグと `<style>` タグのエスケープ規則は異なる．かぎカッコやアンパサンドをエスケープしたくはないが，`</script>` か `</style>` をエスケープしたいという状況を想定しよう．この規則に従うよう上記のコードを変更せよ．
2. すべての関数に ... を使用することには大きな欠点がある．入力に対する検証は行われず，これらの引数の使用方法についてドキュメントから情報は得られず，また自動補完機能 (autocomplete) も効かないだろう．以下のように，名前付きタグとその属性の名前が渡された場合に，この問題を解決する関数を生成する新しい関数を用意せよ．

    ```
    list(
      a = c("href"),
      img = c("src", "width", "height")
    )
    ```

    すべてのタグが `class` 属性と `id` 属性を備えるようにすべきだ．
3. 現状は，作成された HTML は見栄えが悪く，構造の把握が困難である．そこでインデントなどのフォーマットが可能になるよう `tag()` を修正するにはどうするか．

---

## 15.2 LaTeX

続いて扱うドメイン特化言語は，R の表現式を LaTeX の数式に変換するものである（?plotmath に似ているが，描画ではなくテキストが対象である）．LaTeX は，数学者や統計学者の共通言語となっており，テキストで数式を表したい場合（たとえば，e メール），LaTeX の式として記述される[6]．R と LaTeX の両方を用いて作成されるレポートも多いので，数式を表わす

---

[6] 訳注：LaTeX の詳細については，例えば以下の書籍などの参照を推奨する．奥村晴彦，黒木裕介著『LaTeX2ε 美文書作成入門 改訂第 6 版』，技術評論社，2013 年．

コードを一方から他方へ自動的に変換できると便利だろう.

関数と名前の両方を変換する必要があるため，この数式用のドメイン特化言語は HTML に比べて複雑になることだろう．未知の関数が渡された場合は一般的な変換が適用されるよう，「デフォルト」の変換も指定しておく必要がある．HTML のドメイン特化言語のように，トランスレータの生成を容易にする汎関数も作成しよう．

最初に，LaTeX で数式を表現する仕組みを簡単に説明しよう．

### 15.2.1 LaTeX の数式

LaTeX の数式は複雑であるが，ドキュメントが非常によく整備されている[7]．その意味では，LaTeX の数式の構造そのものはかなり単純である．

- 単純な数式の大半は，R で打ち込むのと同様に，x * y, z ^ 5 のように記述される．添字は，_ を用いて記述される（たとえば，x_1）．
- 特殊文字は，\で始まる．たとえば，\pi は $\pi$，\pm は $\pm$ などである．LaTeX で利用できる記号は非常に大量にある．latex 数学 記号で検索すると，多くのリスト[8] が見つかる．ブラウザで記号をスケッチすると見つけてくれるサービス[9] もある．
- より複雑な関数は，\name{arg1}{arg2} のような格好をしている．たとえば，\frac{a}{b} である．平方根を記述するためには，\sqrt{a} を用いる．
- 複雑なシンボルをまとめるためには，{} を使用する．すなわち，x ^ a + b と x ^ {a + b} は区別される．
- 優れた数学の活字では，変数と関数は区別される．しかし，他に情報がなければ，LaTeX は f(a * b) が，関数 f が入力 a * b を呼び出しているのか，それとも f * (a * b) を短縮したものなのかを区別できない．f が関数だとして，\textrm{f}(a * b) のように立体のフォントでタイプセットするように LaTeX に命令できる．

---

[7] http://en.wikibooks.org/wiki/LaTeX/Mathematics
[8] http://www.sunilpatel.co.uk/latex-type/latex-math-symbols/
[9] http://detexify.kirelabs.org/classify.html

### 15.2.2 本節の目標

本節の目標は,以上の規則を用いて R の表現式を適切な LaTeX の表現に自動的に変換することにある.4段階に分けて取り組んでいく.

- 既知の記号を変換する: pi -> \pi
- 他の記号は変換せずにそのままにする: x -> x, y -> y
- 既知の関数を特別な形式に変換する: sqrt(frac(a, b)) -> \sqrt{\frac{a, b}}
- 未知の関数を \textrm で囲む: f(a) -> \textrm{f}(a)

HTML のドメイン特化言語の場合とは逆の方向で,この変換をコーディングしていこう.基礎的な部品から始めた方が,試行がやりやすくなる.その上で,期待する出力を生成するように変更していこう.

### 15.2.3 数式への変換

まず始めに,R の表現式を LaTeX の数式に変換するラッパ関数が必要である.このラッパ関数は,to_html() と同様に動作させる.すなわち,評価されていない表現式を捕捉して特殊な環境で評価する.しかし,この特殊な環境は固定させず,表現式によって変化することになる.これは,未知の記号や関数を扱えるようにするために必要となる.

```
to_math <- function(x) {
  expr <- substitute(x)
  eval(expr, latex_env(expr))
}
```

### 15.2.4 既知の記号

最初のステップは,pi を \pi に変換するように,ギリシャ文字に使用される LaTeX の特殊記号を変換する環境を生成することである.この基本的なトリックは複数の列をその名前で抽出するために subset でも使用されている (subset(mtcars, , cyl:wt)).すなわち,特殊な環境で名前と文字列をバインディングするのである.

ベクトルに名前を付け,ベクトルをリストに変換し,リストを環境に変換

することにより環境を生成する.

```
greek <- c(
  "alpha", "theta", "tau", "beta", "vartheta", "pi", "upsilon",
  "gamma", "gamma", "varpi", "phi", "delta", "kappa", "rho",
  "varphi", "epsilon", "lambda", "varrho", "chi", "varepsilon",
  "mu", "sigma", "psi", "zeta", "nu", "varsigma", "omega", "eta",
  "xi", "Gamma", "Lambda", "Sigma", "Psi", "Delta", "Xi",
  "Upsilon", "Omega", "Theta", "Pi", "Phi")
greek_list <- setNames(paste0("\\", greek), greek)
greek_env <- list2env(as.list(greek_list), parent = emptyenv())
```

次に,結果を確認する.

```
latex_env <- function(expr) {
  greek_env
}

to_math(pi)
#> [1] "\\pi"

to_math(beta)
#> [1] "\\beta"
```

### 15.2.5 未知の記号

記号がギリシャ文字ではないなら,そのままにしたい.しかし,どのような記号が使用されているか事前にはわからず,またすべての記号をあらかじめ生成することはできないため,これはトリッキーである.そこで表現式にどのような記号が存在しているかをチェックするためにメタプログラミングの技法を少しばかり利用する.all_names() は表現式をとり,それが名前であれば文字列に変換し,呼び出しの場合はその引数を再帰的に処理する.

```
all_names <- function(x) {
  if (is.atomic(x)) {
    character()
  } else if (is.name(x)) {
    as.character(x)
  } else if (is.call(x) || is.pairlist(x)) {
    children <- lapply(x[-1], all_names)
```

```
    unique(unlist(children))
  } else {
    stop("型 ", typeof(x), " の扱い方がわかりません",
      call. = FALSE)
  }
}

all_names(quote(x + y + f(a, b, c, 10)))
#> [1] "x" "y" "a" "b" "c"
```

　ここで，記号のリストを受け取り，それぞれの記号が対応する文字列表現にマッピングされるように，環境に変換したい（すなわち，eval(quote(x), env) が "x" を生成する）．再び，名前が付いた文字列のベクトルをリストに変換した後に，リストを環境に変換するパターンを使う．

```
latex_env <- function(expr) {
  names <- all_names(expr)
  symbol_list <- setNames(as.list(names), names)
  symbol_env <- list2env(symbol_list)

  symbol_env
}

to_math(x)
#> [1] "x"

to_math(longvariablename)
#> [1] "longvariablename"

to_math(pi)
#> [1] "pi"
```

　上記のコードは動作するが，ギリシャ文字の記号の環境と連携させる必要がある．標準文字よりもギリシャ文字を優先したいので（たとえば，to_math(pi) は "pi" ではなく "\\pi" を生成させる），symbol_env は greek_env の親環境としたい．これには新しい親環境を指定して greek_env のコピーを生成する必要がある．R には環境をコピーする関数は用意されていないが，既存の2つの関数を組み合わせることで簡単に生成できる．

```
clone_env <- function(env, parent = parent.env(env)) {
```

## 第15章 ドメイン特化言語

```
  list2env(as.list(env), parent = parent)
}
```

この関数を用いると，既知の記号（ギリシャ文字）と未知の記号の両方を変換できる関数を作成できる．

```
latex_env <- function(expr) {
  # 未知の記号
  names <- all_names(expr)
  symbol_list <- setNames(as.list(names), names)
  symbol_env <- list2env(symbol_list)

  # 既知の記号
  clone_env(greek_env, symbol_env)
}

to_math(x)
#> [1] "x"

to_math(longvariablename)
#> [1] "longvariablename"

to_math(pi)
#> [1] "\\pi"
```

### 15.2.6 既知の関数

次に，ドメイン特化言語に関数を追加しよう．まずは，新たな単項演算子または中置演算子の追加を容易にするヘルパのクロージャから始めよう．これらの関数は，単に文字列を集めているだけであり，非常に単純である．（ここで，正しいときに引数が評価されることを確かめるために，force() をここでも使用する．）

```
unary_op <- function(left, right) {
  force(left)
  force(right)
  function(e1) {
    paste0(left, e1, right)
  }
}
```

```
binary_op <- function(sep) {
  force(sep)
  function(e1, e2) {
    paste0(e1, sep, e2)
  }
}
```

これらのヘルパ関数を用いて，R から LaTeX に変換する事例を示そう．また R のレキシカルスコープ規則のおかげで +, -, *, そして ( や { のような標準的な関数に新しい意味を割り当てるのは簡単である．

```
# 中置演算子
f_env <- new.env(parent = emptyenv())
f_env$"+" <- binary_op(" + ")
f_env$"-" <- binary_op(" - ")
f_env$"*" <- binary_op(" * ")
f_env$"/" <- binary_op(" / ")
f_env$"^" <- binary_op("^")
f_env$"[" <- binary_op("_")

# グルーピング
f_env$"{" <- unary_op("\\left{ ", " \\right}")
f_env$"(" <- unary_op("\\left( ", " \\right)")
f_env$paste <- paste

# その他の数学関数
f_env$sqrt <- unary_op("\\sqrt{", "}")
f_env$sin <- unary_op("\\sin(", ")")
f_env$log <- unary_op("\\log(", ")")
f_env$abs <- unary_op("\\left| ", "\\right| ")
f_env$frac <- function(a, b) {
  paste0("\\frac{", a, "}{", b, "}")
}

# ラベリング
f_env$hat <- unary_op("\\hat{", "}")
f_env$tilde <- unary_op("\\tilde{", "}")
```

latex_env() がこの環境を含むように再び修正しよう．この環境は，R が

356　第15章　ドメイン特化言語

名前を探す最後の環境とすべきだ．言い換えると，例えば sin(sin) は動作しなればいけない．

```
latex_env <- function(expr) {
  # 既知の関数
  f_env

  # デフォルトの記号
  names <- all_names(expr)
  symbol_list <- setNames(as.list(names), names)
  symbol_env <- list2env(symbol_list, parent = f_env)

  # 既知の記号
  greek_env <- clone_env(greek_env, parent = symbol_env)
}

to_math(sin(x + pi))
#> [1] "\\sin(x + \\pi)"

to_math(log(x_i ^ 2))
#> [1] "\\log(x_i^2)"

to_math(sin(sin))
#> [1] "\\sin(sin)"
```

### 15.2.7　未知の関数

最後に，未知の関数に対してデフォルトの動作を加える．未知の名前と同様に，これらがどのような関数になるのかあらかじめ知ることはできない．そこで，これらを識別するために再度メタプログラミングに頼ろう．

```
all_calls <- function(x) {
  if (is.atomic(x) || is.name(x)) {
    character()
  } else if (is.call(x)) {
    fname <- as.character(x[[1]])
    children <- lapply(x[-1], all_calls)
    unique(c(fname, unlist(children)))
  } else if (is.pairlist(x)) {
    unique(unlist(lapply(x[-1], all_calls), use.names = FALSE))
  } else {
```

```
    stop("型 ", typeof(x), " の扱い方がわかりません", call. = FALSE)
  }
}

all_calls(quote(f(g + b, c, d(a))))
#> [1] "f" "+" "d"
```

そして，未知の呼び出しごとに関数を生成するクロージャが必要となる．

```
unknown_op <- function(op) {
  force(op)
  function(...) {
    contents <- paste(..., collapse = ", ")
    paste0("\\mathrm{", op, "}(", contents, ")")
  }
}
```

ここでもまた，latex_env() を更新する．

```
latex_env <- function(expr) {
  calls <- all_calls(expr)
  call_list <- setNames(lapply(calls, unknown_op), calls)
  call_env <- list2env(call_list)

  # 既知の関数
  f_env <- clone_env(f_env, call_env)

  # デフォルトの記号
  symbols <- all_names(expr)
  symbol_list <- setNames(as.list(symbols), symbols)
  symbol_env <- list2env(symbol_list, parent = f_env)

  # 既知の記号
  greek_env <- clone_env(greek_env, parent = symbol_env)
}

to_math(f(a * b))
#> [1] "\\mathrm{f}(a * b)"
```

### 15.2.8　エクササイズ

1. エスケープを追加せよ．\, $, % は，その直前にバックスラッシュを追加してエスケープする必要がある．HTML と同様に，二重エスケープとならないように確かめなければならない．そこで，簡易的に S3 クラスを生成し，関数演算子の中で使用せよ．これにより，必要なら任意の LaTeX のコードを埋め込めるようになる．
2. `plotmath` がサポートするすべての関数を扱えるように，ドメイン特化言語を完成させよ．
3. `latex_env()` には繰り返しパターンがある．文字列ベクトルをとり，それぞれの断片に何らかの処理を行い，リストに変換し，その後リストを環境に変換する．このタスクを自動化する関数を記述し，続いて `latex_env()` を書き直せ．
4. **dplyr** パッケージのソースコードを研究せよ．**dplyr** パッケージの構造で重要なのは `partial_eval()` である．これは，データベース内の変数を参照する要素と，ローカルの R のオブジェクトを参照する要素とが混在する表現式を管理するのに役立つ．R の小さな表現式を JavaScript や Python のような他の言語に変換する必要がある場合でも，同様の考え方を使えることに注意せよ．

# 第 IV 部

## パフォーマンス

# 16
# パフォーマンス

　Rは高速な言語ではない．たまたま偶然そうなったのではない．Rは，データ分析と統計解析を実行しやすくなるように設計されている．コンピュータの処理が優先されているわけではないのだ．実際，他のプログラミング言語と比べるとRは遅いが，大半の目的には十分に速い．

　本部の目的は，Rのパフォーマンスの特性について理解を深めることにある．本章を通じてRが柔軟性のためにパフォーマンスを犠牲にしていることがわかるだろう．本部では，パフォーマンスよりも柔軟性を重視しながら，Rが引き起こすいくつかのトレードオフについて学ぶ．続く4つの節で，必要があればコードの実行速度を改善するスキルが身に付くだろう．

- 第17章「コードの最適化」では，コードを高速化するための体系的な方法について学ぶ．まず初めに何が遅いのかを理解し，次に遅い箇所を高速化するための一般的なテクニックをいくつか適用する．

- 第18章「メモリ」では，Rがメモリを使用する方法，およびガベージコレクションとコピー修正 (copy-on-modify) がパフォーマンスとメモリ使用に与える影響について学ぶ．

- 現実的にパフォーマンスの高いコードを作成するために，Rから他のプログラミング言語に切り替えられる．第19章「**Rcpp**パッケージを用いたハイパフォーマンスな関数」では，**Rcpp**パッケージを用いて高速なコードを記述できるように，C++について必要最小限の知識を学ぶ．

- 組み込みの基本関数の性能を真に理解するためには，RのC言語APIについて多少学ぶ必要があるだろう．第20章「RとC言語のインターフェイス」では，RのC言語インターフェイスについて簡単に解説する．

まずはRがなぜ遅いかについて学ぶことから始めてみよう．

## 16.1 Rはなぜ遅いか

Rのパフォーマンスを理解するためには，言語とその言語の実装という2つの側面から考えると役に立つ．実はR言語は一種の抽象で，コードの意味とその動作を定義しているにすぎない．一方，その実装は具体的であり，Rのコードを読み込み結果を計算する 最も一般的な実装が，r-project.org[1]で公開されている．この実装をGNU-Rと呼び，R言語や本章の後半で議論する他の実装と区別しよう．

R言語とGNU-Rの区別は多少曖昧である．その理由は，R言語は公式的には定義されていないためである．"R language definition"[2]は存在しているものの，非公式であり完全なものではない．R言語は，実際にはGNU-Rの動作によって定義されているといえる．この状況は，C++[3]やJavascript[4]のような他の言語とは対照的である．これらの言語では，言語のあらゆる側面の動作について詳細に説明する公式の仕様が提供されており，言語と実装が明確に区別されている．しかし，R言語とGNU-Rを区別するのは役にも立つ．言語に起因する貧弱なパフォーマンスは，既存のコードを解体せずには修正できない．一方，パフォーマンスの貧弱さが実装に起因するのであれば修正しやすい．

16.3節「言語のパフォーマンス」では，R言語の設計がより速度に関する基本的な制約について議論する．16.4節「実装のパフォーマンス」では，なぜ現状のGNU-Rが理論的な最高点とはほど遠い位置にいるか，そしてなぜパフォーマンスの改善がこれほどゆっくりとしか行われていないかについて議論する．よりよい実装によってどの程度高速化するかについて正確に知ることは難しいが，10倍以上の速度の改善は達成できるように思われる．16.5節「代替のRの実装」では，Rの有望な新しい実装について議論し，Rの

---

[1] http://r-project.org
[2] http://cran.r-project.org/doc/manuals/R-lang.html
[3] http://isocpp.org/std/the-standard
[4] http://www.ecma-international.org/publications/standards/Ecma-262.htm

コードを速く実行するためにこれらのコードが用いている重要なテクニックについて説明する．

　R の設計や実装に起因するパフォーマンスの限界はあるものの，大半の R のコードが遅いのは記述の仕方がよくないためであると言わざるを得ない．R のユーザの中でプログラミング言語やソフトウェア開発の訓練を正式に受けた者はほとんどいない．R のコードを書くことを仕事とするユーザはさらに少ない．大半のユーザは，データを理解するために R を使っているのである．多くのユーザにとっては，答えを素早く得ることの方が，多種多様な状況で機能するシステムを開発することよりも重要なのである．つまり R のコードを高速化するのは，実は比較的容易なのだ．以下の節でこの点を説明する．

　R 言語と GNU-R の遅い箇所を調べる前に，性能面に関する直感を具体的なものにするために，ベンチマーキングについて多少学ぶ必要がある．

## 16.2　マイクロベンチマーキング

　マイクロベンチマーキングとは，実行にマイクロ秒 ($\mu$s) やナノ秒 (ns) しかかからないコードの非常に小さな断片の性能を測定することである．R の機能について直感を養うために，マイクロベンチマークを使って R コードの非常に低レイヤーの性能を示そう．直感は全般的に，実際のコードの速度を向上させるのに役立たない．マイクロベンチマークで観測される測定結果に差異が生じているとしたら，その理由は決まってコードの高レイヤーの影響によるものが支配的となっているだろう．これは，パンを焼くときに原子物理学の深い理解がそれほど役に立たないことと同様である．マイクロベンチマークの結果によってコードを変更してはならない．続く節の実践的なアドバイスを読むまで待ってほしい．

　R でマイクロベンチマーキングを実行する最適なツールは，**microbenchmark** パッケージ[5]である．このパッケージを用いると非常に正確に実行時間を測定できるようになり，わずかな時間しかかからない処理の比較が可能

---

[5] http://cran.r-project.org/web/packages/microbenchmark/

になる．たとえば，次のコードは平方根を計算する2つの方法の速度を比較
している．

```
library(microbenchmark)

x <- runif(100)
microbenchmark(
  sqrt(x),
  x ^ 0.5
)
#> Unit: nanoseconds
#>     expr   min    lq median    uq    max neval
#>  sqrt(x)   595   625    640   680  4,380   100
#>   x^0.5 3,660 3,700  3,730 3,770 33,600   100
```

デフォルトでは，microbenchmark()はそれぞれの式を100回実行する
(timesパラメータによって制御される)．このプロセスでは，式の順序を
ランダムに並び替える．結果は，最小値(min)，第一四分位点(lq)，中央値
(median)，第三四分位点(uq)，最大値(max)によって要約される．中央値お
よび第三四分位点と第一四分位点(lqとuq)に注目すると，実行速度の変
動について感覚をつかめる．この例では，用途の明確なsqrt()を使用した
方が，一般的な指数演算子よりも高速であることを確認できる．

マイクロベンチマーク全般にいえることだが，計測単位には注意しよう．
例えば各計算に約800ナノ秒かかるというのは，800億分の1秒だけ時間が
かかることに相当する．実行時のマイクロベンチマーク自体の感覚を推し量るに
は，1秒間に関数が何回実行されるのかに置き換えて考えるのが役に立つだ
ろう．

- 1ミリ秒では，1秒間に1000回
- 1マイクロ秒では，1秒間に100万回
- 1ナノ秒では，1秒間に10億回

sqrt()は100個の数値の平方根を計算するのに約800ナノ秒，すなわち
0.8マイクロ秒かかっている．これは100万回処理を繰り返したら，0.8秒
かかることを意味する．したがって，平方根を計算する方法を変更したとし
ても，現実のコードに重大な影響を与えることはなさそうである．

## 16.2.1 エクササイズ

1. `microbenchmark()` を使用する代わりに，組み込みの `system.time()` を使用できる．しかし，`system.time()` は精度がかなり劣るため，以下のコードのようにループを用いて各処理を複数回繰り返し，平均時間を求めるために除算を行う必要がある．

   ```
   n <- 1:1e6
   system.time(for (i in n) sqrt(x)) / length(n)
   system.time(for (i in n) x ^ 0.5) / length(n)
   ```

   `system.time()` から得られる測定結果は，`microbenchmark()` から得られる測定結果とどのように比較されるか．両者はなぜ異なるか．

2. 以下に示すように，ベクトルの平方根を計算するための別の方法が2つある．どちらが速く，どちらが遅いと考えるか．答えを検証するために，マイクロベンチマーキングを使用せよ．

   ```
   x ^ (1 / 2)
   exp(log(x) / 2)
   ```

3. マイクロベンチマーキングを使用して，基本的な算術演算子 (+, -, *, /, ^) を速度の順にランキングし，結果を可視化せよ．整数と倍精度浮動小数点に対する算術の速度を比較せよ．

4. `unit` パラメータにより，マイクロベンチマークの結果を表示する単位を変更できる．`unit = "eps"` は，1秒間に行われる評価の回数を表示する．上記のベンチマークを eps 単位で繰り返し実行せよ．これにより，性能に対する直感はどのように変更されるか．

## 16.3 言語のパフォーマンス

本節では，R 言語のパフォーマンスを制約する3つのトレードオフについて調べる．3つのトレードオフとは，究極的な動的特性 (extreme dynamism)，変更可能な環境を用いた名前の検索 (name lookup with mutable environment)，関数の引数の遅延評価 (lazy evaluation of function argument) である．これらのトレードオフが GNU-R をいかに遅くするかにつ

いて，マイクロベンチマークを示しながら説明する．R言語をベンチマークすることはできないため（コードを実行できない），GNU-R をベンチマークする．ベンチマークの結果は GNU-R の設計に関して行われた意思決定のコストを示唆するに過ぎないが，それでも有益である．これら3つの例をとりあげたのは，言語設計にポイントとなるトレードオフをいくつか説明するためである．言語の設計者は，速度，柔軟性，そして実装しやすさのバランスをとらなければならない．

R 言語のパフォーマンス特性とそれが実際のコードに及ぼす影響について知りたいなら，Floréal Morandat, Brandon Hill, Leo Osvald, Jan Vitek による "Evaluating the Design of the R Language"[6] を一読することを推奨する．この文献では，修正されたRのインタプリタと広範にわたる生身のコードを組み合わせた強力なメソドロジーを使用している．

### 16.3.1 究極的な動的特性

R は，きわめて動的なプログラミング言語だ．ほとんどすべてが生成後でも修正可能である．いくつか例を挙げよう．

- 関数の中身，引数，環境は変更可能
- 総称関数に対するS4メソッドは変更可能
- S3のオブジェクトに新しいフィールドを追加可能．そのクラスさえも変更可能
- ローカル環境の外部にあるオブジェクトを <<- で変更可能

唯一変更できないのは，隠蔽された名前空間にあるオブジェクトである．このオブジェクトは，パッケージをロードした際に生成される．

動的特性の利点は，事前に最小限の計画を立てるだけで済むことにある．考えが変わったら，まったく新規に始めることなく変更を加えるだけでよい．動的特性の欠点は，関数の呼び出しで発生することについて正確な予測が難しいことだ．これが問題なのは，何が起きるかを事前に予測できればインタプリタやコンパイラに最適化させるのが簡単になるからだ．（Charles

---

[6] http://r.cs.purdue.edu/pub/ecoop12.pdf

## 16.3 言語のパフォーマンス

Nutter がこのアイデアを "On Languages, VMs, Optimization, and the Way of the World"[7] で拡張しているので，詳細を知りたれば参照されたい）．インタプリタが事前に発生することを予測できない場合，多くのオプションを検討した後で，ようやく正しいオプションを見つけることになる．例えば次のループは，x が常に整数であることを R が事前に知らされていないために遅い．R は，ループの繰り返しのたびに適切な + メソッド（浮動小数点を足すためのメソッドなのか，あるいは整数を足すのか）を探す必要があるのだ．

```
x <- 0L
for (i in 1:1e6) {
  x <- x + 1
}
```

正しいメソッドを見つけるコストは，プリミティブでない関数ではさらに高くなる．次のマイクロベンチマークはS3 と S4，そして参照クラス (RC) それぞれにおけるメソッドのディスパッチのコストを示している．各オブジェクト指向システムに対して総称関数とメソッドをそれぞれ1つ用意し，次に総称関数を呼び出してメソッドが見つけ出されるまでに要した時間を確認している．また比較のために，直接関数を呼び出すのにかかる時間も計測している．

```
f <- function(x) NULL

s3 <- function(x) UseMethod("s3")
s3.integer <- f

A <- setClass("A", representation(a = "list"))
setGeneric("s4", function(x) standardGeneric("s4"))
setMethod(s4, "A", f)

B <- setRefClass("B", methods = list(rc = f))

a <- A()
b <- B$new()
```

---

[7] http://blog.headius.com/2013/05/on-languages-vms-optimization-and-way.html

```
microbenchmark(
  fun = f(),
  S3 = s3(1L),
  S4 = s4(a),
  RC = b$rc()
)
#> Unit: nanoseconds
#>  expr    min     lq median     uq     max neval
#>   fun    155    201    242    300   1,670   100
#>    S3  1,960  2,460  2,790  3,150  32,900   100
#>    S4 10,000 11,800 12,500 13,500  19,800   100
#>    RC  9,650 10,600 11,200 11,700 568,000   100
```

筆者の計算機では，関数の直接呼び出しには約 200 ナノ秒かかった．S3 のメソッドディスパッチはそれに加えて 2,000 ナノ秒，S4 のディスパッチは 11,000 ナノ秒，そして RC のディスパッチは 10,000 ナノ秒，それぞれ追加の時間がかかってしまっている．R は総称関数が呼び出されるたびに毎回正しいメソッドを探さなければならないため，S3 と S4 のディスパッチは時間がかかる．すなわち，前の呼び出しと今の呼び出しの間でメソッドが異なる可能性があるのだ．呼び出しのたびにメソッドをキャッシングしておくと R のパフォーマンスは向上するかもしれない．しかし，キャッシングは正しく実行することが難しく，バグの温床となることで知られている．

### 16.3.2 変更可能な環境を用いた名前の検索

R 言語では，名前に紐付けられた値を探し出すのが驚くほど困難である．これはレキシカルスコーピングと究極的な動的特性の組み合せに原因がある．次の例を見てみよう．a は print を実行されるたびに異なる環境から呼び出される．

```
a <- 1
f <- function() {
  g <- function() {
    print(a)
    assign("a", 2, envir = parent.frame())
    print(a)
    a <- 3
```

```
    print(a)
  }
  g()
}
f()
#> [1] 1
#> [1] 2
#> [1] 3
```

このことは，名前の検索が一度では済まないことを意味している．すなわち，毎回白紙から始めなければならない．この問題は，ほぼすべての処理がレキシカルスコープによる関数呼び出しであるという事実によって悪化する．次の単純な関数は，2 つの関数 + と ^ を呼び出していると思うかもしれない．しかし，実際は { と ( は R の通常の関数であるため，4 つの関数を呼び出しているのである．

```
f <- function(x, y) {
  (x + y) ^ 2
}
```

これらの関数は基本パッケージの環境にあるため，R はサーチパスに存在するすべての環境を調べなければならない．しかしサーチパスに登録される環境の数は，容易に 10 ないしは 20 には上る．次のマイクロベンチマークは，パフォーマンスのコストについて示唆している．ここで 4 つの f() は，f() 自身の環境と，+, ^, (, そして { が定義されている基本の環境との間に，さらに余分な（26 個の名前と値が束縛されている）環境が挿入されている．

```
random_env <- function(parent = globalenv()) {
  letter_list <- setNames(as.list(runif(26)), LETTERS)
  list2env(letter_list, envir = new.env(parent = parent))
}
set_env <- function(f, e) {
  environment(f) <- e
  f
}
f2 <- set_env(f, random_env())
f3 <- set_env(f, random_env(environment(f2)))
f4 <- set_env(f, random_env(environment(f3)))
```

# 第16章 パフォーマンス

```
microbenchmark(
  f(1, 2),
  f2(1, 2),
  f3(1, 2),
  f4(1, 2),
  times = 10000
)
#> Unit: nanoseconds
#>     expr min  lq median  uq     max neval
#>  f(1, 2) 591 643    730 876 711,000 10000
#> f2(1, 2) 616 690    778 920  56,700 10000
#> f3(1, 2) 666 722    808 958  32,600 10000
#> f4(1, 2) 690 762    850 995 846,000 10000
```

f() と基本の環境の間に追加した環境によって，それぞれ約 30 ナノ秒だけ関数の実行が遅くなっている．

R が各名前の値を一度だけ検索するだけでよくなるように，キャッシングシステムを実装することが可能かもしれない．しかし，名前に紐付けられた値を変更する方法に <<-, assign(), eval() などの多くの種類があるため，これは困難である．キャッシングシステムは，キャッシュを無効化する仕組みが正しく動作し，古い値が返されることがないことを保証しなければならないからだ．

他に考えられる単純な修正方法として，上書きできない組み込みの定数を多く追加することが考えられるだろう．例えば，R が常に +, -, {, ( の意味を知っていれば，これらの定義を繰り返し検索する必要はない．しかし，これによりインタプリタは複雑さを増し（特例がより多くあるからである），管理が難しくなり，言語の柔軟性が低下するだろう．これは R 言語の構造を変化させることになるが，{ や ( のような関数を上書きするというのはあまりに悪い考えであるため，結局，既存のコードに影響を与えるようにはならないだろう．

### 16.3.3 遅延評価のオーバーヘッド

R では，関数の引数は遅延評価される（6.4.4 項「遅延評価」と 13.1 節「表

現式の捕捉」で議論された）．遅延評価を実装するために，R は，結果の計算に必要な表現式および計算の実行環境を保持するプロミスオブジェクトを使用する．これらのオブジェクトの生成にはオーバーヘッドがかかるため，関数に引数を追加するたびに実行速度は若干低下する．

次のマイクロベンチマークは，非常に単純な関数の実行時間を比較している．それぞれの関数は 1 つだけ引数が追加されている．この結果から，関数に引数を追加すると 20 ナノ秒程度実行が遅くなることが読み取れる．

```
f0 <- function() NULL
f1 <- function(a = 1) NULL
f2 <- function(a = 1, b = 1) NULL
f3 <- function(a = 1, b = 2, c = 3) NULL
f4 <- function(a = 1, b = 2, c = 4, d = 4) NULL
f5 <- function(a = 1, b = 2, c = 4, d = 4, e = 5) NULL
microbenchmark(f0(), f1(), f2(), f3(), f4(), f5(), times = 10000)
#> Unit: nanoseconds
#>  expr min  lq median  uq     max neval
#>  f0() 129 149    153 220   8,830 10000
#>  f1() 153 174    181 290  19,800 10000
#>  f2() 170 196    214 367  30,400 10000
#>  f3() 195 216    258 454   7,520 10000
#>  f4() 206 237    324 534  59,400 10000
#>  f5() 219 256    372 589 865,000 10000
```

他の大半のプログラミング言語では，引数を追加してもオーバーヘッドはほとんどかからない．多くのコンパイル言語では，引数が使われない場合は（上記の例のように）警告を出し，関数から自動的に削除するだろう．

### 16.3.4 エクササイズ

1. scan() は基本パッケージの関数の中でもっとも引数の数が多く，21 個ある．scan() が呼び出されるたびに 21 個のプロミスを生成するためにどの程度の時間がかかるだろうか．単純な入力が与えられたとき（たとえば，scan(text = "1 2 3", quiet = T)），これらのプロミスの生成にかかる実行時間の割合はどの程度だろうか．

2. "Evaluating the Design of the R Language"[8] に目を通せ．R 言語の速度を低下させる他の側面にはどのようなものがあるだろうか．説明のためにマイクロベンチマークを測定せよ．
3. S3 のメソッドディスパッチの性能は，ベクトルクラスの長さとともにどのように変化するか．S4 のメソッドディスパッチの性能は，継承する親クラスの数が増えるとどのように変化するか．RC ではどうか．
4. S4 のメソッドディスパッチにおける多重継承や多重ディスパッチのコストには，どのようなものがあるだろうか．
5. 基本パッケージの関数に対して，名前の検索のコストはなぜ相対的に小さいか．

## 16.4 実装のパフォーマンス

R 言語の設計には，理論的な性能の最大値の制約がある．しかし，現状の GNU-R はこの最大値からもほど遠い．性能を改善する（できるだろう）すべは無数にある．本節では，GNU-R について，言語定義ではなく実装に起因する速度の低下について議論する．

R は 20 年以上の歴史を持つ．R には，800,000 行近くにも上るコードが含まれている（約 45% が C 言語のコード，19% が R，そして 17% が Fortran）．R に対する変更は，R コアチーム（または，省略して R コア）のメンバーだけが行うことができる．現在，R コアチームには 20 人のメンバーがいる[9]が，日常的に開発に携わっているのは 6 人だけである．R コアチームのうち，R にフルタイムに関わっているのは 1 人もいない．メンバーの大半は統計学の教員で，R に費やすことのできる時間は限られている．既存のコードが破綻してしまうことを避けるため，R コアチームは新しいコードを受け付けるのに保守的である．このためパフォーマンスを改善させる可能性のある提案を R コアチームが却下するのを見るのはフラストレーションとなる．しかし，R コアチームにとっては，R の速度を向上させることよりも，デー

---

[8] http://r.cs.purdue.edu/pub/ecoop12.pdf
[9] http://www.r-project.org/contributors.html

タ解析と統計のための安定したプラットフォームを構築することの方が優先度が高いのだ．

以下では，現状では速度に問題のある箇所が，少しの努力で高速化し得る事例を2つ紹介する．これらはRの重大な欠陥というわけではないが，筆者にとっては長らくフラストレーションの原因となっていた．これらは，他のマイクロベンチマークと同様に，大半のコードのパフォーマンスに影響を与えることはないが，場合によっては重大な問題となることがある．

## 16.4.1 データフレームからの単一の値のデータ抽出

次のマイクロベンチマークは，組み込みの mtcars データセットから（最終行の最も右側にある）単一の値を取り出す7つの方法を示している．性能のばらつきは，驚くべきものである．最も遅い方法は，最も速い方法に比べて30倍以上の時間がかかっている．パフォーマンスにこれほど大きな差異が生じているのを放置する理由はないはずだ．単純に誰にも修正する時間がなかったのである．

```
microbenchmark(
  "[32, 11]"       = mtcars[32, 11],
  "$carb[32]"      = mtcars$carb[32],
  "[[c(11, 32)]]"  = mtcars[[c(11, 32)]],
  "[[11]][32]"     = mtcars[[11]][32],
  ".subset2"       = .subset2(mtcars, 11)[32]
)
#> Unit: nanoseconds
#>           expr    min     lq median     uq     max neval
#>       [32, 11] 17,300 18,300 18,900 20,000  50,700   100
#>      $carb[32]  9,300 10,400 10,800 11,500 389,000   100
#>  [[c(11, 32)]]  7,350  8,460  8,970  9,640  19,300   100
#>     [[11]][32]  7,110  8,010  8,600  9,160  25,100   100
#>       .subset2    253    398    434    472   2,010   100
```

## 16.4.2 ifelse(), pmin(), pmax()

基本関数のいくつかは，遅いことで知られている．例として以下でsquish()を3種類実装してみよう．この関数はベクトルの最小値が少な

くとも a であり，最大値が大きくても b であることを保証する関数である．最初の実装である squish_ife() は ifelse() を使用している．ifelse() は汎用性を重視して実装されており，すべての引数を完全に評価するため遅い．2番目の実装 squish_p() では，処理が特化されている pmin() と pmax() を使っているので，速度も期待できそうに思える．しかし，実際はかなり遅い．これらの関数は，任意の個数の引数をとることができるが，利用するメソッドを決定するために複雑な確認も行わなければならないためである．最後の実装は，基本的な付値を行っている．

```
squish_ife <- function(x, a, b) {
  ifelse(x <= a, a, ifelse(x >= b, b, x))
}
squish_p <- function(x, a, b) {
  pmax(pmin(x, b), a)
}
squish_in_place <- function(x, a, b) {
  x[x <= a] <- a
  x[x >= b] <- b
  x
}

x <- runif(100, -1.5, 1.5)
microbenchmark(
  squish_ife      = squish_ife(x, -1, 1),
  squish_p        = squish_p(x, -1, 1),
  squish_in_place = squish_in_place(x, -1, 1),
  unit = "us"
)
#> Unit: microseconds
#>             expr  min    lq median   uq   max neval
#>       squish_ife 78.8 83.90   85.1 87.0 151.0   100
#>         squish_p 18.8 21.50   22.5 24.6 426.0   100
#>  squish_in_place  7.2  8.41   10.3 10.9  64.6   100
```

pmin() と pmax() を使用すると ifelse() と比べて約3倍高速であり，付値を直接使用すると約2倍高速である．また C++ を利用すると，パフォーマンスがさらに改善されることがある．以下の例は，R による squish() の最善の実装を，比較的単純な（やや冗長でもある）C++ での実装と比較して

いる．C++ を一度も使ったことがなかったとしても，基本的な戦略を理解することはできるだろう．ループでベクトルの各要素値が a よりも小さい，または（かつ）b よりも大きいかどうかによって異なる処理が行われている．C++ による実装は，R による最良の実装と比べて約 3 倍高速である．

```
#include <Rcpp.h>
using namespace Rcpp;

// [[Rcpp::export]]
NumericVector squish_cpp(NumericVector x, double a, double b) {
  int n = x.length();
  NumericVector out(n);

  for (int i = 0; i < n; ++i) {
    double xi = x[i];
    if (xi < a) {
      out[i] = a;
    } else if (xi > b) {
      out[i] = b;
    } else {
      out[i] = xi;
    }
  }

  return out;
}
```

（R からこの C++ のコードにアクセスする方法は，第 19 章「**Rcpp** パッケージを用いたハイパフォーマンスな関数」で学ぶ）

```
microbenchmark(
  squish_in_place = squish_in_place(x, -1, 1),
  squish_cpp      = squish_cpp(x, -1, 1),
  unit = "us"
)
#> Unit: microseconds
#>             expr  min   lq median    uq  max neval
#>  squish_in_place 7.45 8.33   9.82 10.30 43.8   100
#>       squish_cpp 2.49 2.98   3.27  3.47 33.7   100
```

### 16.4.3 エクササイズ

1. `squish_ife()`, `squish_p()`, `squish_in_place()` のパフォーマンス特性は，x の大きさとともにかなり変化する．この違いについて調べよ．どのサイズで差異が最大そして最小となるか．
2. リストからの要素の抽出，行列からの列の抽出，データフレームからの列の抽出について，パフォーマンスのコストを比較せよ．行に対しても同様のことを実行せよ．

## 16.5 代替の R の実装

わくわくする R の新しい実装がある．これらはすべて，現在の言語定義に可能な限り近付けようとしているが，現代のインタプリタ設計に基づくアイデアを採用することで速度を向上させている．最も成熟したオープンソースのプロジェクトには，以下の 4 つがある．

- Radford Neal による pqR[10] (pretty quick R)．R.2.15.0 の上に構築され，パフォーマンスに明らかに問題のある箇所の多くを修正し，より優れたメモリ管理と自動的なマルチスレッドをサポートしている．
- BeDataDriven による Renjin[11]．Renjin は Java virtual machine を使用しており，拡張的なテストスイート[12] を有している．
- Purdue 大学のチームによる FastR[13]．FastR は Renjin と似ているが，Renjin と比較して最適化に精力が注がれているが，その分，成熟度は低い．
- Justin Talbot と Zachary DeVito による Riposte[14]．Riposte は実験段階にあり，意欲的なプロジェクトである．Riposte によって実装された R は部分的に極めて高速である．Riposte については，"Riposte: A

---

[10] http://www.pqr-project.org/
[11] http://www.renjin.org/
[12] http://packages.renjin.org/
[13] https://github.com/allr/fastr
[14] https://github.com/jtalbot/riposte

Trace-Driven Compiler and Parallel VM for Vector Code in R"[15] に詳細が説明されている．

以上のパッケージは，おおまかに実用的なものから意欲的なものの順に並べている．その他のプロジェクトに，Andrew Runnalls による CXXR[16] がある．CXXR は，性能の改善は行っていない．代わりに R 内部の C 言語のコードをリファクタリングし，将来の開発に耐える強固な基盤の構築を目指しているが，挙動については GNU-R との一致を保持しようともしている．また内部仕様について優れた包括的ドキュメントを整備しようとしている．

R は巨大な言語であり，これらのアプローチのいずれかが主流になるかどうかは現段階では何ともいえない．すべての R のコードが GNU-R と同じように実行される代替環境を作成するのは難しいタスクである．R のあらゆる関数を高速化するだけでなく，証言されているバグまでを完全に再現した実装が可能だろうか？ こうした実装の試みが GNU-R の隆盛に風穴を開けることがないとしても，いくつかの利点がある．

- より単純な実装により，GNU-R に移植する前に新しいアプローチの検証が容易になる．
- 現在の言語のどの部分であれば，既存のコードに対する影響を最小限に留めながら，パフォーマンスを最大化できるかを知ることができれば，パフォーマンスのための努力を拡散させず，集約できるだろう．
- 代替実装の提案は，R コアチームにパフォーマンスの改善に取り組むようプレッシャーをかけることになる．

pqR, Renjin, FastR, そして Riposte が探求している最も重要なアプローチの 1 つに，延伸評価 (deferred evaluation) のアイデアがある[17]．Riposte

---

[15] http://www.justintalbot.com/wp-content/uploads/2012/10/pact080talbot.pdf

[16] http://www.cs.kent.ac.uk/projects/cxxr/

[17] 訳注：C# などのプログラミング言語では，deferred evaluation はしばしば「遅延評価」と訳される．しかし，本書においては，lazy evaluation の訳語として遅延評価を当てている．また，pqR の作者である Radford Neal は自身のブログの中で，deferred evalution は lazy evalution とは別物であると説明している ("Deferred evaluation in Renjin, Riposte, and pqR", https://radfordneal.wordpress.com/2013/07/24/deferred-evaluation-in-renjin-

の作者である Justin Talbot が「長いベクトルに対しては，R の実行は完全
にメモリに制約される．R は，中間的なベクトルをメモリから読み込んだ
り，メモリに書き込んだりするためにほぼすべての時間を費やしている」と
指摘している．これらの中間的なベクトルを取り除くことができれば，性能
を改善し，メモリの使用量を削減できる．

　以下の例は，延伸評価がいかに役立つかについて，非常に単純な例を示し
ている．100 万個の要素を保持している 3 つのベクトル x, y, z があり，z
の値が TRUE の場合だけ x + y という和を求めたい（これはデータ解析で
よくある問題の簡略化と考えられるだろう）．

```
x <- runif(1e6)
y <- runif(1e6)
z <- sample(c(T, F), 1e6, rep = TRUE)

sum((x + y)[z])
```

　R では，2 つの大きな一時的なベクトルが生成される．100 万個の要素
からなる x + y と 500,000 個の要素からなる (x + y)[z] である．このこと
は，中間の計算のために追加のメモリが必要であり，CPU とメモリの間で
データを行き来させる必要があることを意味している．CPU がデータの入
力に備えて常時待機してしまうと最大効率で実行できないため，計算が遅く
なる．

　しかし，C++ のような言語でループを用いて関数を記述し直すと，中間
の値は 1 つだけしか必要でなくなる．その中間の値とは，すべての値の和で
ある．

```
#include <Rcpp.h>
using namespace Rcpp;

// [[Rcpp::export]]
double cond_sum_cpp(NumericVector x, NumericVector y,
                    LogicalVector z) {
```

---

riposte-and-pqr/)．そこで，本書では，遅延評価と概念を区別するために，deferred
evalution に「延伸評価」という訳語を当てることにした．なお，先に挙げた Radford
Neal のブログ記事では，延伸評価が Renjin, Riposte, pqR でどのように用いられてい
るかについて説明されている．

```
  double sum = 0;
  int n = x.length();

  for(int i = 0; i < n; i++) {
    if (!z[i]) continue;
    sum += x[i] + y[i];
  }

  return sum;
}
```

筆者の計算機では，このアプローチは，ベクトル化されかなり高速な R の同等のコードと比較して約 8 倍高速である．

```
cond_sum_r <- function(x, y, z) {
  sum((x + y)[z])
}

microbenchmark(
  cond_sum_cpp(x, y, z),
  cond_sum_r(x, y, z),
  unit = "ms"
)
#> Unit: milliseconds
#>                  expr   min    lq median    uq   max neval
#>  cond_sum_cpp(x, y, z)  4.09  4.11  4.13  4.15  4.33   100
#>    cond_sum_r(x, y, z) 30.60 31.60 31.70 31.80 64.60   100
```

延伸評価の目的は，正確に記述された R のコードを効率的な機械コードに自動的に変換することにある．洗練されたトランスレータでは，複数のコアを最大限使用することも可能になる．上記の例では，4 つのコアがあれば，x, y, z を 4 つの断片に分割して各コアで条件付きの和を計算し，最後に 4 つの結果を合計する．延伸評価は，ベクトル化可能な処理を自動検出しながら for ループに使用することもできる．

本章では，R の実行が遅い基本的な理由について議論した．以降の章では，R の実行の遅さに対処するツールについて説明する．

# 17
# コードの最適化

「プログラマは，プログラムの重要ではない箇所の速度について考えたり悩んだりするのに，非常に多くの時間を浪費しているが，こうした効率面の試行は，デバッグやメンテナンスを考えると，負の影響しか残さないものだ.」
— Donald Knuth.

コードを高速化するために最適化する処理は，繰り返しのプロセスである.

1. 最大のボトルネック（コードで最も遅い箇所）を見つける
2. そのボトルネックを取り除く（成功しないかもしれないが，それでよい）.
3. 「十分速く」なるまで上記の作業を繰り返す.

簡単に聞こえるかもしれないが，そうではないのだ.

経験を積んだプログラマでさえも，コードのボトルネックを特定するのに苦労する．直感に頼るのではなく，コードをプロファイリングするべきである．すなわち実際の入力を使って，各処理の実行時間を計測する．最も重要なボトルネックを特定して初めて，それを取り除くことができるのである．パフォーマンスを改善するための一般的なアドバイスをするのは難しいが，ここでは多くの状況で適用が可能な 6 つのテクニックを伝えることに努力したい．また，より高速なコードが同時にまた正しいコードでもあることが保証されるよう，パフォーマンスを最適化するための一般的な戦略を提案しよう.

すべてのボトルネックを取り除こうと捉われやすい．だが，そうしてはならない．時間は貴重であり，データの解析に費やされるべきであって，コー

ドの非効率な点を取り除くことに費やすべきではない．割り切る必要があるのだ．計算時間を数秒削減するために何時間も費やしてはならない．このアドバイスを守るには，コードに割く目標時間を設定し，その目標に向けて最適化するだけに留めなければならない．このことは，すべてのボトルネックを取り除くわけではないことを意味している．目標時間に到達してしまったため，取り組むことのないボトルネックは残るだろう．また，無視するか，受け入れざるを得ないボトルネックもあるだろう．ボトルネックに対してすぐに対応できる方法はなく，またコードはすでに最適化されており，これ以上大きな改善が見込めないかもしれないからである．こうした可能性があることを承知しているのであれば，次のボトルネックの候補に対処するのもよいだろう．

**本章の概要：**

- 17.1 節「パフォーマンスの測定」では，行ごとのプロファイリングを用いてコードのボトルネックを見つける方法について説明する．
- 17.2 節「パフォーマンスの改善」では，コードのパフォーマンスを改善する 7 つの一般的な戦略について説明する．
- 17.3 節「コードの系統化」では，可能な限り容易な，そしてバグのない最適化を実行するための方法について説明する．
- 17.4 節「誰かがすでにその問題を解決していないか」では，すでに解決策が存在している可能性を指摘する．
- 17.5 節「可能な限り処理を少なくする」では，処理を遅らせることの重要性について強調する．関数を高速化するための最も簡単な方法は，処理を減らすことなのだ．
- 17.6 節「ベクトル化」では，ベクトル処理を簡潔に定義し，組み込み関数を最大限利用する方法を示す．
- 17.7 節「コピーの回避」では，データのコピーがパフォーマンスに与える危険性について論じる．
- 17.8 節「バイトコードコンパイル」では，R のバイトコードコンパイラの利便性を紹介する．

- 17.9節「ケーススタディ：t検定」では，すべての知識を総動員して，1,000回程度のt検定の繰り返し処理を高速化する具体的な事例を挙げる．
- 17.10節「並列化」では，並列化を利用し，計算機のすべてのコアに計算を分散させる方法を説明する．
- 17.11節「その他のテクニック」では，高速なコードを書くのに役立つ資料を紹介して本章を締めくくる．

**本章を読むための準備：**

本章では，Rのコードのパフォーマンスを理解するためにlineprofパッケージを使用する．インストールするには以下のコマンドを実行すればよい．

```
devtools::install_github("hadley/lineprof")
```

## 17.1 パフォーマンスの測定

パフォーマンスを理解するにはプロファイラを利用するのがよい．プロファイラはさまざまであるが，Rでは，サンプリング型プロファイラまたは統計的プロファイラ (sampling or statistical profilier) と呼ばれるかなり単純なプロファイラが利用されている．サンプリング型プロファイラは，数ミリ秒ごとにコードの実行を停止して，その時点で呼び出されている関数を記録する（当該の関数を呼び出す関数などについても記録する）．例えば，以下のf()について考えてみよう．

```
library(lineprof)
f <- function() {
  pause(0.1)
  g()
  h()
}
g <- function() {
  pause(0.1)
  h()
```

```
}
h <- function() {
  pause(0.1)
}
```

（Sys.sleep() の代わりに pause() を使用しているが，Sys.sleep() はプロファイリングの出力に現れないためである．その理由は，R の出力から判断する限り，Sys.sleep() は計算に時間を要していないためである．）

0.1 秒ごとにコードの実行を停止しながら f() の実行をプロファイリングすると，下記のようなプロファイル結果が得られるはずだ．各行は，プロファイラの「ティック」（この場合は 0.1 秒）に対応しており，関数の呼び出しでは > でネストされていることを表わしている．この結果では，f() の実行に 0.1 秒，次に g() の実行に 0.2 秒，そして h() の実行に 0.1 秒要していることになる．

```
f()
f() > g()
f() > g() > h()
f() > h()
```

しかし下記のコードで実際に f() をプロファイリングすると，このような明確な結果は得られそうもない．

```
tmp <- tempfile()
Rprof(tmp, interval = 0.1)
f()
Rprof(NULL)
```

この理由は，コードの実行を数桁遅くしなければ，実際にプロファイリングを実行することが困難なためである．RProf() は，サンプリングは全体のパフォーマンスに最小限の影響しか及ぼさないが，基本的に確率的に発生してしまうという意味での妥協をしている．タイマーの精度と各処理にかかる時間の両方にバラつきが生じる．そのため，プロファイリングを実行するたびに，結果は若干異なるものになるだろう．幸い，コードの最も遅い箇所を特定するためには正確な精度は必要ない．

ここでは個々の呼び出しに焦点を当てるのではなく，**lineprof** パッケージ

によって要約した結果を可視化する．summaryRprof()，**proftools**パッケージ，**profr**パッケージなど，他にも選択肢は多数あるが，これらのツールの内容は本書の範囲を超える[1]．プロファイリングのデータを可視化する簡便な方法として，筆者は**lineprof**パッケージを開発した．名前が示唆するように，lineprof()では解析する基本単位はコードの行である．このため**lineprof**パッケージは他の選択肢に比べて正確性が劣ることになるが（コードの行は複数の関数呼び出しを含むためである），文脈は理解しやすくなるだろう．

**lineprof**パッケージを使用するために，コードをファイルに保存し，source()で読み込む[2]．ここで，profiling-example.Rには，f()，g()，h()の定義が含まれている．コードはsource()を使って読み込まなければならない．**lineprof**パッケージではコードソースへの参照(srcref)を使ってプロファイリングとコード行を対照させるが，ソースの参照はコードをディスクからロードした場合にだけ作成されるからだ．lineprof()で関数を実行して，時間経過の出力を捕捉する．このオブジェクトを表示すると，基本的な情報がいくつか示される．ここでは，time列とref列のみに着目しよう．time列は各行の実行に要した時間を推定し，ref列はコードのどの行が実行されたかを示している．推定は完全なものではないが，比率はほぼ正しいようだ．

```
library(lineprof)
source("profiling-example.R")
l <- lineprof(f())
l
#>    time alloc release dups                    ref  src
#> 1 0.074 0.001       0    0 profiling-example.R#2 f/pause
#> 2 0.143 0.002       0    0 profiling-example.R#3 f/g
#> 3 0.071 0.000       0    0 profiling-example.R#4 f/h
```

**lineprof**パッケージは，上記のデータ構造を扱う関数をいくつか提供し

---

[1] summaryRprof()，**proftools**パッケージ，**profr**パッケージについては，例えば以下の書籍に説明がある．荒引健，石田基広，髙橋康介，二階堂愛，林真広著『R言語上級ハンドブック』C&R研究所，2013年．

[2] "profiling-example.R"は，以下のページから入手できる．
https://github.com/hadley/adv-r/blob/master/profiling-example.R

ているが，やや扱いにくい．その代わりに，shiny パッケージを用いてインタラクティブに探索してみよう．shine(1) を実行すると，新規のウェブページ（RStudio を使用している場合は新規のペイン）が開かれる．これにより，各行の実行時間に関する情報の注釈がついたソースコードが表示される．shine() は，R のセッションを「ブロック」して，処理を shiny パッケージのアプリケーションに移す．アプリケーションを停止するためには，エスケープキー，またはコントロールキーと c キーを順に押下してプロセスを停止する必要があるので注意されたい．

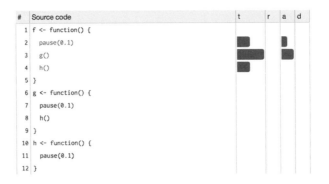

t 列は，各行に費やされた時間を可視化する（その他の列については 18.3 節「lineprof パッケージを用いたメモリプロファイリング」で学ぶ）．この結果は正確ではないものの，ボトルネックを特定し，各バーの付近にマウスを合わせることにより正確な値を得ることができる．g() には h() と比べて 2 倍の時間が費やされていることが示されている．したがって，より詳細について知るために，g() をドリルダウンすることは有意義だろう．そのためには，g() をクリックする．

17.1 パフォーマンスの測定

| # | Source code | t | r | a | d |
|---|---|---|---|---|---|
| 1 | f <- function() { | | | | |
| 2 |   pause(0.1) | | | | |
| 3 |   g() | | | | |
| 4 |   h() | | | | |
| 5 | } | | | | |
| 6 | g <- function() { | | | | |
| 7 |   pause(0.1) | ■ | | ■ | |
| 8 |   h() | ■ | | ■ | |
| 9 | } | | | | |
| 10 | h <- function() { | | | | |
| 11 |   pause(0.1) | | | | |
| 12 | } | | | | |

次に，h() の結果は以下のようになっている．

| # | Source code | t | r | a | d |
|---|---|---|---|---|---|
| 1 | f <- function() { | | | | |
| 2 |   pause(0.1) | | | | |
| 3 |   g() | | | | |
| 4 |   h() | | | | |
| 5 | } | | | | |
| 6 | g <- function() { | | | | |
| 7 |   pause(0.1) | | | | |
| 8 |   h() | | | | |
| 9 | } | | | | |
| 10 | h <- function() { | | | | |
| 11 |   pause(0.1) | ■ | | ■ | |
| 12 | } | | | | |

このテクニックを使えば，コードの主要なボトルネックを即座に特定できるだろう．

### 17.1.1 制約

プロファイリングには，他にも制約がある．

- プロファイリングは，C 言語のコードにまでは及ばない．R のコードが C 言語/C++ のコードを呼び出しているかどうかについては調べられるが，C 言語/C++ のコードの内部でどの関数が呼び出されたかについては調べられない．残念ながら，コンパイルされたコードをプロファイリングするためのツールの説明は本書の範囲を超える（また筆者にもどのように行うべきかアイデアはない）．

- 同様に，プリミティブな関数やバイトコンパイルされたコードの内部を調べることはできない．
- 無名関数 (anonymous function) による関数プログラミングを多数実装しているならば，どの関数が呼び出されているかを正確に把握するのは難しいかもしれない．もっとも，これを回避するのは簡単である．関数に名前を付けてしまえばよいのだ．
- 遅延評価では，引数は他の関数の内部で評価されることがある．例えば，以下のコードのプロファイリングでは i() は j() に呼び出されているように見える．引数は必要とされるまで評価されないからだ．

```
i <- function() {
  pause(0.1)
  10
}
j <- function(x) {
  x + 10
}
j(i())
```

わかりにくいならば一時的な変数を用意して，早めに評価させればよい．

## 17.2 パフォーマンスの改善

「プログラミング作業時間の 97% は，微々たる効率化については忘れているべきである．未熟な最適化は諸悪の根源である．しかし，残り 3% の機会を逃すべきではない．優秀なプログラマは，そうした推論を行って自己満足に陥ることはなく，コードの重要な箇所を注意深く精査することだろう．しかし，それはコードが特定された後にできるにすぎない．」

— Donald Knuth.

プロファイリングを使用してボトルネックを特定したら，そのボトルネックを高速化する必要がある．以下の節では，応用範囲が広いと思われるテクニックをいくつか紹介しよう．

1. すでにある解法を探す.
2. やりすぎない.
3. ベクトル化する.
4. 並列化する.
5. コピーを避ける.
6. バイトコードにコンパイルする.

最終的なテクニックは, C++ のようなより高速な言語で記述し直すことである. これは大きなトピックであるため, 第 19 章「**Rcpp** パッケージを用いたハイパフォーマンスな関数」で説明する.

個別のテクニックの話に入る前に, パフォーマンスを改善する作業に役立つ一般的な戦略とスタイルの系統化について説明する.

## 17.3 コードの系統化

コードを高速化しようとする際に, 容易に陥りやすい2つの罠がある.

1. 速くはあるが正しくないコードを作成してしまうこと
2. 速いとは考えられるが, 実際には改善されていないコードを書いてしまうこと.

以下で説明する戦略に従えば, こうした罠を回避できるだろう.

ボトルネックと格闘する際は, 複数のアプローチを思いつくだろう. それぞれのアプローチについて, 必要な処理をまとめた関数を作成すると, これらが正しい結果を返すか, また実行時間はどれくらいかを簡単に確認できる. この戦略を詳しく説明するために, 以下で平均値を計算する2つのアプローチを比較してみよう.

```
mean1 <- function(x) mean(x)
mean2 <- function(x) sum(x) / length(x)
```

試行したら, 失敗を含めすべて記録しておくことを推奨する. 将来, 同様の問題が起きたときに, 過去の試行をすべて参照できると便利だからだ.

そのために,筆者はRマークダウン (R Markdown) を使用することが多い.コードに詳細なコメントやメモを簡単に共存させられるからだ.

次に,典型的なテストケースを作成する.このテストケースは,問題の本質を捉えるのに十分な程度に大きく,しかしながら実行に要する時間が数秒で済むくらいに小さくあるべきだ.複数のアプローチを比較するためにはテストケースを何回も実行しなければならないので,実行時間は短くあって欲しい.他方で,テストケースが小さすぎると,その結果が実際の問題にスケールアップしない怖れがある.

こうしたテストケースを使って,いずれのアプローチも同じ結果を返すかどうかを確認するわけだが,これを簡単に実行するには stopifnot() と all.equal() を使うとよいだろう.また出力内容が限定される実際の問題では,採用したアプローチがたまたま正しい答えを返した可能性もあるので,テストを繰り返して確認する必要があるかもしれない.もっとも,平均値の計算のテストでは,その必要はないだろう.

```
x <- runif(100)
stopifnot(all.equal(mean1(x), mean2(x)))
```

最後に,**microbenchmark** パッケージを用いて,各アプローチの実行にどの程度時間を要しているかについて比較する.規模がより大きい問題は,実行に数秒しかかからないように times パラメータを減らす.時間の中央値に焦点を当て,測定のばらつきを把握するには上側と下側の四分位点を用いる.

```
microbenchmark(
  mean1(x),
  mean2(x)
)
#> Unit: microseconds
#>     expr   min    lq median    uq    max neval
#> mean1(x) 5,030 5,260  5,400 5,660 47,100   100
#> mean2(x)   709   808  1,020 1,140 35,900   100
```

(読者は,上記の結果を見て驚くかもしれない.mean(x) は sum(x) / length(x) と比較して,かなり遅い.その理由として,特に mean(x) は

数値的により正確を期すために，ベクトルを 2 回走査していることが挙げられる．)

実験を行う前に目標として，ボトルネックがもはや問題ではなくなる実行速度を決めておくべきである．コードの過度な最適化に貴重な時間を費やしたくないだろうから，こうした目標の設定は重要である．

筆者は stackoverflow でこの戦略を何度か使用しているので，確認したい場合は参照してほしい．

- http://stackoverflow.com/questions/22515525#22518603
- http://stackoverflow.com/questions/22515175#22515856
- http://stackoverflow.com/questions/3476015#22511936

## 17.4 誰かがすでにその問題を解決していないか

コードを秩序立て，考えられる変更をすべて試してみたら，他の人がどう対処しているかを知りたいと思うのが自然だろう．R に関連するコミュニティは広く，誰かがすでに同じ問題を解いている可能性は十分にある．ボトルネックがパッケージの関数ならば，同じ処理を行う他のパッケージを検討する価値がある．以下の 2 つのサイトから探し始めるとよいだろう．

- CRAN の task views[3]．読者の専門領域に関連する CRAN のタスクビューがあるなら，そこにリスト化されたパッケージを確認するとよい．
- Rcpp パッケージと逆依存関係にあり，Rcpp パッケージの CRAN のページ[4] にリスト化されているパッケージ群．これらのパッケージは C++ を使用しているため，ボトルネックに対して，より高性能な言語で記述された解法が見つかる可能性がある．

さもなければ，ボトルネックに関連する問題や解法を見つけられるように問題を整理してみることだ．問題の名称や類義語を知っていれば，情報を探

---

[3] http://cran.rstudio.com/web/views/
[4] http://cran.r-project.org/web/packages/Rcpp

すのは非常に容易になるだろう．しかし，問題が何と呼ばれているのか知らない場合は，情報を探すのも困難だろう！ 時間をかけて統計学やアルゴリズムについて広範に文献を読むことで知識の基盤を形成できるだろう．あるいは他人に質問してみよう．同僚に話しかけ，問題が何と呼ばれているのか思い付くままに言いあってから，Googleやstackoverflowで検索するのである．検索をRに関連したページに限定するとよい．Googleならば，rseek[5]が使える[6]．stackoverflowでは，Rのタグである[R]を含めて検索範囲を限定する．

以上で議論したように，すぐに高速化に適用できる解法だけでなく，見つけた解法をすべて記録しておくことを推奨する．最初の試行が遅くとも，最適化しやすいので高速化できる解法があるかもしれない．あるいは異なるアプローチの高速な箇所を組み合わせるのも可能かもしれない．十分に速い解法を見つけたなら，それで満足するのではなく，Rコミュニティと共有するのもよいだろう．これでも解法が見つからない場合は，この先を読み進めよう．

### 17.4.1 エクササイズ

1. `lm`より高速で，代わりとなる関数は何だろうか．大規模なデータセットを扱うことに特化して設計された関数は何だろうか.
2. 繰り返し検索を高速に実行する`match()`を実装したパッケージは何であろうか．そのパッケージは，どの程度速いだろうか.
3. 文字列を日付・時間オブジェクトに変換する関数を4個列挙せよ（Rにある関数に限らない）．これらの関数の長所と短所は何であろうか.
4. Rで1次元の密度を推定する方法は何種類あるだろうか.
5. どのパッケージが，ローリングの平均値の計算を提供しているか.
6. `optim()`の代替となる関数は何か.

---

## 17.5 可能な限り処理を少なくする

関数を高速化させる最も簡単な方法は，処理を減らすことだ．そのための

---

[5] http://www.rseek.org/
[6] 訳注：日本語ではseekRという検索エンジンも存在する．http://seekr.jp/

1つの方法は，特定の型の入出力や特定の問題に特化した関数を使用することだろう．

- `rowSums()`, `colSums()`, `rowMeans()`, `colMeans()` はベクトル化されているため（ベクトル化は次節のトピックである），`apply()` を用いた同等の関数よりも高速である．
- `vapply()` は，出力の型をあらかじめ指定するため，`sapply()` よりも高速である．
- ベクトルが単一の値を含んでいるかどうかを調べたいなら，`any(x == 10)` は `10 %in% x` よりもはるかに高速である．等号を確認する方が，集合の包含関係を確認するよりも簡単なためである．

これらの知識を持ち合わせるためには，代替となる関数の存在を知っている必要がある．すなわち，読者は語彙が豊富である必要がある．第4章「ボキャブラリ」から始めて，定期的にRのコードを読んで語彙を増加させよう．コードを読むのに適しているのは，R-help mailing list[7] と stackoverflow[8] である．

関数の中には，入力を特定の型に強制的に変換するものもある．入力が正しい型でないと，関数は余計な処理を行わなければならない．こうした関数を使用する代わりに，データをそのまま扱う関数を探すか，データの表現方法の変更を検討するとよい．典型的な例が，データフレームに `apply()` を適用する場合だ．`apply()` は，入力を常に行列に変換する．これは間違いを起こしやすいだけでなく（なぜならデータフレームは行列よりも一般化されている），実行が遅くなってしまう．

問題に関連する情報を追加すると，関数の処理は軽くなるかもしれない．ドキュメントを注意深く読み，引数をいろいろ変えて実験してみよう．過去に筆者が経験した事例を以下に紹介しよう．

- `read.csv()`: `colClasses` 引数に，データ列の型を指定する．
- `factor()`: `levels` 引数に，水準を指定する．

---

[7] https://stat.ethz.ch/mailman/listinfo/r-help
[8] http://stackoverflow.com/questions/tagged/r

- `cut()`: 必要でなければ `labels = FALSE` を指定してラベルを生成しない．より良いのは，ドキュメントの "see also" 節に説明のある `findInterval()` を用いることである．
- `unlist(x, use.names = FALSE)` は `unlist(x)` よりもはるかに高速である．
- `interaction()`: データに存在する組み合わせだけが必要なら，`drop = TRUE` と指定する．

メソッドのディスパッチを回避することで関数を高速化できる場合がある．16.3.1 項「究極的な動的特性」で見たように，R ではメソッドのディスパッチはコストが高い．繰り返し数の多いループでメソッドを呼び出すならば，以下の方法でメソッド検索を一回に限定することでコストの一部は回避できる．

- S3 クラスに対しては，`generic()` ではなく，`generic.class()` を呼び出すことにより実行できる．
- S4 クラスに対しては，メソッドを見つけるために `findMethod()` を使い，これを変数に保存することで関数を呼び出せるようになる．

例えば，小規模なベクトルであっても，`mean()` ではなく `mean.default()` を呼び出すと，かなり高速化する．

```
x <- runif(1e2)

microbenchmark(
  mean(x),
  mean.default(x)
)
#> Unit: microseconds
#>             expr  min   lq median   uq   max neval
#>          mean(x) 4.38 4.56   4.70 4.89 43.70   100
#>  mean.default(x) 1.32 1.44   1.52 1.66  6.92   100
```

この最適化には多少リスクが伴う．`mean.default()` はほぼ 2 倍高速ではあるが，x が数値のベクトルでないと，ひどい失敗をするだろう．x が何であるのか確信がもてる場合にのみ使用すべきである．

## 17.5 可能な限り処理を少なくする

型の特定された入力を扱うのがわかっていれば，コードをより高速にできる．たとえば，as.data.frame() は各要素を 1 つのデータフレームに強制変換し，続いて各要素を rbind() で行方向に連結するため，非常に遅い．同じ長さのベクトルからなる名前付きリストであれば，データフレームに直接変換できる．この場合，入力に強い仮定を置けるのであれば，デフォルトよりも約 20 倍高速なメソッドを記述できるだろう．

```
quickdf <- function(l) {
  class(l) <- "data.frame"
  attr(l, "row.names") <- .set_row_names(length(l[[1]]))
  l
}

l <- lapply(1:26, function(i) runif(1e3))
names(l) <- letters

microbenchmark(
  quick_df     = quickdf(l),
  as.data.frame = as.data.frame(l)
)
#> Unit: microseconds1
#>          expr     min      lq  median      uq      max neval
#>      quick_df    13.9    15.9    20.6    23.1     35.3   100
#>  as.data.frame 1,410.0 1,470.0 1,510.0 1,540.0 31,500.0   100
```

ここでもう一度，高速化のトレードオフに注意しておこう．このメソッドは，危険を伴うがゆえに高速になっている．不適切な入力を与えられると，使いものにならないデータフレームが出力されるだろう．

```
quickdf(list(x = 1, y = 1:2))
#>   x y
#> 1 1 1
#> 警告メッセージ:
#>  format.data.frame(x, digits = digits, na.encode = FALSE) で:
#>   壊れたデータフレームです．列が切り詰められるか，または NA 値で埋められます
```

この最小のメソッドを思いつくために，筆者は as.data.frame.list() と data.frame() のソースコードを注意深く読み，書き直した．既存の関数の挙動を破壊していないかを確認しながら，小さな変更点をいくつも加えた．

数時間後，上記で示した最初のコードを切り出すことができた．これは非常に役に立つテクニックである．Rの関数の大半は，パフォーマンスではなく，柔軟性と機能性を重視して書かれている．そのため，特定のニーズのために書き直すと，パフォーマンスが大幅に改善されることがよくある．これを行うためには，ソースコードを読む必要がある．複雑で混乱するかもしれないが，諦めないでほしい．

以下の例では，既存のdiff()の機能を特化させ，隣接した値の差分のみを計算するように変更することで，コードが劇的に簡素化されている．

まず，diff()のコードをとりあげ，フォーマットを筆者のスタイルに修正する：

```
diff1 <- function (x, lag = 1L, differences = 1L) {
  ismat <- is.matrix(x)
  xlen <- if (ismat) dim(x)[1L] else length(x)
  if (length(lag) > 1L || length(differences) > 1L ||
      lag < 1L || differences < 1L)
    stop("'lag' と 'differences' は 1 以上の整数でなければなりません")

  if (lag * differences >= xlen) {
    return(x[0L])
  }

  r <- unclass(x)
  i1 <- -seq_len(lag)
  if (ismat) {
    for (i in seq_len(differences)) {
      r <- r[i1, , drop = FALSE] -
        r[-nrow(r):-(nrow(r) - lag + 1L), , drop = FALSE]
    }
  } else {
    for (i in seq_len(differences)) {
      r <- r[i1] - r[-length(r):-(length(r) - lag + 1L)]
    }
  }
  class(r) <- oldClass(x)
  r
}
```

## 17.5 可能な限り処理を少なくする

次に，ベクトルが入力されると仮定する．これにより，is.matrix() を用いたデータの型の確認や，行列の部分要素の抽出を取り除くことができる．

```
diff2 <- function (x, lag = 1L, differences = 1L) {
  xlen <- length(x)
  if (length(lag) > 1L || length(differences) > 1L ||
      lag < 1L || differences < 1L)
    stop("'lag' と 'differences' は 1 以上の整数でなければなりません")

  if (lag * differences >= xlen) {
    return(x[0L])
  }

  i1 <- -seq_len(lag)
  for (i in seq_len(differences)) {
    x <- x[i1] - x[-length(x):-(length(x) - lag + 1L)]
  }
  x
}
diff2(cumsum(0:10))
#>  [1]  1  2  3  4  5  6  7  8  9 10
```

ここでは，差分は difference = 1L と仮定する．これにより，入力の確認が簡素化され，for ループが取り除かれる．

```
diff3 <- function (x, lag = 1L) {
  xlen <- length(x)
  if (length(lag) > 1L || lag < 1L)
    stop("'lag' と 'differences' は 1 以上の整数でなければなりません")

  if (lag >= xlen) {
    return(x[0L])
  }

  i1 <- -seq_len(lag)
  x[i1] - x[-length(x):-(length(x) - lag + 1L)]
}
diff3(cumsum(0:10))
#>  [1]  1  2  3  4  5  6  7  8  9 10
```

最後に，ラグは lag = 1L と仮定する．これにより，入力の確認が取り除

かれ，抽出が簡素化される．

```
diff4 <- function (x) {
  xlen <- length(x)
  if (xlen <= 1) return(x[0L])

  x[-1] - x[-xlen]
}
diff4(cumsum(0:10))
#>  [1]  1  2  3  4  5  6  7  8  9 10
```

これで，diff4() は diff1() と比較して，かなり簡素化され高速になった．

```
x <- runif(100)
microbenchmark(
  diff1(x),
  diff2(x),
  diff3(x),
  diff4(x)
)
#> Unit: microseconds
#>     expr   min    lq median    uq   max neval
#>  diff1(x) 10.90 12.60  13.90 14.20 28.4   100
#>  diff2(x)  9.42 10.30  12.00 12.40 65.7   100
#>  diff3(x)  8.00  9.11  10.80 11.10 44.4   100
#>  diff4(x)  6.56  7.21   8.95  9.24 15.0   100
```

この特定のケースに対して，第19章「**Rcpp** パッケージを用いたハイパフォーマンスな関数」で説明する **Rcpp** パッケージを用いると，diff() をより高速化することも可能である．

関数の処理を減らす最後の例として，より単純なデータ構造を使用することをとりあげる．データフレームの行を処理する際には，データフレームそのものより行のインデックスを処理した方が高速になる．例えば，データフレームの2つの列の相関係数についてブートストラップ推定値を計算したい場合，2つの基本的なアプローチがある．データフレーム全体を扱うアプローチと，個々のベクトルを扱うアプローチである．次の例は，ベクトルを扱うアプローチの方が，約2倍高速であることを示している．

```
sample_rows <- function(df, i) sample.int(nrow(df), i,
```

## 17.5 可能な限り処理を少なくする

```
  replace = TRUE)

# ランダムに選択した行を含む新しいデータフレームを生成する
boot_cor1 <- function(df, i) {
  sub <- df[sample_rows(df, i), , drop = FALSE]
  cor(sub$x, sub$y)
}

# ランダムに選択した行から新しいベクトルを生成する
boot_cor2 <- function(df, i ) {
  idx <- sample_rows(df, i)
  cor(df$x[idx], df$y[idx])
}

df <- data.frame(x = runif(100), y = runif(100))
microbenchmark(
  boot_cor1(df, 10),
  boot_cor2(df, 10)
)
#> Unit: microseconds
#>                expr   min    lq median    uq max neval
#> boot_cor1(df, 10) 123.0 132.0  137.0 149.0 665   100
#> boot_cor2(df, 10)  74.7  78.5   80.2  86.1 109   100
```

### 17.5.1 エクササイズ

1. 10,000 個の観測値に mean() と mean.default() を実行した結果をそれぞれ比較して，100 個の観測値の場合との違いを指摘せよ．
2. 次のコードは，rowSums() の代わりとなる実装方法を提示している．この関数を以下の df オブジェクトに適用すると高速になる理由は何だろうか．

   ```
   rowSums2 <- function(df) {
     out <- df[[1L]]
     if (ncol(df) == 1) return(out)

     for (i in 2:ncol(df)) {
       out <- out + df[[i]]
     }
   ```

```
    out
}

df <- as.data.frame(
  replicate(1e3, sample(100, 1e4, replace = TRUE))
)
system.time(rowSums(df))
#>    ユーザ   システム     経過
#>     0.063      0.001    0.063

system.time(rowSums2(df))
#>    ユーザ   システム     経過
#>     0.039      0.009    0.049
```

3. `rowSums()` と `.rowSums()` の差異は何か.
4. `chisq.test()` をもとに，欠損値のない 2 つの数値ベクトルが入力されるとカイ 2 乗検定統計量のみを計算するようにして高速化した関数を作成せよ．`chisq.test()` を簡素化するか，あるいは数学的な定義[9]からコードを記述せよ．
5. 欠損値のない 2 つの整数ベクトルが入力されると仮定することで，`table()` を高速化できるだろうか．カイ二乗検定を高速化するために，この関数を使用できるか．
6. `cor_df()` と以下の例に示すデータを用いて，サンプル間の相関係数のブーストストラップ分布を計算したいとしよう．これを何回も繰り返すとして，コードを高速化させるためにはどうしたらよいだろうか．(ヒント：この関数には，速度を改善することのできる要素が 3 つある．)

```
n <- 1e6
df <- data.frame(a = rnorm(n), b = rnorm(n))

cor_df <- function(i) {
  i <- sample(seq(n), n * 0.01)
  cor(q[i, , drop = FALSE])[2,1]
}
```

---

[9] http://en.wikipedia.org/wiki/Pearson%27s_chi-squared_test

この処理をベクトル化する方法はあるだろうか.

## 17.6 ベクトル化

Rを少しでも使ったことがあるなら，おそらく「コードをベクトル化せよ」という教訓を聞いたことがあるだろう．しかし，これは実際は何を意味しているのだろうか．コードをベクトル化することは，単に for ループを回避することを意味しているわけではない．もっとも，for ループの回避は，多くの場合重要な足がかりの 1 つになることが多い．ベクトル化とは，問題に対して「オブジェクト全体」アプローチ ("whole object" apprroach) を採用することを意味している．すなわち，スカラーではなくベクトルについて考えるのである．ベクトル化された関数には 2 つのポイントとなる属性がある．

- ベクトル化により，多くの問題が単純になる．ベクトルの各要素について考えなければならない代わりに，ベクトル全体について考えればよい．
- ベクトル化された関数内のループは，R ではなく C 言語で記述されている．C 言語のループは，R と比べてオーバーヘッドがずっと小さいため，はるかに高速である．

第 11 章「汎関数」では，より抽象度の高いベクトル化されたコードの重要性を強調した．ベクトル化は，R のコードを高速化するためにも重要である．これは単に apply(), lapply(), Vectorize() を使えば済むことではない．これらの関数は，関数のインターフェイスは改善するものの，パフォーマンスを根本的に改善するわけではない．パフォーマンスの向上のためにベクトル化を採用したいならば，C 言語で実装され，取り扱う問題に適用できそうな既存の R の関数を探せばよい．

以下に，パフォーマンスの典型的なボトルネックに対処できるベクトル化された関数を挙げる．

- rowSums(), colSums(), rowMeans(), そして colMeans()．これらのベクトル化された関数は行列を対象としており，apply() を使用するよりも

常に高速である．ベクトル化された関数を別に作成するために，これらの関数を使用することもできる．

```
rowAny <- function(x) rowSums(x) > 0
rowAll <- function(x) rowSums(x) == ncol(x)
```

- データ抽出をベクトル化すると速度はかなり改善される．ルックアップテーブル（3.4.1項「ルックアップテーブル」）の背後にあり，手動でマッチングとマージ（3.4.2項「マッチングおよび結合」）を行うテクニックを思い起こそう．また複数の値を一度に置換するのに付値演算子が使えることを思い出そう．x がベクトル，行列，データフレームなら，x[is.na(x)] <- 0 を実行すると，すべての欠損値が 0 に置き換えられる．
- 行列やデータフレームの中で，バラバラの場所にある値を抽出したり置換するなら，整数の行列を用いて抽出せよ．詳細については，3.1.3項「行列や配列からのデータ抽出」が参考になるだろう．
- 連続値をカテゴリ化するのであれば，cut() や findInterval() の使い方を確認せよ．
- cumsum() や diff() のようなベクトル化された関数を意識せよ．

行列演算は，ベクトル化の一般的な例である．行列演算においてループは BLAS のような高度にチューニングされた外部のライブラリを用いて実行される．対象とする問題を解くために行列演算を利用する方法を理解しているなら，非常に高速な解法が得られる場合が多いが，行列演算で問題を解決できるようになるには経験が必要である．こうしたスキルは時間とともに養われるが，それぞれの専門領域のエキスパートたちに問い合わせることから始めるのがよいだろう．

ベクトル化の問題点は，処理がどの程度スケール[10]するかについての予測がより困難になることである．次の例は，リストから1個，あるいは10個，100個の要素を検索するのに，文字列指定による抽出を適用した場合に

---

[10] 訳注：ここでの「スケール」とは，データサイズの増加に伴って，計算量が指数的に増加することなどがなく，現実的な時間で処理できることを意味している．本文中では，ベクトルのサイズ $n$ に応じて，線形時間 $O(n)$，準線形時間 $O(n \log n)$ などで処理が可能であることと理解しておけばよいだろう．

要する時間を測定している．1個の要素を検索するのに比べて，10個の要素の検索には10倍の時間がかかり，100個の要素の検索にはそのまた10倍の時間がかかると思うかもしれない．しかし実際は，100個の要素を検索するには，1個の要素を検索するのに比べて約9倍の時間しかかからないことを以下の例が示している．

```
lookup <- setNames(as.list(sample(100, 26)), letters)

x1 <- "j"
x10 <- sample(letters, 10)
x100 <- sample(letters, 100, replace = TRUE)
microbenchmark(
  lookup[x1],
  lookup[x10],
  lookup[x100]
)
#> Unit: nanoseconds
#>          expr   min    lq median    uq    max neval
#>    lookup[x1]   549   616    709   818  2,040   100
#>   lookup[x10] 1,580 1,680  1,840 2,090 34,900   100
#>  lookup[x100] 5,450 5,570  7,670 8,160 25,900   100
```

ベクトル化により，すべての問題が解決するわけではない．既存のアルゴリズムをベクトル化によるアプローチで実行しようと無理するよりは，C++ を用いてベクトル化された関数を自作する方がよい場合も多い．その方法については，第19章「**Rcpp** パッケージを用いたハイパフォーマンスな関数」で学ぶことになる．

### 17.6.1 エクササイズ

1. dnorm() のような密度関数には共通のインターフェイスがある．どの引数がベクトル化されるか．rnorm(10, mean = 10:1) は何を実行するか．
2. x の長さを変えながら，apply(x, 1, sum) と rowSums(x) の速度を比較せよ．
3. 重み付きの和を計算するには crossprod() をどのように使えばよいか．単純な sum(x * w) と比較してどの程度高速か．

## 17.7 コピーの回避

Rのコードを遅くする致命的な原因の1つとして，ループ内でオブジェクトのサイズが拡張することが挙げられる．c()，append()，cbind()，rbind()，paste()でより大きなオブジェクトを作成しようとすると，Rは新しいオブジェクトの空間を確保し，続いて古いオブジェクトを新しい場所にコピーする．たとえばforループで何回もこの処理を繰り返すと，そのコストは計り知れない．これは "R inferno"[11] でも2番目に言及されている問題点である[12]．

この問題を簡単な事例で示そう．まず，ランダムな文字列を生成し，続いてcollapse()を用いてループで繰り返し連結する処理と，paste()を用いて1回の操作で連結する処理を行う．collapse()のパフォーマンスは，文字列が長くなるにつれて劣化していく．10個の文字列を連結するのに比べて，100個の文字列の連結にほぼ30倍以上の時間を要している．

```
random_string <- function() {
  paste(sample(letters, 50, replace = TRUE), collapse = "")
}
strings10 <- replicate(10, random_string())
strings100 <- replicate(100, random_string())

collapse <- function(xs) {
  out <- ""
  for (x in xs) {
    out <- paste0(out, x)
  }
  out
}
```

---

[11] http://www.burns-stat.com/pages/Tutor/R_inferno.pdf
[12] 訳注："R inferno" では，2番目に「Growing Objects」というタイトルの章がある．この章では，サイズが $n$ =1000, 10,000, 100,000, 1,000,000 のベクトルについて，1から $n$ までの要素のベクトルを生成する3つの方法の計算時間を比較している．3つの方法とは，(1) ベクトルの要素を順次生成して既存のベクトルに結合する方法 (grow)，(2) 最初にサイズ $n$ の空のベクトルを確保して添字で要素を逐次的に付値する方法 (subscript)，(3) ベクトル $1:n$ を一度に付値する方法 (colon operator) である．

```
microbenchmark(
  loop10  = collapse(strings10),
  loop100 = collapse(strings100),
  vec10   = paste(strings10, collapse = ""),
  vec100  = paste(strings100, collapse = "")
)
#> Unit: microseconds
#>     expr    min     lq median     uq     max neval
#>   loop10  22.50  24.70  25.80  27.70    69.6   100
#>  loop100 866.00 894.00 900.00 919.00 1,350.0   100
#>    vec10   5.67   6.13   6.62   7.33    40.7   100
#>   vec100  45.90  47.70  48.80  52.60    74.7   100
```

ループ内でのオブジェクトの変更，たとえばx[i] <- y とする処理も，コピーを生成する可能性がある．18.4節「即時修正」ではこの問題についてより詳細に議論し，コピーを生成するタイミングを決めるためのツールをいくつか導入する．

## 17.8　バイトコードのコンパイル

R 2.13.0 からバイトコードコンパイラが導入され，コードによっては速度が向上するようになった．コンパイラの使用は，速度を改善するための簡便な方法の1つである．バイトコードコンパイラは手軽に利用できるので，仮にパフォーマンスが改善されなかったとしても，それほど時間が無駄になるわけではない．次の例は，11.1節「初めての汎関数：lapply()」でとりあげた lapply() で，R のコードだけで実装されている．この関数をコンパイルすると速度はかなり改善されるが，それでも **base** パッケージで提供されている C 言語による実装と比べるとかなり劣る．

```
lapply2 <- function(x, f, ...) {
  out <- vector("list", length(x))
  for (i in seq_along(x)) {
    out[[i]] <- f(x[[i]], ...)
  }
  out
}
```

```
lapply2_c <- compiler::cmpfun(lapply2)
x <- list(1:10, letters, c(F, T), NULL)
microbenchmark(
  lapply2(x, is.null),
  lapply2_c(x, is.null),
  lapply(x, is.null)
)
#> Unit: microseconds
#>                    expr  min   lq median   uq  max neval
#>     lapply2(x, is.null) 5.49 5.88   6.15 6.83 17.2   100
#>   lapply2_c(x, is.null) 3.06 3.30   3.47 3.79 34.8   100
#>      lapply(x, is.null) 2.25 2.49   2.67 2.92 38.5   100
```

　この例ではバイトコードのコンパイルは非常に役立ったが，ほとんどの場合，5–10% 程度の改善しか得られないだろう．なお基本パッケージの関数はすべてデフォルトでバイトコードでコンパイルされている．

## 17.9　ケーススタディ：t 検定

　以下のケーススタディでは，これまでに説明したテクニックをいくつか用いて t 検定を高速化させる方法について示す．この方法は，Holger Schwender と Tina Müller による "Computing thousands of test statistics simultaneously in R"[13] で紹介されている用例による．この論文では他の検定にも同じアイデアが適用されているので，全体を通して読むことを強く勧めておこう．

　1,000 回の実験（行方向）を行うとする．各実験では，50 個の個体（列）のデータを収集する．各実験において，最初の 25 個の個体は群 1 が，残りは群 2 が割り当てられる．まず初めに，この問題を表現するために，ランダムなデータを生成しよう．

```
m <- 1000
n <- 50
X <- matrix(rnorm(m * n, mean = 10, sd = 3), nrow = m)
```

---

[13] http://stat-computing.org/newsletter/issues/scgn-18-1.pdf

## 17.9 ケーススタディ：t検定

```
grp <- rep(1:2, each = n / 2)
```

この形式のデータに t.test() を適用する方法は 2 つある．モデル式のインターフェイスを用いる方法と，群をそれぞれベクトルとして指定する方法である．時間を計測すると，式のインターフェイスを用いた場合は，かなり遅くなることが明らかになる．

```
system.time(for(i in 1:m) t.test(X[i, ] ~ grp)$stat)
#>    ユーザ   システム     経過
#>    0.975    0.005    0.980

system.time(
  for(i in 1:m) t.test(X[i, grp == 1], X[i, grp == 2])$stat
)
#>    ユーザ   システム     経過
#>    0.210    0.001    0.211
```

もちろん，for ループは計算は実行するものの結果は保存しない．結果を保存するには，apply() を使用することになるが，この関数には多少オーバーヘッドがかかる．

```
compT <- function(x, grp){
  t.test(x[grp == 1], x[grp == 2])$stat
}
system.time(t1 <- apply(X, 1, compT, grp = grp))
#>    ユーザ   システム     経過
#>    0.223    0.001    0.224
```

高速化するにはどうするべきだろうか．まず始めに，処理を減らしてみよう．stats:::t.test.default() のソースコードを見ると，t-検定量を計算するだけでなく，他にも多くの処理がなされているのを確認できるだろう．p-値の計算や，出力表示のための整形も行われている．そこで，これらの処理を取り除くことでコードが高速化されるか試してみよう．

```
my_t <- function(x, grp) {
  t_stat <- function(x) {
    m <- mean(x)
    n <- length(x)
    var <- sum((x - m) ^ 2) / (n - 1)
```

```
    list(m = m, n = n, var = var)
  }
  g1 <- t_stat(x[grp == 1])
  g2 <- t_stat(x[grp == 2])

  se_total <- sqrt(g1$var / g1$n + g2$var / g2$n)
  (g1$m - g2$m) / se_total
}
system.time(t2 <- apply(X, 1, my_t, grp = grp))
#>    ユーザ   システム     経過
#>     0.035      0.000    0.036

stopifnot(all.equal(t1, t2))
```

これにより，速度が約 6 倍向上したことを確認できる．

この関数はかなり単純なので，ベクトル化することで速度をさらに向上させられる．関数の外部で配列の要素に対してループ処理を行う代わりに，t_stat() が行列を処理できるように修正する．そのため mean() は rowMeans() に，length() は ncol()，そして sum() は rowSums() に置き換える．コードの他の部分はそのままである．

```
rowtstat <- function(X, grp){
  t_stat <- function(X) {
    m <- rowMeans(X)
    n <- ncol(X)
    var <- rowSums((X - m) ^ 2) / (n - 1)

    list(m = m, n = n, var = var)
  }

  g1 <- t_stat(X[, grp == 1])
  g2 <- t_stat(X[, grp == 2])

  se_total <- sqrt(g1$var / g1$n + g2$var / g2$n)
  (g1$m - g2$m) / se_total
}
system.time(t3 <- rowtstat(X, grp))
#>    ユーザ   システム     経過
#>     0.001      0.000    0.001
```

```
stopifnot(all.equal(t1, t3))
```

この結果，速度は劇的に改善された．前の処理に比べると少なくとも 40 倍以上高速化しており，最初の処理と比較すると 1,000 倍以上高速化されているのがわかる．

最後に，バイトコードのコンパイルを試そう．ここでは十分な精度で違いを確認できるよう，`system.time()` ではなく `microbenchmark()` を使用する必要がある．

```
rowtstat_bc <- compiler::cmpfun(rowtstat)

microbenchmark(
  rowtstat(X, grp),
  rowtstat_bc(X, grp),
  unit = "ms"
)
#> Unit: milliseconds
#>                 expr   min   lq median   uq  max neval
#>     rowtstat(X, grp) 0.819 1.11   1.16 1.19 14.0   100
#>  rowtstat_bc(X, grp) 0.788 1.12   1.16 1.19 14.6   100
```

この関数では，バイトコードへのコンパイルはまったく役立っていない．

## 17.10 並列化

並列化とは，問題を分割し，複数のコアを使って同時に処理を行うことである．これにより計算処理の時間が減るわけではないが，コンピュータのリソースをより有効に使うことで，ユーザが費やす時間の節約になる．並列計算は複雑なトピックなので，ここで詳細に説明するのは不可能だ．代わりに以下の文献を推奨する[14]．

- Q. Ethan McCallum と Stephen Weston による *Parallel R*[15]

---

[14] 訳注：和書では，次の書籍などを参照されたい．福島真太朗著『R によるハイパフォーマンスコンピューティング』ソシム，2014 年．

[15] http://amazon.com/B005Z29QT4

- Norm Matloff による *Parallel Computing for Data Science*[16]

ここでは，「自明な並列化問題」("embarrassingly parallel problems") に対する並列計算の単純な応用を示そう．自明な並列化問題は，独立に解ける多くの単純な問題から構成されている．わかりやすい例に，lapply() がある．この関数は，各要素に対して，他の要素とは独立に処理を実行する．Linux や Mac では，lapply() を並列化するのは非常に簡単である．単純に，lapply() を mclapply() に置き換えるだけだ．次のコード片は，計算機のすべてのコアを使って自明（だが実行が遅い）関数を実行している．

```
library(parallel)

cores <- detectCores()
cores

pause <- function(i) {
  function(x) Sys.sleep(i)
}

system.time(lapply(1:10, pause(0.25)))
#>  ユーザ    システム    経過
#>     0.0        0.0     2.5

system.time(mclapply(1:10, pause(0.25), mc.cores = cores))
#>  ユーザ    システム    経過
#>   0.018      0.041   0.517
```

Windows で並列計算を実行するのは一筋縄にはいかない．まず初めにローカルのクラスタを設定し，次に parLapply() を使用する．

```
cluster <- makePSOCKcluster(cores)
system.time(parLapply(cluster, 1:10, function(i) Sys.sleep(1)))
#>  ユーザ    システム    経過
#>   0.003      0.000   2.004
```

mclapply() と makePSOCKcluster() の主な相違点は，mclapply() によって生成される各プロセスは現在のプロセスを継承するのに対して，

---

[16] http://heather.cs.ucdavis.edu/paralleldatasci.pdf

makePSOCKcluster()によって生成されるプロセスは新たなセッションとして開始される点にある．つまり，実用的なコードではほとんどの場合に設定が必要になる．clusterEvalQ()を用いて各クラスタ上で任意のコードを実行し，必要なパッケージをロードし，現在のセッションにあるオブジェクトをリモートセッションにコピーするためにclusterExport()を使用する．

```
x <- 10
psock <- parallel::makePSOCKcluster(1L)
clusterEvalQ(psock, x)
#> checkForRemoteErrors(lapply(cl, recvResult)) でエラー: 
#>   one node produced an error: オブジェクト 'x' がありません 

clusterExport(psock, "x")
clusterEvalQ(psock, x)
#> [[1]]
#> [1] 10
```

並列計算には，通信のオーバーヘッドが伴う．部分化された問題がとても小さな場合は，並列化は役立つどころか，むしろ有害だろう．計算機のネットワーク上に計算を分散させることも可能であるが（ローカルの計算機のコアだけでなく），計算効率と通信コストの均衡をとろうとすると複雑さが増すため，本書の範囲を超えてしまう．さらに詳しく知りたければ，まずはCRANのタスクビューの "high performance computing"[17]に目を通すとよいだろう．

## 17.11 その他のテクニック

高速なRのコードが書けることは，良いRプログラマであることの資質の一部である．高速なコードを書きたければ，本章で説明した助言だけでなく，一般的なプログラミングのスキルを向上させる必要がある．そのためには，以下のような方法がある．

- 他の人が遭遇したパフォーマンスの問題やその解決策を知るためにR

---

[17] http://cran.r-project.org/web/views/HighPerformanceComputing.html

のブログを読み[18]，確認する[19]．
- 他の R のプログラミングに関する書籍を読んで，一般的に陥りやすい落とし穴について学ぶ．たとえば，Norm Matloff による *The Art of R Programming*[20] や Patrick Burns による *R Inferno*[21] がある．
- アルゴリズムやデータ構造に関する講義を受講して，問題のクラスを解決する一般的な方法を学ぶ．Coursera に Princeton 大学が提供しているアルゴリズムの講座[22] の評判が良いようである．
- 最適化に関する一般的な書籍を読む．たとえば，Carlos Bueno による *Mature optimisation*[23]，Andrew Hunt と David Thomas による *Pragmatic Programmer*[24] がある．

上記に加えて，コミュニティに助けを求めることもできる．stackoverflow は有益な情報源となり得る．質問するためには，問題の特徴を的確に捉え，簡単でこなれたサンプルを作るように努力する必要があるだろう．サンプルが複雑すぎると，わざわざ時間を割いて検証し，回答を寄せてくれる人はほとんどいなくなってしまう．逆にサンプルが簡単すぎると，シンプルな問題は解消するものの，現実の問題には役に立たない．stackoverflow で質問に答えるつもりになれば，良い質問とは何かについて感覚がつかめるだろう．

---

[18] http://www.r-bloggers.com/
[19] 訳注：R のハイパフォーマンスコンピューティングの話題を扱うメーリングリストでも有益な情報が得られるだろう．https://stat.ethz.ch/mailman/listinfo/r-sig-hpc
[20] http://amazon.com/1593273843（翻訳: Norman Matloff 著，大橋真也監訳，木下哲也訳『アート・オブ・R プログラミング』，オライリージャパン，2012 年）
[21] http://www.burns-stat.com/documents/books/the-r-inferno/
[22] https://www.coursera.org/course/algs4partI
[23] http://carlos.bueno.org/optimization/mature-optimization.pdf
[24] http://amazon.com/020161622X（翻訳: アンドリュー・ハント，デビッド・トーマス著，村上雅章訳『達人プログラマー システム開発の職人から名匠への道』，ピアソンエデュケーション，2000 年）

# 18

## メモリ

　Rのメモリ管理を確実に理解することが，与えられたタスクに必要なメモリ量を予測し，利用できるメモリを最大限使用するのに役立つだろう．コードの実行が遅くなる最大の原因が，予期せぬタイミングでオブジェクトのコピーが発生することにあるので，メモリ管理に精通することで高速なコードを記述できるようになるだろう．本章の目的はRにおけるメモリ管理の基礎を学ぶために，個々のオブジェクトから関数，そして比較的大きなコードブロックについて説明することにある．この過程で，メモリにまつわるある種の神話について誤解を解こう．つまり，メモリを解放するにはgc()を呼び出すとか，forループは遅いという話である．

**本章の概要：**

- 18.1節「オブジェクトのサイズ」では，object_size()を使用してオブジェクトが占有するメモリ量を確認する方法を示す．この関数から始めて，Rのオブジェクトがメモリ内で保存される方法についての理解を深める．

- 18.2節「メモリの使用とガベージコレクション」では，mem_used()とmem_change()を用いて，Rがメモリの確保ないし解放する仕組みについて解説する．

- 18.3節「linaprofパッケージを用いたメモリプロファイリング」では，大きなコードブロックでメモリの確保や解放がどのように行われるかを理解するために，linaprofパッケージの使用方法を説明する．

- 18.4節「即時修正」では，address()とrefs()を紹介する．これらの関数を使うことで，Rがオブジェクトを部分的に変更したり，コピーす

るタイミングを理解できる．効率的な R のコードを書くためには，オブジェクトがコピーされるタイミングを知ることが重要だ．

**本章を読むための準備：**

本章では，**pryr** パッケージと **lineprof** パッケージが提供するツール，および **ggplot2** パッケージが提供するデータセットを利用してメモリについて学ぶ．これらのパッケージがインストールされていない場合は，以下のコードを実行して欲しい．

```
install.packages("ggplot2")
install.packages("pryr")
devtools::install_github("hadley/lineprof")
```

**情報源：**

R のメモリ管理の詳細をまとめて解説した文書はまだない．本章で扱う情報の大半は，ドキュメント (特に，?Memory と ?gc の情報)，R Internals のメモリプロファイリングの節[1] と SEXPs の節[2] から寄せ集めている．その他は，筆者が C 言語のソースコードを読み解き，ときには実験し，あるいは R-devel[3] に質問するなどして得た情報である．とはいえ内容にミスがあれば，それらはすべて筆者の責任である．

## 18.1 オブジェクトのサイズ

R のメモリの使用方法について理解するために，pryr::object_size() の説明から始めよう．この関数は，あるオブジェクトが占有するメモリのバイト数を出力する．

```
library(pryr)
```

---

[1] http://cran.r-project.org/doc/manuals/R-exts.html#Profiling-R-code-for-memory-use

[2] http://cran.r-project.org/doc/manuals/R-ints.html#SEXPs

[3] 訳注：R-devel とは，R の開発に関連するメーリングリストである．
https://stat.ethz.ch/mailman/listinfo/r-devel

## 18.1 オブジェクトのサイズ

```
object_size(1:10)
#> 88 B

object_size(mean)
#> 832 B

object_size(mtcars)
#> 6.74 kB
```

（この関数は，オブジェクトで共有されている要素や環境のサイズも考慮するため，object.size() よりも優れている．）

整数ベクトルのサイズを小さな方から順番に調べるために object_size() を使用すると，興味深いことが起きる．以下のコードは，長さが 0 から 50 までの要素の整数ベクトルに対してメモリ使用量を計算し，プロットしている．予想では，空のベクトルのサイズは 0 であり，ベクトルの長さに比例してメモリ使用量が増えるはずである．ところが，これはどちらも正しくない．

```
sizes <- sapply(0:50, function(n) object_size(seq_len(n)))
plot(0:50, sizes, xlab = "ベクトルの長さ", ylab = "サイズ（バイト数）",
  type = "s")
```

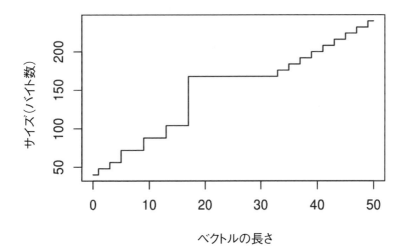

これは，整数ベクトルだけの現象ではない．長さが 0 のベクトルはすべてメモリ上で 40 バイトを占有するのである．

```
object_size(numeric())
#> 40 B

object_size(logical())
#> 40 B

object_size(raw())
#> 40 B

object_size(list())
#> 40 B
```

これらの 40 バイトは，R のすべてのオブジェクトに設定される 4 つの要素を保存するのに使われる．

- オブジェクトのメタデータ（4 バイト）．これらのメタデータは，基本的な型（たとえば整数），デバッグやメモリ管理に使用される情報を保持する．
- 2 つのポインタ：1 つはメモリ上の次のオブジェクトを指すポインタであり，もう 1 つは前のオブジェクトを指すポインタである（2 * 8 バイト）．この双方向リスト (doubly-linked list) により，内部の R のコードがメモリ上ですべてのオブジェクトをたどるループ処理を行いやすくなる．
- 属性へのポインタ（8 バイト）．

ベクトルには他にも 3 つの要素がある．

- ベクトルの長さ（4 バイト）．4 バイトでは，$2^{4 \times 8 - 1}$（$2^{31}$，すなわち約 2 億個）しかサポートしないと思われるかもしれない．実際には R 3.0.0 以降は $2^{52}$ までサポートされている．このフィールドのサイズを変更せずに，ロングベクトルのサポートが追加された仕組みに興味があれば，R Internals の "long-vectors"[4] を参照されたい．
- ベクトルの「本当の」長さ（4 バイト）．オブジェクトが環境に使用さ

---

[4] https://cran.r-project.org/doc/manuals/r-release/R-ints.html#Long-vectors

れるハッシュテーブルである場合を除いて，基本的には使用されない．ハッシュテーブルの場合は，本当の長さは確保された空間を表しており，長さは現在使用されている空間を表している．
- データ（? バイト）．空のベクトルは 0 バイトのデータをもつ．もちろん重要なのは空でない場合だ．数値ベクトルは要素ごとに 8 バイトが，また整数ベクトルは 4 バイト，複素数ベクトルは 16 バイトが使われる．

さて，ここまで上げた要素を合計しても合計 36 バイトにしかならないことに気がつくだろう．残りの 4 バイトは，他の要素が 8 バイト（= 64 ビット）を境界として並べられるように調整するために使われる．大半の CPU アーキテクチャは，このようにポインタが配列されていることを要求している．仮に CPU がこの配列を必要としていなくとも，ポインタが整然と並べられていない場合，アクセスが遅くなる傾向がある．（詳細については "C Structure Packing"[5] を読むとよい）．

これにより，さきほどのグラフ上の切片については説明がつくだろう．しかし，メモリのサイズはなぜ不規則に増加するのだろうか．この理由を理解するためには，R がオペレーティングシステムにメモリを要求する方法について理解する必要がある．メモリを要求することは（malloc()[6] を使用した）比較的コストの高い処理である．小さなベクトルが生成されるたびにメモリを要求していては R の速度が低下する．そこで R はまとまったブロックのメモリを要求し，そのブロックを R 自身が管理している．このブロックは，小さなベクトルのプール (pool) と呼ばれ，128 バイト未満のベクトルに使用される．効率化と簡素化のために，8, 16, 32, 48, 64, または 128 バイトの長さのベクトルが確保されるようになっている．先に描いたプロットで 40 バイトのオーバーヘッドを除くように調整すると，これらの値がメモリ使用量の上昇に対応していることを確認できるだろう．

```
plot(0:50, sizes - 40, xlab = "ベクトルの長さ",
  ylab = "オーバーヘッドを除いたバイト数", type = "n")
abline(h = 0, col = "grey80")
abline(h = c(8, 16, 32, 48, 64, 128), col = "grey80")
```

---

[5] http://www.catb.org/esr/structure-packing/
[6] malloc() は C 言語の関数で，動的にメモリを確保する関数である．

```
abline(a = 0, b = 4, col = "grey90", lwd = 4)
lines(sizes - 40, type = "s")
```

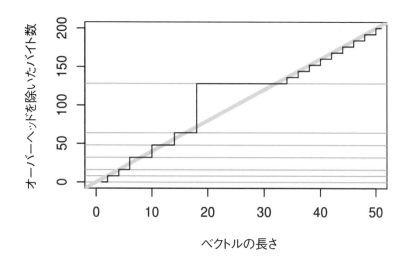

128バイトを越える場合，Rのベクトルの管理はもはや意味をなさなくなる．まとまったメモリを確保するのは，オペレーティングシステムの方が得意である．128バイトを越えると，Rは8バイトの倍数でメモリを要求する．これによって，ポインタの適切な並びが保証される．

オブジェクトのサイズに関して微妙な点は，オブジェクトの要素は複数のオブジェクトの間で共有され得るということである．たとえば，次のコードを見てみよう．

```
x <- 1:1e6
object_size(x)
#> 4 MB

y <- list(x, x, x)
object_size(y)
#> 4 MB
```

yのサイズはxの3倍になっていない．この理由は，Rはxを3回コピーするのを避けているからだ．すでに存在するxのポインタを指すだけな

のだ。

　xとyのサイズを別個に見ると誤解を招きやすい．両方でどの程度のメモリ空間を占めているかを知りたいなら，object_size()に両方のオブジェクトを渡して実行する必要がある．

```
object_size(x, y)
#> 4 MB
```

　この場合，xとyを合わせたサイズがy単独と変わらない．ただし，常にこのような結果になるわけではない．以下のように共有される要素がなければ，それぞれの要素のサイズを足し合わせた容量が，全体のサイズと一致する．

```
x1 <- 1:1e6
y1 <- list(1:1e6, 1:1e6, 1:1e6)

object_size(x1)
#> 4 MB

object_size(y1)
#> 12 MB

object_size(x1, y1)
#> 16 MB

object_size(x1) + object_size(y1) == object_size(x1, y1)
#> [1] TRUE
```

　同様の問題は，文字列に対しても起こる．その理由は，Rがグローバルの文字列のプールをもつためである．このことは，ユニークな文字列はそれぞれ1つの場所に保存されているに過ぎず，文字列のベクトルは予想されるよりも少ないメモリしか占めないことを意味している．

```
object_size("banana")
#> 96 B

object_size(rep("banana", 10))
#> 216 B
```

### 18.1.1 エクササイズ

1. 上で説明した内容を数値ベクトル，論理値ベクトル，複素数ベクトルについて確認せよ
2. あるデータフレームが100万行で3つの変数（2つは数値，1つは整数）から構成されるとする．どの程度のメモリ空間が占められることになるか．理論的に必要な空間を推定し，続いてデータフレームを生成しそのサイズを測定することにより，推定の正しさを検証せよ．
3. 次の2つのリストの要素についてそれぞれのサイズを比較せよ．どちらのリストも基本的に同じデータで構成されているが，一方には小さな文字列のベクトルが含まれ，他方には単一の長い文字列が含まれている．
   ```
   vec <- lapply(0:50, function(i) c("ba", rep("na", i)))
   str <- lapply(vec, paste0, collapse = "")
   ```
4. 因子 (x) と同等の文字列のベクトル (as.character(x)) のどちらが多くのメモリを占有するか．そして，その理由は何か．
5. `1:5` と `list(1:5)` のサイズの差異について説明せよ．

## 18.2 メモリの使用量とガベージコレクション

object_size() は，単一のオブジェクトのサイズを報告するのに対して，pryr::mem_used() は，メモリ上のすべてのオブジェクトを合計したサイズを報告する．

```
library(pryr)
mem_used()
#> 45.4 MB
```

この数字とオペレーティングシステムによって報告されるメモリの使用量は一致しないだろう．これには，いくつもの理由が考えられる．

1. R によって生成されたオブジェクトだけが含まれており，R のインタプリタ自身は含まれていない．
2. R もオペレーティングシステムも両方とも遅延して実行する．すなわち，必要になるまでメモリを改めて要求することはない．あるいは OS

## 18.2 メモリの使用量とガベージコレクション

がメモリを返還するように要求していないために，R がメモリを手放さないでいるのかもしれない．

3. R はオブジェクトによって占有されているメモリ量を数えるが，オブジェクトの削除によって乖離が生じているのかもしれない．この問題は，メモリのフラグメンテーション (memory fragmentation) として知られる．

mem_change() は mem_used() の上に構築されており，コードの実行中にメモリの使用量がどのように変化したかを報告する．正の数字は R に使用されるメモリの増加を表し，負の数字はメモリの減少を表す．

```
# 100万個の整数を保持するには約 4MB を必要とする
mem_change(x <- 1:1e6)
#> 4.01 MB

# オブジェクトを削除するとメモリが返還される
mem_change(rm(x))
#> -4 MB
```

何も行わない処理でさえも，メモリを若干使用する．これは，R は実行履歴を追跡しているためである．2kB 程度のメモリの使用量は無視して差し支えない．

```
mem_change(NULL)
#> 1.47 kB

mem_change(NULL)
#> 1.47 kB
```

言語によっては，使用されなくなったオブジェクトを明示的に削除してメモリを返還しなければならない．R は，これとは異なるアプローチであるガベージコレクション（Garbage Collection, 略して GC）を採用している．ガベージコレクションは，オブジェクトが使用されなくなったときに自動的にメモリを解放する処理である．GC は各オブジェクトを指している名前 (name) の個数を追跡し，オブジェクトを指している名前がなくなった場合，そのオブジェクトは削除される．

# 第 18 章 メモリ

```
# 巨大なオブジェクトを生成する
mem_change(x <- 1:1e6)
#> 4 MB

# y からも 1:1e6 を指す
mem_change(y <- x)
#> -4 MB

# x を削除しても，y が依然として 1:1e6 を指しているのでメモリは解放されない
mem_change(rm(x))
#> 1.42 kB

# この時点で，1:1e6 を指しているものがなくなるためメモリが解放される
mem_change(rm(y))
#> -4 MB
```

　読者がこれまでに他で目にした内容と違うかもしれないが，gc() を自分で呼び出す必要はまったくない．R は，より多くのメモリ空間が必要な場合は，常に自動的にガベージコレクションを実行する．いつガベージコレクションが実行されるかについて確認したいなら，gcinfo(TRUE) を実行すればよい．gc() を呼び出したくなるかもしれない唯一の理由とは，メモリをオペレーティングシステムに返還するように R に要求することだけである．しかし，これもまた効果はないかもしれない．古いバージョンの Windows では，プログラムがオペレーティングシステムにメモリを返還する方法がないのである．

　ガベージコレクションは，使われなくなったオブジェクトを解放する．しかし，メモリのリークが生じていないか気を配る必要がある．メモリのリークは，オブジェクトを指し続けるときに発生する．R では，モデル式とクロージャが，メモリリークの発生する 2 つの主要な原因として挙げられる．これは，両者ともエンクロージング環境 (enclosing environment) を捕捉していることに起因している．次のコードが，この問題について説明している．f1() では，1:1e6 は関数内でのみ参照されているため，関数の実行が終了したらメモリは返還され合計のメモリ使用量の変化は 0 となる．f2() と f3() は両方とも環境を捕捉するオブジェクトを返すので，関数の実行が終了しても x は解放されない．

```
f1 <- function() {
  x <- 1:1e6
  10
}
mem_change(x <- f1())
#> 1.38 kB

object_size(x)
#> 48 B

f2 <- function() {
  x <- 1:1e6
  a ~ b
}
mem_change(y <- f2())
#> 4 MB

object_size(y)
#> 4 MB

f3 <- function() {
  x <- 1:1e6
  function() 10
}
mem_change(z <- f3())
#> 4 MB

object_size(z)
#> 4.01 MB
```

## 18.3　lineprofパッケージを用いたメモリプロファイリング

　mem_change()は，コードのブロックを実行する際にメモリの正味の変化を把握する．しかし，メモリの増加量を測定したいこともあるかもしれない．これを実行する方法の1つに，メモリプロファイリングで数ミリ秒ごとにメモリ使用量を捕捉することが考えられる．この機能はutils::Rprof()に備わっているが，結果の表示があまり役に立たない．代わりに，**lineprof**パッ

ケージ[7] を使用する．このパッケージは，Rprof() を援用しているのだが，出力により多くの情報が含まれている．

lineprofパッケージの利用例として，3つの引数だけを用いてread.delim()の実装の骨格部分について調べる．

```
read_delim <- function(file, header = TRUE, sep = ",") {
  # 先頭行を読み込むことにより列数を指定する
  first <- scan(file, what = character(1), nlines = 1,
    sep = sep, quiet = TRUE)
  p <- length(first)

  # すべての列を文字列のベクトルとしてロードする
  all <- scan(file, what = as.list(rep("character", p)),
    sep = sep, skip = if (header) 1 else 0, quiet = TRUE)

  # 文字列から適切な型に変換する（因子には変換しない）
  all[] <- lapply(all, type.convert, as.is = TRUE)

  # 列名を指定する
  if (header) {
    names(all) <- first
  } else {
    names(all) <- paste0("V", seq_along(all))
  }

  # リストをデータフレームに変換する
  as.data.frame(all)
}
```

さらにサンプルの CSV ファイルを用意しよう．

```
library(ggplot2)

write.csv(diamonds, "diamonds.csv", row.names = FALSE)
```

lineprofパッケージの使用方法は簡単である．コードを source() で読み込み，表現式に lineprof() を適用し，結果の表示 shine() を実行する．な

---

[7] https://github.com/hadley/lineprof

## 18.3 lineprofパッケージを用いたメモリプロファイリング

お，コードはsource()で読み込む必要がある[8]．これは，lineprofパッケージがコードと実行行を対応させるためにコード参照を必要とするためである．コードの参照は，ディスクからコードを読み込んだ場合だけ生成されるのだ．

```
library(lineprof)

source("code/read-delim.R")
prof <- lineprof(read_delim("diamonds.csv"))
shine(prof)
```

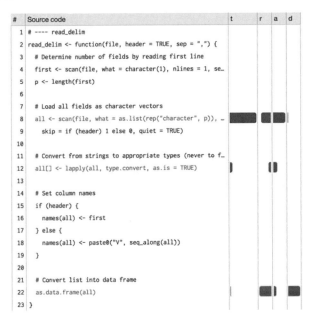

shine()を実行すると，ソースコードとともにメモリ使用量の情報がウェブページ（RStudioを使用しているなら，新しいペイン）に表示される[9]．

---

[8] 訳注：2015年12月現在，"code/read-delim.R"に相当するファイルは"memory-read-delim.R"となっており，以下で提供されている．
https://github.com/hadley/adv-r/blob/master/memory-read-delim.r

[9] 訳注：read_delim()のコメントは本文中では日本語で表示しているが，source()で読み込んでいるファイル"memory-read-delim.R"では英語表記のため，図中でも英語で表

shine() は shiny パッケージのアプリケーションを開始し，Rのセッションを「ブロック」する．終了するには，エスケープキー，またはコントロールキーとブレークキーを押す．

ソースコードの横にある 4 つの列が，コードのパフォーマンスに関する情報を示している．

- t は，コードの当該行に費やされた時間（秒単位）を示している（17.1 節「パフォーマンスの測定」で説明されている）．
- a は，コードの当該行で割り当てられたメモリ（メガバイト単位）を示している．
- r は，コードの当該行で解放されたメモリ（メガバイト単位）を示している．メモリの割り当ては確定的だが，メモリの解放は確率的である．つまり，ガベージコレクションがいつ実行されるかに依存する．要するに，解放されたメモリは当該行に先立ってその必要性が消えていたわけだ．
- d は，ベクトルがコピーされた回数を表している．コピー修正セマンティクス (copy on modify semantics) の結果，R はしばしばベクトルをコピーする．

棒グラフ上にマウスポインタを合わせると，正確な数値が得られる．この例では，メモリの割り当てについて確認すると，より多くの情報が得られる．

- scan() は約 2.5MB のメモリを割り当てている．これは，ファイルがディスク上で占める空間と非常に近い値となっている．しかし，R はカンマを保持する必要がないこと，またグローバルな文字列プールがメモリを節約しているため，2 つの数値は一致しない．
- カラムを変換すると，さらに 0.6MB のメモリが割り当てられる．文字列のカラムを整数や数値のカラムに変換したので（これらは文字に比べて必要とする空間が少なくて済む），メモリが解放されると期待される．しかし，ガベージコレクションがまだ行われていないため，メモリの解放は確認されない．

---

示されていることに注意せよ．

## 18.3 lineprofパッケージを用いたメモリプロファイリング

- 最後に，リストに対して as.data.frame() を呼び出すと約 1.6MB のメモリが割り当てられ，600 回以上のコピーが発生する．これは，as.data.frame() の効率がひどく悪く，入力を何度もコピーするからである．コピーついては，次節で詳しく議論する．

プロファイリングには，2 つの問題点がある．

1. read_delim() の実行には約 0.5 秒しかかかっていないが，プロファイリングはメモリの使用量をせいぜい 1 ミリ秒ごとにしか捕捉できない．したがって，実行中に 500 程度のサンプルしか得られないことを意味している．
2. ガベージコレクションは遅延実行されるため，いつメモリが必要なくなったかについて，正確に報告できない．

torture = TRUE を使用することにより，両方の問題点を解決できる．この指定を行うと，R はメモリの割り当てのたびにガベージコレクションを実行する（詳細については，gctorture() を見よ）．したがってメモリは可能な限り早めに解放されることになるが，R の実行は 10 倍から 100 倍遅くなる．結果としてタイマーに捕捉されやすくなるので，より小さなメモリ割り当てが確認でき，さらにメモリが不要になるタイミングを正確にわかるようになる．

### 18.3.1 エクササイズ

1. 入力がリストの場合，特殊な知識を用いるとより効率的な as.data.frame() を作成できる．データフレームは data.frame クラスの row.names 属性のあるリストなのだ． row.names は文字列ベクトルであるか，連続した整数によるベクトルのいずれかであり，.set_row_names() で生成された特別なフォーマットで保持されている．この知識を応用すると，as.data.frame() を代替する関数を作成できるだろう．

```
to_df <- function(x) {
  class(x) <- "data.frame"
  attr(x, "row.names") <- .set_row_names(length(x[[1]]))
  x
```

}
```

この関数を使うと read_delim() はどのような影響を受けるだろうか．この関数の問題点は何であろうか．

2. 次の関数に対して torture = TRUE と指定して，行ごとのプロファイルを実行せよ．どのような驚くべきことが起きるか．rm() のソースコードを読んで，何が行われているかを理解せよ．

```
f <- function(n = 1e5) {
  x <- rep(1, n)
  rm(x)
}
to_df <- function(x) {
  class(x) <- "data.frame"
  attr(x, "row.names") <- .set_row_names(length(x[[1]]))
  x
}
```

## 18.4 即時修正

以下のコードで，x に何が起きるか．

```
x <- 1:10
x[5] <- 10
x
#>  [1]  1  2  3  4 10  6  7  8  9 10
```

2つの可能性がある．

1. Rは（コピーを作成せずに）xを直接（現在のメモリ上の位置で）変更する．
2. Rは新しい空間にxのコピーを作成し，このコピーを修正し，この新しい空間を指すために名前xを利用する．

結論からいうと，状況に応じてRはいずれかを実行する．上記の例では，直接変更を行う．しかし，他の変数もxを指している場合，Rはxを新しい場所にコピーする．pryrパッケージが提供する2つのツールを使用して，何が行われているかについて詳細を調べる．address()に変数の名前を指定
```

すると，そのメモリ上の位置が出力される．一方，refs() はそのメモリ位置を指す名前の個数を出力する．

```
library(pryr)
x <- 1:10
c(address(x), refs(x))
# [1] "0x103100060" "1"

y <- x
c(address(y), refs(y))
# [1] "0x103100060" "2"
```

（RStudio を使用している場合は，refs() は常に 2 を返すことに注意せよ．RStudio の Environment ブラウザは，コマンドラインで生成したすべてのオブジェクトを参照している．）

refs() は推定値にしか過ぎない．参照が 1 つだけなのか，それとも 2 つ以上なのかを区別するに過ぎない（R の将来のバージョンでは，挙動が改善するかもしれない）．このことは，refs() は以下の両方の場合に 2 を返すことを意味している．

```
x <- 1:5
y <- x
rm(y)
# y を削除したため，実際は 1 であるべきである
refs(x)
#> [1] 2

x <- 1:5
y <- x
z <- x
# 実際は 3 であるべきである
refs(x)
#> [1] 2
```

refs(x) が 1 であるとき，変更は直接行われる．refs(x) が 2 の場合，R はコピーを作成する（これにより，当該オブジェクトを指す別のポインタは影響を受けない）．次の例では，x は変更されるが，y は同じメモリ位置を指し続ける．

```
x <- 1:10
y <- x
c(address(x), address(y))
#> [1] "0x7fa9239c65b0" "0x7fa9239c65b0"

x[5] <- 6L
c(address(x), address(y))
#> [1] "0x7fa926be6a08" "0x7fa9239c65b0"
```

他に役立つ関数として，tracemem() がある．追跡対象のオブジェクトがコピーされるたびに，メッセージを表示する．

```
x <- 1:10
# オブジェクトの現在のメモリ上の位置を表示する
tracemem(x)
# [1] "<0x7feeaaa1c6b8>"

x[5] <- 6L

y <- x
# オブジェクトが移動する前後のメモリ上の位置を表示する
x[5] <- 6L
# tracemem[0x7feeaaa1c6b8 -> 0x7feeaaa1c768]:
```

インタラクティブに使用するには，tracemem() は refs() に比べると便利であるが，メッセージを表示するだけなのでプログラムに組み込むことは難しい．本書はテキストとコードを一緒に配置するために knitr パッケージ[10]を使用しているが，tracemem() は knitr パッケージとの相性が悪かったため利用しなかった．

プリミティブではない関数がオブジェクトにアクセスすると，参照カウントは常に増加する．プリミティブ関数は通常は参照カウントを増加させない（この理由はやや複雑であるが，R-devel のスレッド "confused about NAMED"[11] を参照してほしい）．

```
# オブジェクトにアクセスすると，参照カウントが増加する
f <- function(x) x
```

---

[10] http://yihui.name/knitr/

[11] http://r.789695.n4.nabble.com/Confused-about-NAMED-td4103326.html

## 18.4 即時修正

```
{x <- 1:10; f(x); refs(x)}
#> [1] 2

# sum はプリミティブ関数であるため，参照カウントは増加しない
{x <- 1:10; sum(x); refs(x)}
#> [1] 1

# f() と g() は決して x を評価しないため，参照カウントは増加しない
f <- function(x) 10
g <- function(x) substitute(x)

{x <- 1:10; f(x); refs(x)}
#> [1] 1

{x <- 1:10; g(x); refs(x)}
#> [1] 1
```

一般的に，オブジェクトが他から参照されない限り，プリミティブな付値関数は直接オブジェクトを変更する．この関数の中には，[[<-, [<-, @<-, $<-, attr<-, attributes<-, class<-, dim<-, dimnames<-, names<-, そして levels<- が含まれる．正確に言うと，プリミティブではない関数はすべて参照カウントを増加させるが，プリミティブ関数は参照カウントを増加しないように記述されている．この規則はあまりに複雑なので，記憶しようとしても無駄だろう．代わりに，refs() と address() を用いて，オブジェクトがコピーされるタイミングを把握しながら問題を実践的に解決する方がよいだろう．

コピーが生成されることになるかを判断するのは難しくはないが，これを阻止するのは難しい．コピーを回避するために特殊な方法に頼っているのであれば，C++ で関数を書き直すべきときなのかもしれない．これについては第 19 章「**Rcpp** パッケージを用いたハイパフォーマンスな関数」で説明する．

### 18.4.1 ループ

R の for ループは遅いと評判だが，多くの場合その原因は，オブジェクトを直接変更せず，コピーを生成して変更しているからだ．次のコードを検討してみよう．ここでは巨大なデータフレームの各列から中央値を引く処理を

行っている．

```
x <- data.frame(matrix(runif(100 * 1e4), ncol = 100))
medians <- vapply(x, median, numeric(1))

for(i in seq_along(medians)) {
  x[, i] <- x[, i] - medians[i]
}
```

意外かもしれないが，ループでイテレーション[12]のたびにデータフレームのコピーが行われている．ループの回数を減らし，address() と refs() を使って確認してみよう．

```
for(i in 1:5) {
  x[, i] <- x[, i] - medians[i]
  print(c(address(x), refs(x)))
}
#> [1] "0x7fa92502c3e0" "2"
#> [1] "0x7fa92502cdd0" "2"
#> [1] "0x7fa92502d7c0" "2"
#> [1] "0x7fa92502e1b0" "2"
#> [1] "0x7fa92500bfe0" "2"
```

イテレーションのたびに x は新しい位置に移されるので，refs(x) は常に 2 となる．これは，[<- がプリミティブな関数ではないため，参照カウントが増加するのだ．データフレームの代わりにリストを用いることで，関数の効率性を抜本的に向上できる．リストの変更にはプリミティブ関数を使用するため，参照カウントは増加せず，変更はすべて直接行われる[13]．

```
y <- as.list(x)

for(i in 1:5) {
  y[[i]] <- y[[i]] - medians[i]
  print(c(address(y), refs(y)))
}
```

---

[12] 訳注：イテレーションとはこの場合，ループ内の反復を表す．
[13] 訳注：原書では refs() の返り値が "2" となっているが，前後の文脈，および 2015 年 12 月現在の最新版の原稿を参考に "1" に修正した．
https://github.com/hadley/adv-r/blob/master/book/tex/memory.tex

```
#> [1] "0x7fa9250238d0" "1"
#> [1] "0x7fa925016850" "1"
#> [1] "0x7fa9250027e0" "1"
#> [1] "0x7fa92501fd60" "1"
#> [1] "0x7fa925006be0" "1"
```

こうした挙動は，R 3.1.0 以前ではより深刻な問題だった．それは，データフレームのコピーが常にディープコピー[14]であったためである．この例だと，現在は 0.01 秒で実行できるのに対して，以前は 5 秒ほど要していたのである．

### 18.4.2 エクササイズ

1. 以下のコードは，コピーを 1 回行っている．どこで，そしてなぜコピーが起きているか．（ヒント：refs(y) を見よ．）

    ```
    y <- as.list(x)
    for(i in seq_along(medians)) {
      y[[i]] <- y[[i]] - medians[i]
    }
    ```

2. 前節の as.data.frame() の実装には大きな問題が 1 点ある．それは何で，どうすれば避けられるか．

---

[14] 訳注：「ディープコピー」とはあるオブジェクト x と同じ値をもつオブジェクト y を生成する際に，x が参照するメモリ空間上のデータをコピーして，新たに y が参照するデータとするコピーである．そのため，x と y が参照するメモリ空間上のデータは共有されず，x の値を更新しても y の値は影響を受けない．

# 19

# Rcppパッケージを用いたハイパフォーマンスな関数

どうしてもRのコードが十分に速くならないことがある．ボトルネックを探すためにプロファイリングを行い，Rでできる限りのことは行ったとする．にも関わらずコードが十分に速くならない．本章では，中核となる関数をC++で書き直すことでパフォーマンスを改善する方法を学ぶ．この魔術は，Dirk EddelbuettelとRomain Francois（また，Doug Bates, John Chambers，そしてJJ Allaireらの貢献）による素晴らしい**Rcpp**パッケージ[1]によって実現される．**Rcpp**パッケージでは，C++とRの連携が非常にシンプルな方法で実現されている．もちろん従来の方法でC言語やFortranのコードを書いてもRで利用は可能ではあるが，**Rcpp**パッケージを使用するのと比べると苦痛が伴う作業であろう．**Rcpp**パッケージは，Rの難解なC言語APIとは独立に，整理され利用しやすいAPIを提供しており，高性能なコードを書くことが可能になる．

C++によって対処可能な典型的なボトルネックは以下である．

- 後のイテレーションが前のイテレーションに依存するため，容易にベクトル化できないループ．
- 数百万回もの関数の呼び出しを含む再帰関数のような問題．C++で記述された関数を呼び出すオーバーヘッドは，Rに比べるとはるかに小さい．
- Rが提供していない高度なデータ構造やアルゴリズムが必要な問題．C++は，Standard Template Library (STL) によって，順序付きマップ (ordered map) から両端キュー (double-ended queue) まで，多くの重要なデータ構造が効率的に実装されている．

---

[1] http://www.rcpp.org/

436　第19章　Rcppパッケージを用いたハイパフォーマンスな関数

本章の目的は，コードのボトルネックを解消するのに最小限度必要となるC++ および **Rcpp** パッケージの機能を説明することにある．オブジェクト指向プログラミングやテンプレートなどのC++ の高度な特徴について多くの時間を費やすつもりはない．なぜなら，焦点を当てるのは小さく自己完結した関数であり，大きなプログラムではないからである．C++ の実用的な知識は役立つが，必須ではない．多くのチュートリアルや参考資料を無料で利用できる[2]．より高度なトピックについては，Scott Meyers による *Effective C++* シリーズ[3] が人気である．Dirk Eddelbuettel の *Seamless R and C++ integration with Rcpp*[4] も役立つかもしれない．この書籍は **Rcpp** パッケージのすべての機能について詳細に説明している[5]．

**本章の概要：**

- 19.1節「C++ を始めよう」では，シンプルな R の関数を C++ の関数に変換することを通じて，C++ の書き方を解説する．R と比べて C++ がどのように異なるのか，そしてポイントとなるスカラー，ベクトル，行列のクラスが何と呼ばれているかについて学ぶことになる．

- 19.1.6項「sourceCpp() を使用する」では，source() を用いて R のコードのファイルをロードするのと同様の方法で，sourceCpp() を用いてディスクから C++ のファイルをロードする方法を示す．

- 19.2節「属性とその他のクラス」では，**Rcpp** パッケージの属性を変更する方法について議論し，他の重要なクラスについても言及する．

---

[2] http://www.learncpp.com/ や http://www.cplusplus.com/ など

[3] 訳注：スコット・メイヤーズ著，小林健一郎訳『Effective C++ 第3版』，丸善出版，2014年．スコット・メイヤーズ著，細谷昭訳『Effective STL–STL を効果的に使いこなす50の鉄則』，ピアソンエデュケーション，2002年．スコット・メイヤーズ著，千住治郎訳『Effective Modern C++ – C++11/14 プログラムを進化させる42項目』，オライリージャパン，2015年．

[4] http://www.springer.com/statistics/computational+statistics/book/978-1-4614-6867-7

[5] 訳注：和書では，以下の文献の第1章に Rcpp パッケージやパッケージの作成方法が詳しく説明されているので参照されたい．石田基広，神田善伸，樋口耕一，永井達大，鈴木了太著，『R のパッケージおよびツールの作成と応用』，共立出版，2014年．

- 19.3 節「欠損値」では，R の欠損値を C++ で扱う方法について説明する．

- 19.4 節「**Rcpp** パッケージのシュガー」では，**Rcpp** パッケージの「シュガー」について議論する．シュガーを用いると，C++ でループ処理を回避し，ベクトル化された R のコードと同じようにコードを書くことが可能になる．

- 19.5 節「STL」では，C++ の Standard Template Library（または略して STL）の中から最も重要なデータ構造とアルゴリズムを使用する方法について説明する．

- 19.6 節「ケーススタディ」は，**Rcpp** パッケージによってパフォーマンスが著しく改善される 2 つのケーススタディを示す．

- 19.7 節「パッケージでの **Rcpp** パッケージの利用」では，C++ のコードをパッケージに追加する方法について説明する．

- 19.8 節「さらに学ぶために」では本章の締め括りとして，**Rcpp** パッケージや C++ の情報源を紹介する．

**本章を読むための準備：**

本章のすべての例を実行するには，**Rcpp** パッケージのバージョンが 0.10.1 以上である必要がある．このバージョンでは，`cppFunction()` と `sourceCpp()` が提供されており，C++ を簡単に R と連携させられる．インストールは `install.packages("Rcpp")` を実行すればよい．

また C++ のコンパイラも必要である．以下を参考にコンパイラを導入されたい．

- Windows では，Rtools[6] をインストールする．
- Mac では，App ストアから Xcode をインストールする．
- Linux では，`sudo apt-get install r-base-dev` や同様のコマンド (`sudo apt-get install build-essential`) を実行する．

---

[6] http://cran.r-project.org/bin/windows/Rtools/

## 19.1 C++ を始めよう

cppFunction() を用いると，R で C++ のコードを動かすことができる．

```
library(Rcpp)
cppFunction('int add(int x, int y, int z) {
  int sum = x + y + z;
  return sum;
}')
# add は通常の R の関数のように動作する
add
#> function (x, y, z)
#> .Primitive(".Call")(<pointer: 0x10fff9e10>, x, y, z)

add(1, 2, 3)
#> [1] 6
```

このコードを実行すると，**Rcpp** パッケージは C++ のコードをコンパイルして，コンパイルされた C++ の関数にリンクする R の関数を作成する．このシンプルなインターフェイスを通して，C++ の書き方を学んでいこう．C++ は巨大な言語であり，本章だけですべてをカバーはできない．ここでは，R によるコードのボトルネックを解決できるようなコードの書き方を学ぶ．

以後の節では，単純な R の関数を C++ で同じ処理を行う関数に変換することを通じて，C++ の基礎を解説する．まず引数がなく，出力がスカラーである単純な関数から始め，徐々に複雑にしていこう．

- 引数がスカラー・出力がスカラー
- 引数がベクトル・出力がスカラー
- 引数がベクトル・出力がベクトル
- 引数が行列・出力がベクトル

### 19.1.1 引数がなく出力がスカラー

非常に単純な関数から始めよう．引数がなく，常に 1 を返す関数である．

```
one <- function() 1L
```

C++ で同じ処理を実行する関数は，次のようになる．

```
int one() {
  return 1;
}
```

cppFunction を用いると，C++ のコードをコンパイルして R から使用できるようになる．

```
cppFunction('int one() {
  return 1;
}')
```

この関数は小さいが，R と C++ の重要な違いが示されている．

- C++ で関数を生成するシンタクスは，R では関数の呼び出しに近い．すなわち，C++ では R とは異なり，関数を生成して付値するという手順は必要ない．
- C 言語では関数が返す出力の型を宣言しなければならない．この関数は int（整数のスカラー）を返す．R のベクトルの最も共通的な型は，NumericVector, IntegerVector, CharacterVector, そして LogicalVector である．
- スカラーとベクトルは異なる．数値，整数，文字列，論理値のベクトルと対応するスカラーは，それぞれ double, int, String, bool である．
- 関数から値を返すためには，明示的に return を宣言しなければならない．
- 命令の最後には必ず; を記述する．

### 19.1.2 引数がスカラー・出力がスカラー

次に例示する関数は，引数が正なら 1 を返し，引数が負なら −1 を返す sign() のスカラー版を実装している．

```
signR <- function(x) {
  if (x > 0) {
```

```
    1
  } else if (x == 0) {
    0
  } else {
    -1
  }
}

cppFunction('int signC(int x) {
  if (x > 0) {
    return 1;
  } else if (x == 0) {
    return 0;
  } else {
    return -1;
  }
}')
```

C++版では,以下のようになる.

- 出力の型を宣言するのと同様に,各引数の型を宣言している.コードは多少冗長になるが,関数がどの型の引数を必要としているかが非常に明確になる.
- if 構文は,R と C++ で同じである. ── R と C++ で大きな差異はいくつかあるものの,類似点も多い.また C++ には R と同様に while 文もあり,機能も同じである.ループを抜けるには R と同じ break を利用できるが,繰り返しを1回スキップするには next ではなく continue を使用する必要がある.

### 19.1.3 引数がベクトル・出力がスカラー

R と C++ の大きな相違点の1つとして,C++ では R に比べてループのコストがはるかに低い点が挙げられる.たとえば,R でループを用いて sum 関数を実装しても構わないが,読者が R で少しでもプログラミングしてきた経験があるならば,このような関数は目を疑うことだろう.

```
sumR <- function(x) {
  total <- 0
```

```
  for (i in seq_along(x)) {
    total <- total + x[i]
  }
  total
}
```

C++ では，ループのオーバーヘッドはわずかであり，利用するのを躊躇う必要はない．19.5 節「STL」では，for ループの代りとなり，コードの意図がより明確になる構文を学ぶ．これらは，for ループと比較して高速ではないものの，コードは理解しやすくする．

```
cppFunction('double sumC(NumericVector x) {
  int n = x.size();
  double total = 0;
  for(int i = 0; i < n; ++i) {
    total += x[i];
  }
  return total;
}')
```

C++ 版は似ているものの，以下の点で異なっている．

- ベクトルの長さは .size() メソッドで確認する．返り値は整数である．また C++ のメソッドは，.（ピリオド）をオブジェクト名の頭に付加して呼び出される．
- for 構文は R とはシンタクスが異なり，for(初期化; 条件確認; 加算) となる．この場合 i という新しい変数が 0 で初期化され，ループが開始される．繰り返しのたびに条件の i < n が確認され，満たされていない場合はループが終了させられる．繰り返し処理ごとに，特別な前置演算子 ++ で i の値が 1 つだけ加算される．
- C++ では，ベクトルの添字は 0 で始まる．非常に重要なため，もう一度言おう．C++ では，ベクトルの添字は 0 で始まる．これは R の関数を C++ に移植する際に，しばしばバグの温床となる．
- 付値には <- ではなく = を使用する．
- C++ にはオブジェクトをコピーせずに変更する演算子が用意されている．たとえば total += x[i] は total = total + x[i] と等価である．

442　第 19 章　Rcpp パッケージを用いたハイパフォーマンスな関数

同様の演算子には -=, *=, /= がある．

これは，C++ が R よりもはるかに効率的であることを示す良い例となっている．次のマイクロベンチマークの結果が示すように，sumC() は組み込み（そして，非常に最適化された）sum() と同等の速度で実行される．一方で，sumR() は実行時間が数桁遅くなっている．

```
x <- runif(1e3)
microbenchmark(
  sum(x),
  sumC(x),
  sumR(x)
)
#> Unit: microseconds
#>     expr    min     lq median     uq    max neval
#>   sum(x)   1.07   1.33   1.66   1.95   6.24   100
#>  sumC(x)   2.49   2.99   3.54   4.36  21.50   100
#>  sumR(x) 333.00 367.00 388.00 428.00 1,390.00 100
```

## 19.1.4　引数がベクトル・出力がベクトル

次に，指定された値とベクトルのある値とのユークリッド距離を計算する関数を作成する．

```
pdistR <- function(x, ys) {
  sqrt((x - ys) ^ 2)
}
```

関数の定義からは，x がスカラーと想定されているのかどうかは不明確である．ドキュメントで，この点について明確にする必要があるだろう．一方，C++ 版では型を明示しなければならないため，この点は問題にならない．

```
cppFunction('NumericVector pdistC(double x, NumericVector ys) {
  int n = ys.size();
  NumericVector out(n);

  for(int i = 0; i < n; ++i) {
    out[i] = sqrt(pow(ys[i] - x, 2.0));
  }
```

```
  return out;
}')
```

この関数は拡張されているが，新たに覚えるべき知識はわずかだ．

- 次のように，コンストラクタによって長さ n の新しい数値ベクトルを生成している．NumericVector out(n)．なおベクトルは，次のように既存のベクトルをコピーして生成することもできる．NumericVector zs = clone(ys)．
- C++ は指数演算に ^ ではなく pow() を使う．

R 版は十分にベクトル化されているため，すでに高速である．筆者の計算機では，100 万個の要素のベクトル y に対して，実行時間は約 8 ミリ秒だった．C++ の関数は 2 倍速く，約 4 ミリ秒だったが，C++ の関数を書くのに 10 分費やすと仮定すると，C++ で書き直す甲斐があるのは実行時間が約 150,000 倍になる場合である．C++ の関数が高速になる背景には巧妙な仕組みがあり，メモリ管理に関連している．R 版では，(x - ys の処理に) y と同じ長さの中間のベクトルを生成する必要があるが，メモリの割り当てはコストの高い処理である．C++ の関数は，中間のスカラーを使用することにより，このオーバーヘッドを回避している．

シンタクスシュガーについて扱う 19.4 節「**Rcpp** パッケージのシュガー」では，**Rcpp** パッケージのベクトル化された処理を利用してこの関数を書き直す方法を学ぶ．これにより，C++ のコードは R のコードと同じくらい簡潔になる．

### 19.1.5 引数が行列・出力がベクトル

行列には，ベクトルと同様に型がある．NumericMatrix, IntegerMatrix, CharacterMatrix, そして LogicalMatrix である．これらの型を使用するのは簡単だ．以下に示すように，R の rowSums() と同等の関数を作成できる．

```
cppFunction('NumericVector rowSumsC(NumericMatrix x) {
  int nrow = x.nrow(), ncol = x.ncol();
  NumericVector out(nrow);
```

```
  for (int i = 0; i < nrow; i++) {
    double total = 0;
    for (int j = 0; j < ncol; j++) {
      total += x(i, j);
    }
    out[i] = total;
  }
  return out;
}')
set.seed(1014)
x <- matrix(sample(100), 10)
rowSums(x)
#>  [1] 458 558 488 458 536 537 488 491 508 528

rowSumsC(x)
#>  [1] 458 558 488 458 536 537 488 491 508 528
```

主な相違点は，以下である．

- C++ では，行列の一部を抽出するのに [] ではなく () を用いる．
- 行列の次元を取得するには，.nrow() および .ncol() メソッドを使用する．

### 19.1.6 sourceCpp() を使用する

ここまで，R のコードに記述したインラインコードを cppFunction() を通して利用してきた．これは C++ の解説には向いているが，実際の問題に適用するには C++ のコードを独立させてファイルとして保存し，sourceCpp() によって R に取り込む方が便利だ．この場合，テキストエディタの機能（コードハイライティングなど）を活用でき，またコンパイルエラーが生じた行の番号を特定しやすくなる．

C++ のファイルを独立させた場合，一般的に拡張子は .cpp であり，またファイルの最初には次の記述を加える．

```
#include <Rcpp.h>
using namespace Rcpp;
```

そして，R で利用したい関数は，以下のプレフィクスを挿入する必要が

ある.

```
// [[Rcpp::export]]
```

ここで半角スペースは必須である.

**roxygen2** パッケージに慣れているならば, @export との違いが気になるだろう. Rcpp::export は C++ から R への関数のエクスポートを制御する. 一方, **roxygen2** パッケージの@export は, パッケージから関数がエクスポートされユーザが直接アクセスできることを意味している.

C++ 用のコメントブロックに, R のコードを直接埋め込むことができる. これは, テストコードを実行したいときに, 非常に便利である.

```
/*** R
# これは R のコードである
*/
```

R のコードはデフォルト ( embeddedR = TRUE ) で実行され, コンソールに出力される.

C++ のコードをコンパイルするためには, sourceCpp("path/to/file.cpp") を使用する. これにより, コンパイルされたコードに対応する R の関数が生成され, 現在のセッションに追加される. ただし, これらの関数は.Rdata ファイルに保存されず, 別のセッションに引き継ぐことはできない. すなわち, 新しいセッションで利用するには, 再度コンパイルする必要がある. 以下では, C++ で平均値を算出する処理を実装したファイルを指定して sourceCpp() を実行し, 組み込みの mean() と比較している.

```cpp
#include <Rcpp.h>
using namespace Rcpp;

// [[Rcpp::export]]
double meanC(NumericVector x) {
  int n = x.size();
  double total = 0;

  for(int i = 0; i < n; ++i) {
    total += x[i];
  }
```

```
  return total / n;
}

/*** R
library(microbenchmark)
x <- runif(1e5)
microbenchmark(
  mean(x),
  meanC(x)
)
*/
```

注意:このコードを実行すると,meanC() が組み込みのmean() よりもはるかに高速であることに気づくだろう.これは,組み込みのmean() が速度を犠牲にし,数値の正確さを重視しているためである.

本章の後半では,C++ のコードは文字列にラップして cppFunction に渡すのではなく,ファイルとして独立させる.紹介する事例を実際にコンパイルして試す場合は,コードをファイルにコピーし,上で説明したコード片を加えた上で実行されたい.

### 19.1.7 エクササイズ

ここまでC++ の基礎を解説した.そこで,シンプルな C++ の関数を読み書きし,知識を確認せよ.以下に掲載する関数について,コードを読み,R で対応する関数を当ててみよ.コードには理解できない部分があるかもしれないが,処理の基本を読み解くのに問題はないだろう.

```
double f1(NumericVector x) {
  int n = x.size();
  double y = 0;

  for(int i = 0; i < n; ++i) {
    y += x[i] / n;
  }
  return y;
}

NumericVector f2(NumericVector x) {
```

```cpp
  int n = x.size();
  NumericVector out(n);

  out[0] = x[0];
  for(int i = 1; i < n; ++i) {
    out[i] = out[i - 1] + x[i];
  }
  return out;
}

bool f3(LogicalVector x) {
  int n = x.size();

  for(int i = 0; i < n; ++i) {
    if (x[i]) return true;
  }
  return false;
}

int f4(Function pred, List x) {
  int n = x.size();

  for(int i = 0; i < n; ++i) {
    LogicalVector res = pred(x[i]);
    if (res[0]) return i + 1;
  }
  return 0;
}

NumericVector f5(NumericVector x, NumericVector y) {
  int n = std::max(x.size(), y.size());
  NumericVector x1 = rep_len(x, n);
  NumericVector y1 = rep_len(y, n);

  NumericVector out(n);

  for (int i = 0; i < n; ++i) {
    out[i] = std::min(x1[i], y1[i]);
  }

  return out;
```

}

関数を作成するスキルを向上させる練習として，次の関数を C++ に変換せよ．ただし引数に欠損値はないと仮定してかまわない．

1. all()
2. cumprod(), cummin(), cummax()
3. diff(). ラグが 1 から始め，続いてラグが n に一般化せよ．
4. range
5. var. 分散の計算アルゴリズムについては wikipedia[7] を参照してアプローチの方法を検討せよ．数値計算のアルゴリズムを実装するときは，対象とする問題についてすでに知られているアプローチを確認するとよい．

## 19.2 属性とその他のクラス

すでに，基本的なベクトルのクラス (IntegerVector, NumericVector, LogicalVector, CharacterVector) とそのスカラー (int, double, bool, String)，行列 (IntegerMatrix, NumericMatrix, LogicalMatrix, CharacterMatrix) について見てきた．

すべての R のオブジェクトには属性があり，.attr() により確認または変更できる．一方 **Rcpp** パッケージでは，名前属性の別名として .names() が用意されている．次のコードの断片で，これらのメソッドを説明しよう．**Rcpp** パッケージのベクトルはクラスメソッドである ::create() を使って初期化され，C++ のスカラー値から R のベクトルを生成できる．

```
#include <Rcpp.h>
using namespace Rcpp;

// [[Rcpp::export]]
NumericVector attribs() {
  NumericVector out = NumericVector::create(1, 2, 3);
```

---

[7] http://en.wikipedia.org/wiki/Algorithms_for_calculating_variance

```
    out.names() = CharacterVector::create("a", "b", "c");
    out.attr("my-attr") = "my-value";
    out.attr("class") = "my-class";

    return out;
}
```

なお S4 のオブジェクトでは,.slot() が.attr() と同様の役割を担う.

### 19.2.1 リストとデータフレーム

Rcpp パッケージは List と DataFrame のクラスも提供しているが,これらのクラスは引数ではなく返り値として利用することに利点がある.理由は,リストとデータフレームは任意のクラスを要素にできるが,C++ ではこれらのクラスを事前に定義しておく必要があるからだ.リストが既知の構造(たとえば S3 のオブジェクト)ならば,要素を抽出し,as() を使って C++ で対応するデータ構造にアドホックに変換できる.たとえば,線形モデルをフィットさせる関数 lm() により生成されたオブジェクトは,常に同じ型の要素をもつリストである.次のコードは,線形モデルの平均誤差率 (mean percentage error: MPE) を抽出する方法を示している.これは R で容易に実装できるため,C++ の利用例としては適切ではないが,S3 クラスを扱う方法を学ぶにはよいだろう.なおオブジェクトが本当に線形モデルかどうかを.inherits() と stop() で確認していることに注意されたい.

```
#include <Rcpp.h>
using namespace Rcpp;

// [[Rcpp::export]]
double mpe(List mod) {
  if (!mod.inherits("lm")) stop("入力は線形モデルでなければなりません");

  NumericVector resid = as<NumericVector>(mod["residuals"]);
  NumericVector fitted = as<NumericVector>(mod["fitted.values"]);

  int n = resid.size();
  double err = 0;
```

```
  for(int i = 0; i < n; ++i) {
    err += resid[i] / (fitted[i] + resid[i]);
  }
  return err / n;
}

mod <- lm(mpg ~ wt, data = mtcars)
mpe(mod)
#> [1] -0.0154
```

### 19.2.2 関数

Function オブジェクトには，R の関数を指定できる．つまり C++ から直接 R の関数を呼び出せる．まず始めに，C++ の関数を定義する．

```
#include <Rcpp.h>
using namespace Rcpp;

// [[Rcpp::export]]
RObject callWithOne(Function f) {
  return f(1);
}
```

続いて，R から呼び出す．

```
callWithOne(function(x) x + 1)
#> [1] 2

callWithOne(paste)
#> [1] "1"
```

ここで引数に与える R の関数がどんな型のオブジェクトを返すのかは前もってわからないので，すべての型に対応できる RObject 型を利用している．あるいは List を返してもよいだろう．以下は C++ で lapply を実装した基本的なコードである．

```
#include <Rcpp.h>
using namespace Rcpp;

// [[Rcpp::export]]
List lapply1(List input, Function f) {
```

```
  int n = input.size();
  List out(n);

  for(int i = 0; i < n; i++) {
    out[i] = f(input[i]);
  }
  return out;
}
```

Rの関数で引数を位置で識別させる場合は簡単である．

```
f("y", 1);
```

引数を名前で識別させるには，特殊なシンタクスが必要となる．

```
f(_["x"] = "y", _["value"] = 1);
```

### 19.2.3 その他の型

他にも，特別な言語オブジェクト用のクラスが多数用意されている．Environment, ComplexVector, RawVector, DottedPair, Language, Promise, Symbol, WeakReference などである．これらは，本章の範囲を越えており，詳細は割愛する．

## 19.3 欠損値

欠損値を扱う場合は，以下の2点に配慮する必要がある．

- Rの欠損値がC++のスカラーでどのように振る舞うか（たとえば，doubleの欠損値）．
- ベクトルの欠損値をどのように取得し，設定するか（たとえば，Numeric Vectorの欠損値）．

### 19.3.1 スカラー

次のコードは，Rの欠損値を1つ取り出し，スカラーにキャストした後，再びRのベクトルに戻す場合の挙動を示している．こうした試行は，あらゆ

る処理でその内容を確認するのに役立つ.

```
#include <Rcpp.h>
using namespace Rcpp;

// [[Rcpp::export]]
List scalar_missings() {
  int int_s = NA_INTEGER;
  String chr_s = NA_STRING;
  bool lgl_s = NA_LOGICAL;
  double num_s = NA_REAL;

  return List::create(int_s, chr_s, lgl_s, num_s);
}
str(scalar_missings())
#> List of 4
#>  $ : int NA
#>  $ : chr NA
#>  $ : logi TRUE
#>  $ : num NA
```

bool を除いて,うまくいっているように思える.実際,欠損値はすべて保存されている.しかし,次節で見るように,ことはそれほど簡単ではない.

### 19.3.1.1 整数

整数では,欠損値は最小の自然数として保存されている.欠損値に特別な処理をしないのであれば,そのまま保存してもいいだろう.しかし,C++ には,最小の整数が欠損値を表わすという特別な決まりがあるわけではないので,欠損値に対して何か処理を行うと正しくない値を得ることになる.たとえば,evalCpp('NA_INTEGER + 1') は $-2147483647$ を与える[8].

したがって,整数の欠損値を扱いたいなら,長さが 1 の IntegerVector を用いるか,非常に注意深くコードを扱う必要がある.

---

[8] 訳注: evalCpp() は,C++ の式を評価する関数である.evalCpp() は,cppFunction() を用いて C++ の関数を生成し,その関数を呼び出して結果を得る.

#### 19.3.1.2　浮動小数点

実数については，欠損値を無視して NaN（非数値）として処理できる．これは，R の NA は IEEE 754 の浮動小数点 NaN の特殊な型であるという理由による．そのため，NaN（または C++ では NAN）を含む論理式は常にFALSE と評価される．

```
evalCpp("NAN == 1")
#> [1] FALSE

evalCpp("NAN < 1")
#> [1] FALSE

evalCpp("NAN > 1")
#> [1] FALSE

evalCpp("NAN == NAN")
#> [1] FALSE
```

しかし，論理値と組み合せる場合は注意が必要だ．

```
evalCpp("NAN && TRUE")
#> [1] TRUE

evalCpp("NAN || FALSE")
#> [1] TRUE
```

一方で，数値との組み合せでは NaN が欠損値 (NA) であることを伝える．

```
evalCpp("NAN + 1")
#> [1] NaN

evalCpp("NAN - 1")
#> [1] NaN

evalCpp("NAN / 1")
#> [1] NaN

evalCpp("NAN * 1")
#> [1] NaN
```

### 19.3.2 文字列

String は，Rcpp パッケージにより導入されたスカラーの文字列クラスであり，欠損値への対応がなされている．

### 19.3.3 論理値

C++ の bool は，2 つの値（true または false）のいずれかをとるが，R の論理値ベクトルには 3 つの値 (TRUE, FALSE, NA) がある．長さが 1 の論理値ベクトルをキャストする場合，欠損値が含まれていないことを確認すべきだ．欠損値が存在していると TRUE に変換される．

### 19.3.4 ベクトル

ベクトルでは，ベクトルの要素の型ごとに欠損値を使い分ける必要がある．すなわち，NA_REAL, NA_INTEGER, NA_LOGICAL, NA_STRING である．

```
#include <Rcpp.h>
using namespace Rcpp;

// [[Rcpp::export]]
List missing_sampler() {
  return List::create(
    NumericVector::create(NA_REAL),
    IntegerVector::create(NA_INTEGER),
    LogicalVector::create(NA_LOGICAL),
    CharacterVector::create(NA_STRING));
}

str(missing_sampler())
#> List of 4
#>  $ : num NA
#>  $ : int NA
#>  $ : logi NA
#>  $ : chr NA
```

ベクトルの要素の値が欠損しているかどうかを確かめるには，クラスメソッド::is_na() を使う．

```
#include <Rcpp.h>
```

```cpp
using namespace Rcpp;

// [[Rcpp::export]]
LogicalVector is_naC(NumericVector x) {
  int n = x.size();
  LogicalVector out(n);

  for (int i = 0; i < n; ++i) {
    out[i] = NumericVector::is_na(x[i]);
  }
  return out;
}

is_naC(c(NA, 5.4, 3.2, NA))
#> [1]  TRUE FALSE FALSE  TRUE
```

他の方法として，ベクトルを引数とし，論理値ベクトルを返するシュガー関数 is_na() がある．

```cpp
#include <Rcpp.h>
using namespace Rcpp;

// [[Rcpp::export]]
LogicalVector is_naC2(NumericVector x) {
  return is_na(x);
}

is_naC2(c(NA, 5.4, 3.2, NA))
#> [1]  TRUE FALSE FALSE  TRUE
```

### 19.3.5 エクササイズ

1. 欠損値を扱えるように，最初のエクササイズの関数を書き直せ．na.rm が真なら，欠損値を無視する仕様にせよ．na.rm が偽ならば，入力に欠損値があれば欠損値を返す仕様にせよ．練習に適した関数として，min(), max(), range(), mean(), var() がある．
2. cumsum() と diff() を書き直して，欠損値を扱えるようにせよ．これらの関数は，若干複雑な挙動をすることに注意せよ．

## 19.4 Rcppパッケージのシュガー

Rcppパッケージには，C++の関数をRの関数と全く同じように操作できるように，シンタクスの「シュガー構文」が多数用意されている．実際，Rcppパッケージにより，Rとほぼ同じ内容のコードを，効率的なC++のコードとして書くことができる．Rで利用している関数にRccpパッケージのシュガー構文が提供されているなら利用すべきである．シュガー構文は表現力に優れ，十分に検証されている．シュガー関数は，一から実装した関数よりも高速であるとは限らないが，Rcppパッケージの最適化により多くの時間が費やされれば，将来的にはさらに高速化するだろう．

シュガー関数は，おおまかに以下に分けられる．

- 算術・論理演算
- 論理値の要約関数
- ベクトルのビュー
- その他の有益な関数

### 19.4.1 算術・論理演算

基本的な算術・論理演算子はすべて，ベクトル化されている．これらの演算子は，+ *, -, /, pow, <, <=, >, >=, ==, !=, !である．たとえば，シュガー関数を用いて，pdistC()の実装をかなり簡略化できる．

```
pdistR <- function(x, ys) {
  sqrt((x - ys) ^ 2)
}

#include <Rcpp.h>
using namespace Rcpp;

// [[Rcpp::export]]
NumericVector pdistC2(double x, NumericVector ys) {
  return sqrt(pow((x - ys), 2));
}
```

## 19.4.2 論理値の集約関数

　シュガー関数である any() と all() は完全に遅延評価される．そのため，たとえば any(x == 0) はベクトルの要素を 1 つだけしか評価しない場合もある．また返り値は特殊な型だが，.is_true(), .is_false(), .is_na() で bool に変換できる．数値ベクトルに欠損値が含まれているかどうかを確認する関数も，このシュガー関数で効率的に作成できる．この処理は R で any(is.na(x)) となるだろう．

```r
any_naR <- function(x) any(is.na(x))
```

　しかし，この R の関数は欠損値の位置に関係なく，同じ量の処理を実行する．ここで，C++ の実装を以下に示す[9]．

```cpp
#include <Rcpp.h>
using namespace Rcpp;

// [[Rcpp::export]]
bool any_naC(NumericVector x) {
  return is_true(any(is_na(x)));
}
```

```r
x0 <- runif(1e5)
x1 <- c(x0, NA)
x2 <- c(NA, x0)

microbenchmark(
  any_naR(x0), any_naC(x0),
  any_naR(x1), any_naC(x1),
  any_naR(x2), any_naC(x2)
)
#> Unit: microseconds
#>         expr    min     lq median     uq   max neval
#>  any_naR(x0) 253.00 255.00 262.00 295.00 1,370   100
#>  any_naC(x0) 308.00 309.00 310.00 324.00 1,050   100
#>  any_naR(x1) 253.00 256.00 260.00 351.00 1,160   100
#>  any_naC(x1) 308.00 309.00 312.00 322.00 1,350   100
#>  any_naR(x2)  86.50  91.50  94.00 111.00 1,070   100
```

---

[9] 訳注：以下の処理で，is_true() は必ずしも必要ないことに注意せよ．

```
#>  any_naC(x2)   1.79    2.32    2.93    3.69    10    100
```

### 19.4.3 ベクトルのビュー

ベクトルの「ビュー」となる多くの有用な関数が用意されている．たとえば head(), tail(), rep_each(), rep_len(), rev(), seq_along(), seq_len() である．R では，これらの関数はすべてベクトルのコピーを生成するが，Rcpp パッケージでは既存のベクトルを単純に指すだけであり，抽出する演算子 ([) もオーバーライドされており，R とは異なる挙動をする．そのため，これらの関数は非常に効率的である．たとえば，rep_len(x, 1e6) は x を何百万回もコピーすることがない．

### 19.4.4 その他の有益な関数

最後に，頻繁に使用される R の関数を模したシュガー関数群が存在する．

- 数学関数: abs(), acos(), asin(), atan(), beta(), ceil(), ceiling(), choose(), cos(), cosh(), digamma(), exp(), expm1(), factorial(), floor(), gamma(), lbeta(), lchoose(), lfactorial(), lgamma(), log(), log10(), log1p(), pentagamma(), psigamma(), round(), signif(), sin(), sinh(), sqrt(), tan(), tanh(), tetragamma(), trigamma(), trunc().
- スカラーの要約: mean(), min(), max(), sum(), sd(),（ベクトルに対しては）var().
- ベクトルの要約: cumsum(), diff(), pmin(), pmax().
- 値の探索: match(), self_match(), which_max(), which_min().
- 重複の扱い: duplicated(), unique().
- 一般的な確率分布に対する関数群 d/q/p/r[10]．

最後に，noNA(x) はベクトル x が欠損値を含んでいないことを表明 (assert) するので，数学演算を最適化することにつながる．

---

[10] 訳注：d は確率密度関数，p は確率分布関数，q は分位点関数，r は乱数発生関数を表す．たとえば，正規分布であれば，dnorm(), qnorm(), pnorm(), rnorm() である．

## 19.5 STL

より複雑なアルゴリズムを実装する必要性が生じたときに，C++ の真の威力が顕著になる．Standard Template Library (STL) には，非常に有用なデータ構造とアルゴリズムの集合が用意されている．本節では，最も重要なアルゴリズムとデータ構造の中からいくつかをとりあげて説明し，今後の学習のための指針を与えよう．STL について知るべきすべてをここで説明することはできないが，本節で示す例が STL の威力を伝え，さらに学習する価値があることを実感してもらえるように願っている．

STL に実装されていないアルゴリズムやデータ構造が必要なら，boost[11] を探せばよい．boost を計算機にインストールするのは本章の範囲を超えるが，インストールしてしまえば，たとえば #include<boost/array.hpp> のように適切なヘッダをインクルードすることで，boost のデータ構造やアルゴリズムを使用できる．

### 19.5.1 イテレータの使用

STL では，イテレータが広範に使用されている．多くの関数が，イテレータを引数として受け取るか，返り値としている．イテレータは，基本ループ構文からステップアップし，データ構造の背後にある詳細を抽象化している．イテレータには，3 つの主要な演算子がある．

1. ++ 演算子により前方に進む．
2. * 演算子により，オブジェクトを参照する，あるいはデリファレンス[12]．
3. == 演算子を用いて比較する．

たとえば，イテレータを用いて sum 関数を書き直すことができる．

```
#include <Rcpp.h>
using namespace Rcpp;
```

---

[11] http://www.boost.org/doc/
[12] 訳注：デリファレンス (dereference) とは，参照先の値にアクセスする処理を表す．

```
// [[Rcpp::export]]
double sum3(NumericVector x) {
  double total = 0;

  NumericVector::iterator it;
  for(it = x.begin(); it != x.end(); ++it) {
    total += *it;
  }
  return total;
}
```

主な変更点は，for ループ内の記述である．

- x.begin() からスタートして，x.end() にたどり着くまでループ処理を繰り返す．小さな最適化ではあるが，終端のイテレータの値を保持しておけば，毎回調べる必要がなくなる．これは，各イテレーションで約2ナノ秒を節約するに過ぎず，ループ内の計算が非常に簡単なときにのみ重要になる．
- x へのインデクシングの代わりに，デリファレンス演算子 *it を用いて，現在の値を取得している．
- イテレータの型である NumericVector::iterator に注意せよ．各ベクトルには，それぞれのイテレータ型が存在する．LogicalVector::iterator，CharacterVector::iterator などである．

イテレータによって，apply 族と同等の C++ の関数を使用できるようになる．たとえば，accumulate() を使用して sum() を書き直すことができる．accumulate() は，先頭のイテレータと末尾のイテレータを受け取り，ベクトル内のすべての値を合計する．3 番目の引数には初期値を与える．この初期値は，関数が使用するデータ型を決定するため，特に重要である（int ではなく double を用いるために，0 ではなく 0.0 を使用する）．accumulate() を使用するために，<numeric> ヘッダをインクルードする．

```
#include <numeric>
#include <Rcpp.h>
using namespace Rcpp;
```

```
// [[Rcpp::export]]
double sum4(NumericVector x) {
  return std::accumulate(x.begin(), x.end(), 0.0);
}
```

もっとも accumulate() は，(<numeric> ヘッダに含まれる他の関数 adjacent_difference(), inner_product(), partial_sum() とともに) **Rcpp** パッケージではそれほど重要ではない．**Rcpp** パッケージのシュガーに同等の関数が提供されているからだ．

### 19.5.2 アルゴリズム

<algorithm> ヘッダは，イテレータを扱うアルゴリズムを非常に多数提供している．優れたリファレンスを利用できる[13]．たとえば，findInterval() を **Rcpp** パッケージ版で記述できるだろう．findInterval() は，値のベクトルと分割点のベクトルの 2 つの引数をとり，それぞれの値 x が入るビンを返す．この処理をイテレータに移植すると，その高度な特徴がより引き立つ．以下のコードを読み，どのように動作するかについて理解できるだろうか．

```
#include <algorithm>
#include <Rcpp.h>
using namespace Rcpp;

// [[Rcpp::export]]
IntegerVector findInterval2(NumericVector x, NumericVector breaks) {
  IntegerVector out(x.size());

  NumericVector::iterator it, pos;
  IntegerVector::iterator out_it;

  for(it = x.begin(), out_it = out.begin(); it != x.end();
      ++it, ++out_it) {
    pos = std::upper_bound(breaks.begin(), breaks.end(), *it);
    *out_it = std::distance(breaks.begin(), pos);
  }
```

---

[13] http://www.cplusplus.com/reference/algorithm/

```
    return out;
}
```

ポイントは以下の通りである．

- 2つのイテレータ（入力と出力）を用いて同時に進める．
- `out` の値を変更するために，デリファレンス演算子 (`out_it`) に値を付値している．
- `upper_bound()` はイテレータを返す．`upper_bound()` の値が欲しいなら，その参照先にアクセスする．その位置であれば，`distance()` を使う．
- 注：この関数が R の `findInterval()` と同程度に高速であることを望むなら（`findInterval()` は C 言語で1から実装されている），`.begin()` と `.end()` の呼び出しを一度計算して，結果を保存する必要がある．簡単な処理ではあるが，本題とは直接関係しないので，ここでは省略する．なおこの変更を加えると，R の `findInterval()` と比べて速度は若干向上するだけだが，コードの量は約10分の1になる．

一般的には，STL が提供するアルゴリズムを使用する方が，ループを自分で書くよりも良い．その理由として，*Effective STL*[14] で，著者の Scott Meyers は効率性，正確性，そして保守性の3つを挙げている．STL が提供するアルゴリズムは C++ の専門家によって記述されており，非常に効率的であり，昔からあるためよくテストされている．標準的なアルゴリズムを使用すると，コードの意図がより明確になり，可読性と保守性も向上する．

### 19.5.3 データ構造

STL には，巨大なデータ構造の集合がある．提供されるデータ構造には，`array`, `bitset`, `list`, `forward_list`, `map`, `multimap`, `multiset`, `priority_queue`, `queue`, `dequeue`, `set`, `stack`, `unordered_map`, `unordered_set`, `unordered_multimap`, `unordered_multiset`, `vector` がある．これらのデータ構造のうち，`vector`, `unordered_set`, `unordered_map` が最も重要である．本節ではこれらの3つの

---

[14] 訳注：翻訳：スコット・メイヤーズ著，細谷昭訳『Effective STL–STL を効果的に使いこなす50の鉄則』，ピアソンエデュケーション，2002年．

データ構造に焦点を当てるが，他のデータ構造の使用方法も同様である．これらのデータ構造は性能面のトレードオフに関して特性が異なっている．たとえば，deque（「デック」と発音される）は，ベクタと同様のインターフェイスを備えるが，内部の実装が異なっており，その結果，性能面のトレードオフも異なったものになる．自身の問題に対してこれらのデータ構造を試してみたいかもしれない．STL のデータ構造に関する良いリファレンスは，http://www.cplusplus.com/reference/stl/ にある．STL を扱うときは，このサイトを開いたままにしておくことを推奨する．

**Rcpp** パッケージには，STL の多くのデータ構造を R で対応する構造に変換する方法がある．そのため，STL のデータ構造を R のデータ構造に明示的に変換する必要はなく，そのまま関数の返り値にできる．

### 19.5.4 ベクタ

STL のベクタは，R のベクトルに非常に類似しているが，そのサイズが効率的に拡張される点で異なる．このため，事前に出力の大きさがわからない場合にベクタは最適なデータ構造である．ベクタはテンプレート化されている．そのため，ベクタを生成する際にはベクタが保持するオブジェクトの型を指定する必要がある．たとえば，vector<int>, vector<bool>, vector<double>, vector<String> といった具合である．標準的な [] 記法を用いてベクタの各要素にアクセスし，.push_back() を用いてベクタの末尾に新しい要素を追加できる．ベクタの大きさが事前にわかっているなら，.reserve() を用いて十分なメモリを割り当てることができる．

次のコードは，連長圧縮 (rle()) を実装している．出力として，2 つのベクトルを生成している．1 つは値のベクトルで，もう 1 つは各要素の繰り返し回数を示す「長さの」ベクトルである．入力されたベクトル x を走査しながら，それぞれの値を前の値と比較している．前の値と同じなら lengths の末尾の値を 1 つ増加させ，前の値と異なっていたら values の末尾に値を追加し，長さを 1 に設定する．

```
#include <Rcpp.h>
using namespace Rcpp;
// [[Rcpp::export]]
```

```cpp
List rleC(NumericVector x) {
  std::vector<int> lengths;
  std::vector<double> values;

  // 1番目の値を初期化する
  int i = 0;
  double prev = x[0];
  values.push_back(prev);
  lengths.push_back(1);

  NumericVector::iterator it;
  for(it = x.begin() + 1; it != x.end(); ++it) {
    if (prev == *it) {
      lengths[i]++;
    } else {
      values.push_back(*it);
      lengths.push_back(1);

      i++;
      prev = *it;
    }
  }

  return List::create(
    _["lengths"] = lengths,
    _["values"] = values
  );
}
```

(この実装は，常にベクタの最後の要素を指す lengths.rbegin() イテレータにより i を置き換えることが可能だ．自身で試してみるとよいだろう．)

ベクタの他のメソッドは，http://www.cplusplus.com/reference/vector/vector/ で説明されている．

### 19.5.5 セット

セットは，値のユニークな集合を保持するので，ある値が含まれるかどうかを効率的に調べられる．セットは，重複やユニーク値に関連する問題を扱うのに適当である（R における unique, duplicated, in と同様で

ある).C++ では,順序が重要であるかどうかによって,順序付きのセット (std::set) と順序なしのセット (std::unordered_set) の区別がある.順序なしのセットは,順序付きのセットと比べてはるかに高速である(その理由は,内部で木ではなくハッシュテーブルを使用しているためである).そこで順序付きのセットが必要な場合でも,順序なしのセットを用いて出力をソートすることを検討すべきである.ベクタと同様に,セットはテンプレート化されているため,目的に応じて適切な型を指定する必要がある.unordered_set<int>, unordered_set<bool> などといった具合である.より詳細については http://www.cplusplus.com/reference/set/set/ と http://www.cplusplus.com/reference/unordered_set/unordered_set/ を参照せよ.

次の関数は,整数のベクトルに対して duplicated() と同等の機能を実装するために,順序なしのセットを使用している.seen.insert(x[i]).second の用法に着目せよ.insert() はペアを返し,.first は要素を指すポインタ,.second はセットに新たに値が追加されたら真を返す論理値である.

```
// [[Rcpp::plugins(cpp11)]]
#include <Rcpp.h>
#include <unordered_set>
using namespace Rcpp;

// [[Rcpp::export]]
LogicalVector duplicatedC(IntegerVector x) {
  std::unordered_set<int> seen;
  int n = x.size();
  LogicalVector out(n);

  for (int i = 0; i < n; ++i) {
    out[i] = !seen.insert(x[i]).second;
  }

  return out;
}
```

順序なしのセットは C++ 11 でのみ利用できることに注意せよ.したがっ

て，cpp11 プラグイン [[Rcpp::plugins(cpp11)]] を使用する必要がある．

### 19.5.6 マップ

マップはセットに似ているが，値が存在しているかどうかを保持するのではなく，データを追加できる．マップは，値を検索する必要のある table() や match() のような関数で役に立つ．セットと同様に，順序付きのマップ (std::map) と順序なしのマップ (std::unordered_map) がある．マップは値とキーをもつため，マップを初期化する際に両方の型を指定する必要がある．map<double, int>, unordered_map<int, double> といった具合である．次の例は，数値のベクトルに対して table() を実装するために map を利用する方法を示している．

```
#include <Rcpp.h>
using namespace Rcpp;

// [[Rcpp::export]]
std::map<double, int> tableC(NumericVector x) {
  std::map<double, int> counts;

  int n = x.size();
  for (int i = 0; i < n; i++) {
    counts[x[i]]++;
  }

  return counts;
}
```

順序なしのマップは C++ 11 でのみ利用できることに注意せよ．そのため，ここでも [[Rcpp::plugins(cpp11)]] が必要になる．

### 19.5.7 エクササイズ

STL のアルゴリズムとデータ構造を用いて練習するために，次の R の関数をヒントを参考に C++ で実装せよ．

1. partial_sort を用いて median.default() を実装せよ．

2. unordered_set と find() または count() メソッドを用いて，%in% を実装せよ．
3. unordered_set を用いて unique() を実装せよ（課題：1 行で実装せよ！）．
4. std::min() を用いて min()，または std::max() を用いて max() を実装せよ．
5. min_element を用いて which.min()，または max_element を用いて which.max() を実装せよ．
6. ソート済みの範囲と set_union, set_intersection, set_difference を用いて，整数に対して setdiff(), union(), intersect() を実装せよ．

## 19.6 ケーススタディ

以下のケーススタディは，R の遅いコードを実際に C++ で置き換える実践例である．

### 19.6.1 ギブスサンプラー

以下のケーススタディでは，R におけるギブスサンプラーを C++ に変換する説明を行いながら，Dirk Eddelbuettel によるブログの例[15]を最新のものにしている．以下の R と C++ のコードは非常に類似している（R 版のコードを C++ 版に変換するのに，数分しかかからないだろう）．しかし，筆者の計算機では，C++ のコードは R に比べて約 20 倍高速である．Dirk のブログ記事では，さらに高速化するための別の方法が示されている．その方法とは，より高速な GSL[16]（**RcppGSL** パッケージにより簡単にアクセスできる）の乱数生成関数を使用して，さらに 2-3 倍高速化するというものである．

R のコードは以下の通りである．

```
gibbs_r <- function(N, thin) {
```

---

[15] http://dirk.eddelbuettel.com/blog/2011/07/14/
[16] 訳注：GSL とは "GNU Scientific Library" の略で，ANSI C で記述された科学技術計算のライブラリである．詳細については GSL のウェブページを参照せよ．
　http://www.gnu.org/software/gsl/

```
mat <- matrix(nrow = N, ncol = 2)
x <- y <- 0

for (i in 1:N) {
  for (j in 1:thin) {
    x <- rgamma(1, 3, y * y + 4)
    y <- rnorm(1, 1 / (x + 1), 1 / sqrt(2 * (x + 1)))
  }
  mat[i, ] <- c(x, y)
}
mat
}
```

C++ への変換は簡単である．以下が変更点だ．

- すべての変数に型宣言を追加する．
- 行列の添字を指定して値を取得するために，[ ではなく ( を使用する．
- rgamma と rnorm の結果をベクトルからスカラーに変換するために，添字を指定する．

```
#include <Rcpp.h>
using namespace Rcpp;

// [[Rcpp::export]]
NumericMatrix gibbs_cpp(int N, int thin) {
  NumericMatrix mat(N, 2);
  double x = 0, y = 0;

  for(int i = 0; i < N; i++) {
    for(int j = 0; j < thin; j++) {
      x = rgamma(1, 3, 1 / (y * y + 4))[0];
      y = rnorm(1, 1 / (x + 1), 1 / sqrt(2 * (x + 1)))[0];
    }
    mat(i, 0) = x;
    mat(i, 1) = y;
  }

  return(mat);
}
```

2つの実装のベンチマークを確認すると，以下の結果が得られる．

```
microbenchmark(
  gibbs_r(100, 10),
  gibbs_cpp(100, 10)
)
#> Unit: microseconds
#>                expr   min    lq median    uq    max neval
#>    gibbs_r(100, 10) 6,980 8,150  8,430 8,740 44,100   100
#>  gibbs_cpp(100, 10)   258   273    279   293  1,330   100
```

### 19.6.2　R のベクトル化 vs. C++ のベクトル化

この例は，「**Rcpp** パッケージはデータフレームのエージェントベースモデルに対して非常に高速である」("Rcpp is smoking fast for agent-based models in data frames")[17] というタイトルのブログの内容を改変したものである．課題は，指定された 3 つの引数からモデルの応答を予測することである．基本的な R 版の予測子は，次のようになる．

```
vacc1a <- function(age, female, ily) {
  p <- 0.25 + 0.3 * 1 / (1 - exp(0.04 * age)) + 0.1 * ily
  p <- p * if (female) 1.25 else 0.75
  p <- max(0, p)
  p <- min(1, p)
  p
}
```

この関数を複数の入力に適用できるようにしたいので，for ループを利用し，引数としてベクトルをとる関数を記述する．

```
vacc1 <- function(age, female, ily) {
  n <- length(age)
  out <- numeric(n)
  for (i in seq_len(n)) {
    out[i] <- vacc1a(age[i], female[i], ily[i])
  }
  out
```

---

[17] http://www.babelgraph.org/wp/?p=358

}

読者が R に慣れ親しんでいるなら，以上の処理は遅いと危惧するだろうが，実際その通りである．この問題を解決する方法は2つある．R の語彙が豊富なら，関数をベクトル化する方法をすぐに思い付くかもしれない（ifelse(), pmin(), pmax() を使用する）．もう1つの方法は，C++ ではループや関数呼び出しは R に比べてオーバーヘッドがはるかに小さいという知識を活用して，vacc1a() や vacc1() を C++ で書き直すことである．

どちらのアプローチも単純である．R のコードは以下のように修正する．

```
vacc2 <- function(age, female, ily) {
  p <- 0.25 + 0.3 * 1 / (1 - exp(0.04 * age)) + 0.1 * ily
  p <- p * ifelse(female, 1.25, 0.75)
  p <- pmax(0, p)
  p <- pmin(1, p)
  p
}
```

(Rの経験が豊富なら，このコードにボトルネックが潜んでいるのがわかるだろう．ifelse, pmin, pmax は遅いことで知られており，p + 0.75 + 0.5 * female, p[p < 0] <- 0, p[p > 1] <- 1 によって置き換えられるのだ．これらの修正によってコードの実行時間を自身で計測するとよいだろう．)

C++ では，以下のように修正する．

```
#include <Rcpp.h>
using namespace Rcpp;

double vacc3a(double age, bool female, bool ily){
  double p = 0.25 + 0.3 * 1 / (1 - exp(0.04 * age)) + 0.1 * ily;
  p = p * (female ? 1.25 : 0.75);
  p = std::max(p, 0.0);
  p = std::min(p, 1.0);
  return p;
}

// [[Rcpp::export]]
NumericVector vacc3(NumericVector age, LogicalVector female,
                    LogicalVector ily) {
```

```
  int n = age.size();
  NumericVector out(n);
  for(int i = 0; i < n; ++i) {
    out[i] = vacc3a(age[i], female[i], ily[i]);
  }

  return out;
}
```

続いて，サンプルデータを生成し，上記の 3 つのコードが同じ値を返すかどうかを確認しよう．

```
n <- 1000
age <- rnorm(n, mean = 50, sd = 10)
female <- sample(c(T, F), n, rep = TRUE)
ily <- sample(c(T, F), n, prob = c(0.8, 0.2), rep = TRUE)

stopifnot(
  all.equal(vacc1(age, female, ily), vacc2(age, female, ily)),
  all.equal(vacc1(age, female, ily), vacc3(age, female, ily))
)
```

元々のブログ記事ではこの処理を実行せず，C++ 版のコードでバグが発生している．0.04 ではなく 0.004 を使用しているのである．最後に，これら 3 つのアプローチのベンチマークが可能になる．

```
microbenchmark(
  vacc1 = vacc1(age, female, ily),
  vacc2 = vacc2(age, female, ily),
  vacc3 = vacc3(age, female, ily)
)
#> Unit: microseconds
#>   expr     min      lq  median      uq     max neval
#>  vacc1  4,210.0 4,680.0 5,150.0 6,050.0 11,800   100
#>  vacc2    327.0   373.0   403.0   449.0    750   100
#>  vacc3     16.6    20.1    27.5    34.1     82   100
```

ループを用いた最初のアプローチが遅いことは驚くに値しないだろう．R でもベクトル化によって速度は劇的に改善されるが，C++ のループの方がよりパフォーマンスの向上（約 10 倍）を期待できる．筆者は C++ がこれほ

どまでに高速であることに驚いた．しかし，C++のコードが1個のベクトルだけを生成すればよいところをRのコードは中間結果を保持するために11個のベクトルを生成しなければならない．このためC++の方が高速なのだ．

## 19.7 パッケージでのRcppパッケージの利用

sourceCpp()で使用したC++のコードは，パッケージにも組み込める．独立したC++のソースファイルからパッケージにコードを移行させることには，いくつかの利点がある．

1. C++の開発ツールをもたないユーザもコードを利用できるようになる．
2. Rのパッケージ構築システムによって，複数のソースファイルやこれらの間の依存関係が自動的に管理される．
3. パッケージは，テスト，ドキュメンテーション，そして一貫性を保つために追加的なインフラを提供している．

**Rcpp**パッケージを既存のパッケージに追加するためには，C++のファイルをsrc/ディレクトリに配置して，以下の設定ファイルを修正または生成する．

- DESCRIPTIONでは，以下を追加する．

  ```
  LinkingTo: Rcpp
  Imports: Rcpp
  ```

- NAMESPACEが以下を含んでいるかどうかについて確認する．

  ```
  useDynLib(mypackage)
  importFrom(Rcpp, sourceCpp)
  ```

  **Rcpp**パッケージのコードが適切にロードされるように，**Rcpp**パッケージから必要な関数（あるいはすべて）をインポートする．これはRのバグであり，将来的に修正されることを願う．

Rcpp.package.skeleton()を実行すると，"hello world"を表示するだけの関数だけを実装した**Rcpp**パッケージのパッケージ雛形が生成される．

```
Rcpp.package.skeleton("NewPackage", attributes = TRUE)
```

sourceCpp() を通して実行した C++ のファイルを含むパッケージを生成するには，cpp_files パラメータを使用する．

```
Rcpp.package.skeleton("NewPackage", example_code = FALSE,
                      cpp_files = c("convolve.cpp"))
```

パッケージをビルドする前に，Rcpp::compileAttributes() を実行する必要がある．この関数は C++ のファイルを読み取って Rcpp::export 属性の指定されたファイルを探し出し，R で利用できるようにする関数を生成する．関数の追加，削除，またはシグネチャが変更されたときは常に compileAttributes() を再実行すること．この処理は，**devtools** パッケージや RStudio により自動的に行われる．

詳細については，**Rcpp** パッケージのビネットである vignette("Rcpp-package") を参照してほしい．

## 19.8 さらに学ぶために

本章では，パフォーマンスの劣る R のコードを C++ で書き直すための基本的なツールを紹介したが，**Rcpp** パッケージのほんの一部分しか説明していない．Rcpp book[18] は，**Rcpp** パッケージについてさらに学ぶための最良のリファレンスである．以下に列挙するように，**Rcpp** パッケージには R と既存の C++ のコードを連携させるための多くの機能がある．

- **Rcpp** パッケージの属性には，さらにデフォルト引数，外部の C++ とのリンクの依存関係，パッケージから C++ のインターフェイスのエクスポートなどがある．これらの特徴は，**Rcpp** パッケージの属性に関するビネット vignette("Rcpp-attributes") で説明されている．
- C++ と R のデータ構造を結びつけるラッパを自動的に生成する．この中には，C++ のクラスを参照クラス (reference class) に対応づける処理も含まれる．このトピックに適した入門書は，**Rcpp** パッケージモ

---

[18] http://www.rcpp.org/book

ジュールのビネット vignette("Rcpp-modules") である.
- **Rcpp** パッケージのクイックリファレンスガイド vignette("Rcpp-quick ref") には，**Rcpp** パッケージのクラスやプログラミングに共通するイディオムなどが要約されている．

また **Rcpp** パッケージ mailing list[19] に加入するとともに，**Rcpp** パッケージのホームページ[20] と Dirk の **Rcpp** パッケージのページ[21] を常に確認することを強く推奨する．**Rcpp** パッケージは今もなお精力的に開発されており，リリースのたびに改良されている．

C++ を学ぶうえで有益だと思われる情報源は，以下の通りである．

- Scott Meyers による *Effective C++* [22] と *Effective STL* [23].
- *C++ Annotations* [24]. C++ についてさらに知りたい，あるいは C++ に移行したい「C 言語の知識のあるユーザ」（または，C 言語に似た文法をもつ Perl や Java などの言語のユーザ）に向けて書かれている．
- *Algorithm Libraries* [25]. STL の重要な概念について，技術的だが簡潔な説明がなされている（注の下のリンクに従え）．

パフォーマンスの高いコードを書くためには，基本的なアプローチの再考に迫られるかもしれない．そこで，基本的なデータ構造やアルゴリズムについて確実に理解しておくことが重要だ．本書の範囲を超えるが，

---

[19] http://lists.r-forge.r-project.org/cgi-bin/mailman/listinfo/rcpp-devel
[20] http://www.rcpp.org
[21] http://dirk.eddelbuettel.com/code/rcpp.html
[22] http://amzn.com/0321334876?tag=devtools-20 （翻訳：スコット・メイヤーズ著，小林健一郎訳『Effective C++ 第3版』，丸善出版，2014年．C++11 または 14 に対しては，以下の文献も参考になるだろう．Scott Meyers, *Effective Modern C++: 42 Specific Ways to Improve Your Use of C++11 and C++14*, Oreilly & Associates Inc, 2014. 翻訳：スコット・メイヤーズ著，千住治郎訳『Effective Modern C++ – C++11/14 プログラムを進化させる42項目』，オライリージャパン，2015年）
[23] http://amzn.com/0201749629?tag=devtools-20 （翻訳：スコット・メイヤーズ著，細谷昭訳『Effective STL–STL を効果的に使いこなす50の鉄則』，ピアソンエデュケーション，2002年）
[24] http://www.icce.rug.nl/documents/cplusplus/cplusplus.html
[25] http://www.cs.helsinki.fi/u/tpkarkka/alglib/k06/

*Algorithm Design Manual*[26], MITの*Introduction to Algorithms*[27], Robert Sedgewickと Kevin Wayneによる *Algorithms* にはフリーのオンラインのテキストがあり online textbook[28], テキストに対応したcourseraの講座[29]を推奨する.

## 19.9 謝辞

**Rcpp**パッケージのメーリングリストでの筆者が投じた質問に対して有益な回答を寄せてくれた投稿者に感謝したい. とりわけ Romain Francois と Dirk Eddelbuettel は, 詳細な回答を提供してくれただけでなく, **Rcpp**パッケージの改善にすぐに対応してくれた. さらにJJ Allaireがいなければ, 本章は存在していなかっただろう. 彼は筆者に C++ を学習するように勧めてくれただけでなく, 筆者の初歩的な質問に辛抱強く答えてくれた.

---

[26] http://amzn.com/0387948600?tag=devtools-20
[27] http://ocw.mit.edu/courses/electrical-engineering-and-computer-science/6-046j-introduction-to-algorithms-sma-5503-fall-2005/
[28] http://algs4.cs.princeton.edu/home/
[29] https://www.coursera.org/course/algs4partI

# 20

# RとC言語のインターフェイス

 Rのソースコードを読むのが，プログラミングスキルを上げるのにもっとも効率的な手段だろう．Rの基本関数や古くからあるパッケージでは，その関数の多くがC言語で書かれているが，これらの関数の仕組みを理解すると役に立つことが多い．そこで本章ではRとC言語のインターフェイスについて解説する．したがって本章の内容はC言語の基礎知識を前提としている．必要があればKernighanとRitchieによる *The C Programming Language*[1] や第19章「**Rcpp** パッケージを用いたハイパフォーマンスな関数」を参照いただきたい．遠回りになるが，C言語で作成されたソースコードを読めるようになれば，得るものは大きい．

 本章の内容は大部分 Writing R extensions[2] の第5節 (System and foreign language interfaces) に基づいているが，より実践的かつモダンな方法に説明を限定する．そのため，`Rdefines.h` で定義されている古くからの APIである．C() インターフェイスなどの古い機能はとりあげない．RとC言語のインターフェイスについて完全に把握したいのであれば，`Rinternals.h` のヘッダを参照されたい．このファイルはRのコンソールからでも簡単に確認できる．

```
rinternals <- file.path(R.home("include"), "Rinternals.h")
file.show(rinternals)
```

 このヘッダでは，すべての関数が `Rf_` ないし `R_` を接頭辞にして定義されている．しかし，これらの関数はエクスポートされる際に (`#define R_NO_REMAP` が使われなければ) 接頭辞が省かれている．

---

[1] 訳注：B.W. カーニハン，D.M. リッチー著，石田晴久訳『プログラミング言語C 第2版 ANSI規格準拠』共立出版，1989年．

[2] http://cran.r-project.org/doc/manuals/R-exts.html

478　第20章　RとC言語のインターフェイス

ただし筆者はパフォーマンスの高いコードを書くにはC言語を使うべきだと勧めているわけではない．むしろ **Rcpp** パッケージを使ってC++で作成すべきだ．**Rcpp** のAPIを使えばRのAPIに歴史的に散りばめられたしがらみにとらわれることがない．また厄介なメモリの管理に煩わされることもない．他にも役に立つメソッドが多く実装されている．

## 本書の概要：

- 20.1節「RからC言語の関数を呼び出す方法」ではinlineパッケージを使ったC言語による関数の作成と呼び出しについて基本を解説する．
- 20.2節「C言語でのデータ構造」ではR言語でのデータ構造名をC言語のために変換する方法を示す．
- 20.3節「ベクトルの生成と修正」ではC言語でベクトルを作成ないし修正，さらに変換する方法を示す．
- 20.4節「ペアリスト」では文字通りにペアリストの操作方法を示す．C言語ではペアリストとリストの違いがR以上に重要となるからである．
- 20.5節「引数の検証」では引数を検証する重要性を説く．これはC言語による関数がRをクラッシュさせるのを防ぐためである．
- 20.6節「C言語による関数のソースを探す」では本章の締めくくりとして，RのインターナルU関数やプリミティブ関数が呼び出しているC言語による関数のソースを見つける方法を示す．

## 本章を読むための準備：

　C言語による既存のコードを理解するには，実験用にシンプルな実装をしてみるのが一番である．そのため本章で紹介する例はすべてinlineパッケージで実装する．これによりRのセッション内でC言語のコードをコンパイルやリンクするのが非常に簡単になる．またインターナル関数やプリミティブ関数のコードを確認するのに **pryr** パッケージを利用する．必要に応じて install.packages("inline") や install.packages("pryr") としてインストールしてほしい．

　また，当然ながらC言語のコンパイラが必要となる．Windowsユーザは

Rtools[3] を，MacユーザはXcode command line tools[4] を利用されたい．
LinuxについてはディストリビューションごとにÂ用意されたコンパイラを導
入するのが手軽だろう．

WindowsではRtoolsの実行フォルダ（通常は`C:\Rtools\bin`）とCコンパ
イラの実行フォルダ（通常は`C:\Rtools\gcc-4.6.3\bin`）が環境変数PATHに
設定されている必要がある．なおPATHを設定後，場合によってはWindows
を再起動する必要があるかもしれない．

## 20.1 RからC言語の関数を呼び出す

一般にRからC言語の関数を呼び出すには2つの作業が必要になる．C言
語による関数と，それを`.Call()`を使って呼び出すRのラッパ関数である．
以下の例は2つの数値の和を求めるシンプルな処理を実装したコードだが，
C言語でのコーディングの複雑さを知るには十分だろう．

```
// C言語で実装 --------------------------------------
#include <R.h>
#include <Rinternals.h>

SEXP add(SEXP a, SEXP b) {
  SEXP result = PROTECT(allocVector(REALSXP, 1));
  REAL(result)[0] = asReal(a) + asReal(b);
  UNPROTECT(1);

  return result;
}
# R 側で実装 --------------------------------------
add <- function(a, b) {
  .Call("add", a, b)
}
```

`.Call()`の代わりに`.External()`を同じよう使うこともできる．ただし後

---
[3] http://cran.r-project.org/bin/windows/Rtools/
[4] http://developer.apple.com/

者ではC言語による関数にはLISTSXP型の引数が1つだけ渡される．このペアリストには各種引数が格納されている．これを用いると，引数の数を自由に変えることのできる関数を作成できるが，Rでは一般的ではない．またinlineパッケージは.External()をサポートしていない．よって本章では.External()をとりあげない．

本章ではinlineパッケージを利用して上記2つの作業を一度に済ませる．例えば以下のようなコードになる．

```
add <- cfunction(c(a = "integer", b = "integer"), "
  SEXP result = PROTECT(allocVector(REALSXP, 1));
  REAL(result)[0] = asReal(a) + asReal(b);
  UNPROTECT(1);

  return result;
")
add(1, 5)
#> [1] 6
```

C言語のコードを読み書きする前に，まず基本データ構造について学んでおこう．

## 20.2　C言語でのデータ構造

C言語のレベルでは，すべてのRオブジェクトがSEXPという基本データ型で保存されている．SEXPはS表現式という意味だ．すべてのRオブジェクトはS表現式であり，したがってC言語による関数を作成するのであれば，その引数と返り値はSEXP型でなければならない．（技術的な補足をすると，SEXPはtypedefでSEXPRECと定義された構造体へのポインタである．）SEXPは可変構造体で，Rのすべてのデータ構造に対応するサブセットがある．以下，重要な型を挙げる．

- REALSXP: 数値ベクトル
- INTSXP: 整数ベクトル
- LGLSXP: 論理ベクトル

- STRSXP: 文字ベクトル
- VECSXP: リスト
- CLOSXP: 関数（クロージャ）
- ENVSXP: 環境

注意すべきは，C 言語側ではリストが LISTSXP ではなく VECSXP であることだ．これは初期の実装でリストが，現在はペアリストと呼ばれる Lisp 風のリンクリストであったことによる．

文字ベクトルは，他のアトミックベクトルより少し複雑だ．STRSXP は CHARSXP 型のベクトルを要素とし，一方 CHARSXP そのものはグローバルメモリプールに保存された C 言語スタイルの文字列へのポインタである．この仕組みがあるため，個々の CHARSXP を複数の文字型ベクトルで共有することが可能になり，メモリの節約になっている．詳細は 18.1 節「オブジェクトのサイズ」を参照されたい．

SEXP には，あまり一般的ではないタイプもある．

- CPLXSXP: 複素数ベクトル
- LISTSXP: ペアリスト．R のレベルでは，関数の引数としてのリストとペアリストの違いに注意すれば十分だが，内部処理ではもう少し広い範囲で利用されている．
- DOTSXP: ドット引数 '...'
- SYMSXP: 名前あるいはシンボル
- NILSXP: NULL

以下は R の関数ではなく，C 言語の関数でのみ生成され，利用される内部オブジェクトの SEXP 型である．

- LANGSXP: 言語構造体
- CHARSXP: 「スカラー」文字列
- PROMSXP: 遅延評価される関数引数，プロミス
- EXPRSXP: 表現式

これらの名前に簡単にアクセスできる関数が R にはないが，**pryr** パッ

ケージの sexp_type() を使うことができる.

```
library(pryr)

sexp_type(10L)
#> [1] "INTSXP"

sexp_type("a")
#> [1] "STRSXP"

sexp_type(T)
#> [1] "LGLSXP"

sexp_type(list(a = 1))
#> [1] "VECSXP"

sexp_type(pairlist(a = 1))
#> [1] "LISTSXP"
```

## 20.3 ベクトルの生成と修正

　C言語で関数を作る場合，RとC言語の間でのデータ構造の変換が重要となる．引数も返り値もすべてRのデータ構造 (SEXP) となるので，これらをC言語のデータ構造に変換させないと何も処理ができない．本節では，もっとも利用頻度の高いベクトルに焦点を当てる．

　加えてガベージコレクションに注意する必要がある．生成されたRオブジェクトが明示的に保護されていないと，ガベージコレクションによって未使用と判断され，削除されてしまうことがある．

### 20.3.1　ベクトルの生成とガベージコレクション

　Rの新しいオブジェクトを生成するもっとも簡単な方法は allocVector() を使うことである．この際，引数として，作成する SEXP（あるいは SEXPTYPE）型とベクトルの長さを指定する．以下のコードでは，いずれも長さが4である論理ベクトルと数値ベクトル，そして整数ベクトルを要素とするリストを生成している．

## 20.3 ベクトルの生成と修正

```
dummy <- cfunction(body = '
  SEXP dbls = PROTECT(allocVector(REALSXP, 4));
  SEXP lgls = PROTECT(allocVector(LGLSXP, 4));
  SEXP ints = PROTECT(allocVector(INTSXP, 4));

  SEXP vec = PROTECT(allocVector(VECSXP, 3));
  SET_VECTOR_ELT(vec, 0, dbls);
  SET_VECTOR_ELT(vec, 1, lgls);
  SET_VECTOR_ELT(vec, 2, ints);

  UNPROTECT(4);
  return vec;
')
dummy()
#> [[1]]
#> [1]  1  4 64  0
#>
#> [[2]]
#> [1]  TRUE  TRUE  TRUE FALSE
#>
#> [[3]]
#> [1] 1 1 1 0
```

さて，ここで PROTECT() の役割を説明しよう．この呼び出しはオブジェクトが利用されていることを R に伝え，ガベージコレクションが発動した際に削除されるのを防ぐ．（利用中であることが R に伝わっているオブジェクトは保護する必要はない．例えば関数の引数だ．）

またオブジェクトが保護されたら，いずれは，その保護を解除しなければならない．UNPROTECT() に整数値 n を与えて実行すると，直近の n 個のオブジェクトの保護が解除される．最終的に保護された個数と解除された個数は一致していなければならない．さもなければ R は stack imbalance in .Call と警告してくる．場合によっては以下のような別の保護の仕組みも必要となる．

- UNPROTECT_PTR()：SEXP によってポインタされているオブジェクトの保護を解除
- PROTECT_WITH_INDEX()：保護されている位置のインデックスを保存し，

保護されている値をREPROTECT()で置き換えるのが可能になる．

詳細は公式マニュアルのgarbage collectionの項[5]を参照されたい．

メモリに割り当てたRオブジェクトを適切に保護することは非常に重要である．さもなければ厄介なエラーが生じる．典型的にはsegfaultsだが，他の問題も生じる．Rのオブジェクトを割り当てたら，まずPROTECT()せよ．

先ほどのdummy()を数回実行すると，そのたびに出力が異なることに気づくだろう．これはallocVector()が実行のたびにメモリを新たに割り当てるが，初期化は行わないためだ．実際にこの関数を利用する場合には，ループでベクトルの各要素にアクセスし，適当な定数を与える必要がある．これを効率的に行うにはmemset()を使うとよい．

```
zeroes <- cfunction(c(n_ = "integer"), '
  int n = asInteger(n_);

  SEXP out = PROTECT(allocVector(INTSXP, n));
  memset(INTEGER(out), 0, n * sizeof(int));
  UNPROTECT(1);

  return out;
')
zeroes(10);
#> [1] 0 0 0 0 0 0 0 0 0 0
```

## 20.3.2 欠損値や不定値

アトミックベクトルには欠損値を設定したりアクセスするために使える特殊な定数がある．

- INTSXP: NA_INTEGER
- LGLSXP: NA_LOGICAL
- STRSXP: NA_STRING

REALSXPの欠損値はかなり複雑である．浮動小数点標準形式 (IEEE 754[6])

---

[5] http://cran.r-project.org/doc/manuals/R-exts.html#Garbage-Collection
[6] 訳注：http://en.wikipedia.org/wiki/IEEE_floaing_point

## 20.3 ベクトルの生成と修正

によって定義された欠損値に関するプロトコルがあるからだ．実数では NA が，NaN の特別なビットパターンとして定義されている（最後の WORD は 1954 なのだが，これは R 開発者である Ross Ihaka が生誕した年だ[7]）．さらに正負の無限大などにも特殊な値が使われている．これらを確認するには ISNA(), ISNAN(), !R_FINITE() といったマクロを利用する．逆にこれらを設定するには定数 NA_REAL, R_NaN, R_PosInf, R_NegInf を使う．

以上を念頭に is.NA() の単純な実装を試みよう．

```
is_na <- cfunction(c(x = "ANY"), '
  int n = length(x);

  SEXP out = PROTECT(allocVector(LGLSXP, n));

  for (int i = 0; i < n; i++) {
    switch(TYPEOF(x)) {
      case LGLSXP:
        LOGICAL(out)[i] = (LOGICAL(x)[i] == NA_LOGICAL);
        break;
      case INTSXP:
        LOGICAL(out)[i] = (INTEGER(x)[i] == NA_INTEGER);
        break;
      case REALSXP:
        LOGICAL(out)[i] = ISNA(REAL(x)[i]);
        break;
      case STRSXP:
        LOGICAL(out)[i] = (STRING_ELT(x, i) == NA_STRING);
        break;
      default:
        LOGICAL(out)[i] = NA_LOGICAL;
    }
  }
  UNPROTECT(1);

  return out;
')
is_na(c(NA, 1L))
#> [1]  TRUE FALSE
```

---

[7] 訳注：これについては http://goo.gl/OH4DKH を参照されたい

```
is_na(c(NA, 1))
#> [1] TRUE FALSE

is_na(c(NA, "a"))
#> [1] TRUE FALSE

is_na(c(NA, TRUE))
#> [1] TRUE FALSE
```

base::is.na() は数値ベクトルで NA と NaN の両方に TRUE を返すが，C 言語の ISNA() マクロは NA_REAL にのみ TRUE を返すことに注意されたい．

### 20.3.3 ベクトルデータへのアクセス

C 言語ではベクトルのデータは配列で保存されるが，アトミックベクトルの型ごとに要素へアクセスするためのヘルパ関数が用意されている．REAL()，INTEGER()，LOGICAL()，COMPLEX()，RAW() である．以下の例では REAL() で数値ベクトルの値を確認および修正している．

```
add_one <- cfunction(c(x = "numeric"), "
  int n = length(x);
  SEXP out = PROTECT(allocVector(REALSXP, n));

  for (int i = 0; i < n; i++) {
    REAL(out)[i] = REAL(x)[i] + 1;
  }
  UNPROTECT(1);

  return out;
")
add_one(as.numeric(1:10))
#>  [1]  2  3  4  5  6  7  8  9 10 11
```

ベクトルのサイズが大きい場合は，ヘルパ関数を一度だけ使ってアドレスを保存し，ポインタとして使う方がパフォーマンスは高い．

```
add_two <- cfunction(c(x = "numeric"), "
  int n = length(x);
  double *px, *pout;
```

```
  SEXP out = PROTECT(allocVector(REALSXP, n));

  px = REAL(x);
  pout = REAL(out);
  for (int i = 0; i < n; i++) {
    pout[i] = px[i] + 2;
  }
  UNPROTECT(1);

  return out;
")
add_two(as.numeric(1:10))
#> [1]  3  4  5  6  7  8  9 10 11 12

x <- as.numeric(1:1e6)
microbenchmark(
  add_one(x),
  add_two(x)
)
#> Unit: milliseconds
#>       expr  min    lq  mean median    uq  max neval
#>  add_one(x) 9.49 12.00 13.91  12.40 15.60 64.6   100
#>  add_two(x) 4.17  6.73  8.37   6.99  9.87 59.1   100
```

筆者の環境で要素数が百万のベクトルに適用したところ，add_two() は add_one() よりも 2 倍早かった．これは R ではよくあることだ．

### 20.3.4 文字ベクトルとリスト

文字列やリストはもっと複雑になる．ベクトルのそれぞれの要素が C 言語での基本データ構造ではなく，SEXP だからだ．STRSXP の各要素は CHARSXP であり，これは変更不可のオブジェクトで，グローバルメモリプールに保存された C 言語文字列へのポインタを要素としている．CHARSXP を抽出するには STRING_ELT(x, i) を，また const char* 型の実際の文字列であれば CHAR(STRING_ELT(x, i)) を使う．値を設定するには SET_STRING_ELT(x, i, value) とする．C 言語の文字列は mkChar() では CHARSXP に変換され，mkString() では STRSXP となる．また mkChar() は文字列を生成し，既存のベ

クトルに挿入するが，mkString() は新規に（要素数1の）ベクトルを生成する．

以下の関数は定数を要素とする文字ベクトルを生成する方法を示している．

```
abc <- cfunction(NULL, '
  SEXP out = PROTECT(allocVector(STRSXP, 3));

  SET_STRING_ELT(out, 0, mkChar("a"));
  SET_STRING_ELT(out, 1, mkChar("b"));
  SET_STRING_ELT(out, 2, mkChar("c"));

  UNPROTECT(1);

  return out;
')
abc()
#> [1] "a" "b" "c"
```

ベクトルの文字列を変更するのは厄介だ．C言語における文字列操作について十分な知識が必要になるからだ（これは，正しく実行しようとすればするほど難しい）．文字列の変更に問題が生じた場合は，**Rcpp** パッケージを使うに限る．

リストの要素にはさまざまな SEXP を入れることができるが，これらをC言語で操作するのは難しい（switch 文で無数の場合分けを行う必要があるだろう）．リストにアクセスする関数は VECTOR_ELT(x, i) と SET_VECTOR_ELT(x, i, value) だ．

### 20.3.5 引数の変更

関数から渡された引数に変更を加える場合は注意が必要だ．以下の関数の実行結果は意外に思えるかもしれない．

```
add_three <- cfunction(c(x = "numeric"), '
  REAL(x)[0] = REAL(x)[0] + 3;
  return x;
')
x <- 1
```

```
y <- x
add_three(x)
#> [1] 4

x
#> [1] 4

y
#> [1] 4
```

この関数はxの値を変更するだけでなく，yの値を変更している．コピー修正が遅延評価されるため，yが評価される前にxの値が変更されてしまうのだ．こうした問題を避けるには修正する前にduplicate()を利用しよう．

```
add_four <- cfunction(c(x = "numeric"), '
  SEXP x_copy = PROTECT(duplicate(x));
  REAL(x_copy)[0] = REAL(x_copy)[0] + 4;
  UNPROTECT(1);
  return x_copy;
')
x <- 1
y <- x
add_four(x)
#> [1] 5

x
#> [1] 1

y
#> [1] 1
```

リストを操作しているのであればshallow_duplicate()を使うと無駄なコピーが避けられる．一方，duplicate()はリストのすべての要素をコピーしてしまう．

## 20.3.6　スカラーへの変換

Rで長さ1のベクトルをC言語のスカラーに変換するヘルパ関数がいくつかある．

- `asLogical(x):  LGLSXP -> int`
- `asInteger(x):  INTSXP -> int`
- `asReal(x):    REALSXP -> double`
- `CHAR(asChar(x)):  STRSXP -> const char*`

この逆のヘルパ関数も用意されている.

- `ScalarLogical(x):  int -> LGLSXP`
- `ScalarInteger(x):  int -> INTSXP`
- `ScalarReal(x):    double -> REALSXP`
- `mkString(x):    const char* -> STRSXP`

これらはR側で利用するオブジェクトを生成するので,PROTECT()が必要になる.

### 20.3.7 ロングベクトル

R-3.0.0から,長さが$2^{31}-1$を越える大きなベクトルが使えるようになった.この結果,ベクトルの要素数はint型の表現範囲内で管理できなくなり[8],ロングベクトルを利用するのであれば int n = length(x) のようなコードは使えない.代わってR_xlen_t型とxlength()を使って,R_xlen_t n = xlength(x) のようにコーディングする.

## 20.4 ペアリスト

Rではペアリストとリストの区別はそれほど重要ではない(14.5節の「ペアリスト」を参照).C言語ではペアリストが非常に重要となる.呼び出しや未評価の引数,属性やドット引数で利用されるからだ.C言語ではリストとペアリストは要素のアクセス方法や指定方法が異なる.

リスト(VECSXP)と異なり,ペアリスト(LISTSXP)は任意の位置を指定する方法がない.代わりにRではリンクされたリストにそってアクセスする

---

[8] 訳注:int型の表現範囲は$2^{31} = 2147483647$となる.

## 20.4 ペアリスト

ためのヘルパ関数がある．CAR() はリストの最初の要素を抽出し，CDR() は先頭を除いたすべての要素を取り出す．この操作関数には CAAR(), CDAR(), CADDR(), CADDDR() などのバリエーションがある．逆に値を設定するには SETCAR(), SETCDR() などを使う．

以下の例で CAR() と CDR() はクオートされた関数呼び出しから要素を取り出している．

```
car <- cfunction(c(x = "ANY"), 'return CAR(x);')
cdr <- cfunction(c(x = "ANY"), 'return CDR(x);')
cadr <- cfunction(c(x = "ANY"), 'return CADR(x);')

x <- quote(f(a = 1, b = 2))
# 最初の要素
car(x)
#> f

# 2つ目と3つ目の要素
cdr(x)
#> $a
#> [1] 1
#>
#> $b
#> [1] 2

# 2つ目の要素
car(cdr(x))
#> [1] 1

cadr(x)
#> [1] 1
```

ペアリストの末尾は R_NilValue と決っているので，すべての要素にアクセスするには以下のテンプレートを使えばよい．

```
count <- cfunction(c(x = "ANY"), '
  SEXP el, nxt;
  int i = 0;

  for(nxt = x; nxt != R_NilValue; el = CAR(nxt), nxt = CDR(nxt)) {
```

492    第20章　RとC言語のインターフェイス

```
    i++;
  }
  return ScalarInteger(i);
')
count(quote(f(a, b, c)))
#> [1] 4

count(quote(f()))
#> [1] 1
```

新規にペアリストを生成するには CONS() を，また呼び出しには LCONS() を使う．ただし最後の要素は R_NilValue であることに注意が必要だ．これらもRオブジェクトに他ならないので，ガベージコレクションによって回収される恐れがある．したがって PROTECT() が必要となる．この意味で以下の例は安全ではない．

```
new_call <- cfunction(NULL, '
  return LCONS(install("+"), LCONS(
    ScalarReal(10), LCONS(
      ScalarReal(5), R_NilValue
    )
  ));
')
gctorture(TRUE)
new_call()
#> 5 + 5

gctorture(FALSE)
```

筆者の環境では，5 + 5 というありえない出力が得られた．生成されたRのオブジェクトに対しては，いつでもガベージコレクションが発動する可能性があるので，ScalarReal() を実行するならば，あわせて PROTECT() が必要なのだ．

```
new_call <- cfunction(NULL, '
  SEXP REALSXP_10 = PROTECT(ScalarReal(10));
  SEXP REALSXP_5 = PROTECT(ScalarReal(5));
  SEXP out = PROTECT(LCONS(install("+"), LCONS(
    REALSXP_10, LCONS(
```

```
      REALSXP_5, R_NilValue
    )
)));
  UNPROTECT(3);
  return out;
')
gctorture(TRUE)
new_call()
#> 10 + 5

gctorture(FALSE)
```

TAG() と SET_TAG() は，ペアリストの要素に関連付けられたタグ（名前）にアクセスするために使う．ここでタグはシンボルとして機能する．シンボルを生成するには install() を使う（R の as.symbol() に相当する）．

属性もまたペアリストだが setAttrib() と getAttrib() という専用のヘルパ関数がある．

```
set_attr <- cfunction(c(obj = "SEXP", attr = "SEXP", value = "SEXP"), '
  const char* attr_s = CHAR(asChar(attr));

  duplicate(obj);
  setAttrib(obj, install(attr_s), value);
  return obj;
')
x <- 1:10
set_attr(x, "a", 1)
#>  [1]  1  2  3  4  5  6  7  8  9 10
#> attr(,"a")
#> [1] 1
```

setAttrib() と getAttrib() は属性のペアリストを線形探索することに注意せよ．

　一般的な設定用の演算子にはショートカットがある（紛らわしい名前もあるが）．classgets(), namesgets(), dimgets(), dimnamesgets() が，それぞれデフォルトの class<-, names<-, dim<-, dimnames<- に対応するインターナル関数である．

## 20.5 引数の検証

関数に想定外の引数（例えば数値ベクトルが想定されているところにリスト）が渡されると，Rがクラッシュする原因となる．したがって引数の型を検証するラッパ関数を作成するのが適切だ．これはRのレベルで実装したほうが簡単である．例として，本章の最初に紹介したC言語によるコードをとりあげよう．関数名をadd_に変更し，引数をチェックするラッパ関数を定義する．

```
add_ <- cfunction(signature(a = "integer", b = "integer"), "
  SEXP result = PROTECT(allocVector(REALSXP, 1));
  REAL(result)[0] = asReal(a) + asReal(b);
  UNPROTECT(1);

  return result;
")
add <- function(a, b) {
  stopifnot(is.numeric(a), is.numeric(b))
  stopifnot(length(a) == 1, length(b) == 1)
  add_(a, b)
}
```

お好みなら，引数に柔軟に対処できるよう実装してもよい．

```
add <- function(a, b) {
  a <- as.numeric(a)
  b <- as.numeric(b)
  if (length(a) > 1) warning("ベクトル a の最初の要素のみが利用されます")
  if (length(b) > 1) warning("ベクトル b の最初の要素のみが利用されます")

  add_(a, b)
}
```

C言語レベルでオブジェクトを変換するのであれば，`PROTECT(new = coerceVector(old, SEXPTYPE))`を使う．SEXPから期待する型への変換ができない場合にはエラーが返される．

オブジェクトの型を確認するには，SEXPTYPEを返す`TYPEOF()`を使う．

```
is_numeric <- cfunction(c("x" = "ANY"), "
  return ScalarLogical(TYPEOF(x) == REALSXP);
")
is_numeric(7)
#> [1] TRUE

is_numeric("a")
#> [1] FALSE
```

FALSE には 0 を，TRUE には 1 を返すヘルパ関数も複数用意されている．

- アトミックベクトル：isInteger(), isReal(), isComplex(), isLogical(), isString()
- アトミックベクトルの組み合わせ：isNumeric() (integer, logical, real), isNumber() (integer, logical, real, complex), isVectorAtomic() (logical, integer, numeric, complex, string, raw)
- 行列と配列：isMatrix(), isArray()
- 特殊なオブジェクト：isEnvironment(), isExpression(), isList()（ペアリスト），isNewList()（リスト），isSymbol(), isNull(), isObject() (S4 オブジェクト), isVector()（アトミックベクトル，リスト，表現式）

これらと同名の関数が R にある場合，挙動が異なる可能性があることに注意が必要である．例えば isVector() はアトミックベクトルやリスト，表現式に対しては TRUE を返すが，R の is.vector() は名前以外に属性のない引数に対してのみ TRUE を返す．

## 20.6 関数の C 言語ソースを探す方法

base パッケージでは，C 言語の関数を呼ぶために .Call() は利用されず，代わりに .Internal() と .Primitive() という特別な関数が使われている．こうした関数の C 言語によるソースコードを確認するのは面倒だ．まず R の C 言語によるソース src/main/names.c に C 言語で定義された関数を探し，それから R のソースコードを探すことになる．pryr::show_c_source() は GitHub のコード検索機能を使って，この作業を自動化している．

```
# Rのtabulate()の実装を確認する
tabulate
#> function (bin, nbins = max(1L, bin, na.rm = TRUE))
#> {
#>     if (!is.numeric(bin) && !is.factor(bin))
#>         stop("'bin' must be numeric or a factor")
#>     if (typeof(bin) != "integer")
#>         bin <- as.integer(bin)
#>     if (nbins > .Machine$integer.max)
#>         stop("attempt to make a table with >= 2^31 elements")
#>     nbins <- as.integer(nbins)
#>     if (is.na(nbins))
#>         stop("invalid value of 'nbins'")
#>     .Internal(tabulate(bin, nbins))
#> }
#> <bytecode: 0x53684e0>
#> <environment: namespace:base>

pryr::show_c_source(.Internal(tabulate(bin, nbins)))
#> tabulate is implemented by do_tabulate with op = 0
```

実行すると以下のようにC言語によるソースコードが表示される（引用の都合上，多少加工している）．

```
SEXP attribute_hidden do_tabulate(SEXP call, SEXP op, SEXP args,
                                  SEXP rho) {
  checkArity(op, args);
  SEXP in = CAR(args), nbin = CADR(args);
  if (TYPEOF(in) != INTSXP)  error("invalid input");

  R_xlen_t n = XLENGTH(in);
  /* FIXME: could in principle be a long vector */
  int nb = asInteger(nbin);
  if (nb == NA_INTEGER || nb < 0)
    error(_("invalid '%s' argument"), "nbin");

  SEXP ans = allocVector(INTSXP, nb);
  int *x = INTEGER(in), *y = INTEGER(ans);
  memset(y, 0, nb * sizeof(int));
  for(R_xlen_t i = 0 ; i < n ; i++) {
    if (x[i] != NA_INTEGER && x[i] > 0 && x[i] <= nb) {
```

## 20.6 関数のC言語ソースを探す方法

```
      y[x[i] - 1]++;
    }
  }

  return ans;
}
```

インターナル関数およびプリミティブ関数は.Call()とは少しばかりインターフェイスが異なっている．これらには4つの引数がある．

- SEXP call: 関数呼び出し全体．CAR(call)で関数名が（シンボルとして），またCDR(call)で引数が抽出される．
- SEXP op:「オフセットポインタ」と呼ばれ，複数のR関数が同一のC関数を使う方法である．例えばdo_logic()は&, |, !の実装に使われている．show_c_source()では，これらも表示される．
- SEXP args: 関数への未評価引数を含むペアリスト
- SEXP rho: 呼び出しが実行された環境

この仕組みによって，インターナル関数は引数を評価する方法とタイミングを柔軟に操作することができるのである．例えばS3のインターナル総称関数はDispatchOrEval()を呼び出すが，これはさらに適切なS3メソッドを呼び出すか，あるいはすべての引数を即座に評価する仕組みになっている．ただし柔軟性の代償とし，非常に理解しづらいコードになっている．しかし引数を評価するのは最初のステップだけなので，関数の残りの処理を調べるのに問題はないだろう．

次のコードでは，do_tabulate()の処理を，標準的な.Call()インターフェイスで呼び出せるように変換している．

```
tabulate2 <- cfunction(c(bin = "SEXP", nbins = "SEXP"), '
  if (TYPEOF(bin) != INTSXP)  error("invalid input");

  R_xlen_t n = XLENGTH(bin);
  /* FIXME: could in principle be a long vector */
  int nb = asInteger(nbins);
  if (nb == NA_INTEGER || nb < 0)
    error("invalid \'%s\' argument", "nbin");
```

```
  SEXP ans = allocVector(INTSXP, nb);
  int *x = INTEGER(bin), *y = INTEGER(ans);
  memset(y, 0, nb * sizeof(int));
  for(R_xlen_t i = 0 ; i < n ; i++) {
    if (x[i] != NA_INTEGER && x[i] > 0 && x[i] <= nb) {
      y[x[i] - 1]++;
    }
  }

  return ans;
')
tabulate2(c(1L, 1L, 1L, 2L, 2L), 3)
#> [1] 3 2 0
```

これをコンパイルするために筆者は_()呼び出しも削除している．_()はRのインターナル関数で，異なる言語間でエラーメッセージを翻訳するために使われている．

最後に以下の実装では，変換のロジックをRの関数らしくし，構造を整理してコードをより理解しやすくしている．ここでオリジナルの関数にはないPROTECT()を挿入している．おそらく元の関数の作者は，省いても安全だと考えていたのだろう．

```
tabulate_ <- cfunction(c(bin = "SEXP", nbins = "SEXP"), '
  int nb = asInteger(nbins);

  // 出力ベクトルを用意する
  // ビンの数は 2~32 未満で
  // 各ビンの要素数も 2~32 未満と仮定
  SEXP out = PROTECT(allocVector(INTSXP, nb));
  int *pbin = INTEGER(bin), *pout = INTEGER(out);
  memset(pout, 0, nb * sizeof(int));

  R_xlen_t n = xlength(bin);
  for(R_xlen_t i = 0; i < n; i++) {
    int val = pbin[i];
    if (val != NA_INTEGER && val > 0 && val <= nb) {
      pout[val - 1]++; // C言語で配列はゼロ起算
    }
```

## 20.6 関数のC言語ソースを探す方法

```
  }
  UNPROTECT(1);

  return out;
')

tabulate3 <- function(bin, nbins) {
  bin <- as.integer(bin)
  if (length(nbins) != 1 || nbins <= 0 || is.na(nbins)) {
    stop("nbins must be a positive integer", call. = FALSE)
  }
  tabulate_(bin, nbins)
}
tabulate3(c(1, 1, 1, 2, 2), 3)
#> [1] 3 2 0
```

# 訳者あとがき

　Rはオープンソースであり，ユーザが独自に機能を拡張する余地が残されている．特にパッケージは誰でも簡単に作成可能で，CRANを通じて世界に向けて公開できる．世界中のRユーザは，日々こうしたパッケージの恩恵に与っているはずである．

　原著者 Hadley Wickham 氏はもっとも著名なパッケージ開発者である．彼は多数のパッケージを公開しているが，その双璧は **ggplot2** パッケージと **dplyr** パッケージであろう．この2つ（および彼の作成したその他多数のパッケージ）がなければ，毎日の分析作業が捗らないというユーザは多いはずだ．それゆえ一部のユーザからは神とまで崇められている Wickham 氏であるが，2015年時点ではRのIDEとして広く利用されているRStudioの開発元で主任研究者を務めている．彼の経歴については Wiki[1] に詳しいが，専門はデータ分析とその可視化であり，アメリカのライス大学においても研究活動を続けている．**ggplot2** は，まさにデータ可視化のためのパッケージであるが，最近は **dplyr** や **tidyr** など，データ処理を効率化するためのパッケージ開発に力が注がれているようである．

　本書には Wickham 氏がRでのプログラミングを通じて培ってきた知識や技術が満載されている．彼自身の言によれば，Rプログラマとしての最初の10年はR言語の構造について理解を深めつつ，関連するアルゴリズムについて研鑽を重ねる期間であったそうだ．Wickham 氏自身がRでの開発を通じてプログラマとしての力量を高めていったことは，本書でも随所にうかがえる．**ggplot2** は彼が早くに公開したパッケージであるが，最近開発された他のパッケージでは，コードをより洗練化しようとする姿勢が鮮明に表われている．Rが不得手な処理は躊躇うことなく **Rcpp** パッケージに託し，C++

---

[1] http://had.co.nz/

による高速化を実現するのも最近の傾向である．また効率的な開発を自身が実践するだけでなく，世界中のユーザにも布教すべく devtools や testthat などの開発用パッケージを公開してもいる．Wickham 氏には，初心者にも理解しやすく使いやすいコード開発を行なうという姿勢が深く身に付いている．そのため，本書には R 言語の構造について非常に高度な内容が含まれているにも関わらず，解説は非常に平易である．R 言語を理解する上で重要なポイントとなる「データ構造」や「関数」，「環境」，「評価」，また効率化に必須の「デバッグ技法」や「メモリ管理」などについて，本書では実際のコーディング例が示され，丁寧な説明が併記されている．その意味で，本書はむしろ初心者にこそ通読して欲しい内容となっている．また中級ユーザであれば，本書を通じて既存の知識が深められ，時には刷新されることに気が付くはずだ．そして上級ユーザであれば，Wickham 氏自身の成長過程を追体験することで，プログラマとしての視野が広がることであろう．

　原書は実はオープンソースとして Github[2) ] で公開され，修正や加筆の提案が歓迎されている．翻訳に着手して以降も，Github 上では誤植などの指摘が頻繁に行なわれている．ただし翻訳にあたっては，刊行元である CRC 社との契約のもと，2014 年版 *Advanced R* (Chapman & Hall/CRC The R Series) を底本とした．そのためインターネット版との間には既に細かい差異が生じているが，本訳書を通じて R 言語の構造，そして Wickham 氏の思想を学ぶのに支障はないはずである．

　訳出にあたっては最初に訳者間で分担箇所を決めた．すなわち第 1 章を石田，第 2 章から第 6 章を市川，第 7 章から第 9 章を石田，第 10 章から第 13 章を高柳，第 14 章から第 19 章を福島，そして第 20 章を石田が担当した．それぞれの訳稿が完成した段階で訳者全員が全体を通読して表現などの調整を行なった．その意味で訳文の全てについて訳者全員が責任を負っている．

　最後になってしまったが，本訳書を刊行するにあたって共立出版の稲沢会氏，大越隆道氏，そして共立出版編集部には大変お世話になった．ここに記して謝辞としたい．

2015 年 11 月<br>
石田基広（訳者を代表して）

---

[2)] https://github.com/hadley/adv-r/

## 邦訳用の参考文献

以下に，本書の内容を理解する上で参考になる和書の文献を挙げる．

1. Jared P. Lander 著，高柳慎一，牧山幸史，箕田高志訳『みんなのR』，マイナビ，2015年．
   本書の著者であるHadley Wickhamが手がけるRStudio，**ggplot2**パッケージなどを駆使してRの文法や統計解析，レポーティングなどについて平易に説明されている．モダンなRの入門に好適な一冊である．
2. 酒巻隆治，里洋平，市川太祐，福島真太朗，安部晃生，和田計也，久本空海，西薗良太著『データサイエンティスト養成読本 R活用編』，技術評論社，2014年．
   第3章で，Hadley Wickhamによるデータハンドリングのモダンなパッケージである **dplyr**, **tidyr** などについて詳しく説明されている．
3. 福島真太朗著『データ分析プロセス』，共立出版，2015年．
   第2章で，**dplyr**, **tidyr** に加え，Hadley Wickhamによるデータを高速にRに読み込む **readr** パッケージについても説明されている．
4. U. リゲス著，石田基広訳『Rの基礎とプログラミング技法』，丸善出版，2012年．
   第1–7章で扱われたRの基本的なデータ構造や文法，第20章で扱われたRとC言語の連携などについて詳しく説明されている．
5. John M. Chambers 著，垂水共之，水田正弘，山本義郎，越智義道，森裕一訳『データによるプログラミング—データ解析言語Sにおける新しいプログラミング』，森北出版，2002年．
   Rの前身であるS言語について，言語の概念に始まり，関数，クラス，メソッドといった重要な言語構造について詳細に説明されている．Rユーザにも是非読んでもらいたい一冊である．
6. 間瀬茂著『Rプログラミングマニュアル 第2版』，数理工学社，2014年．
   Rの基本的なデータ構造や文法はもちろんのこと，第8章で扱われた環境，第13, 14章で関係する言語オブジェクト，第17章に関連する並列化，バイトコードコンパイルなどについて詳しく説明されている．
7. 荒引健，石田基広，高橋康介，二階堂愛，林真広著『R言語上級ハンド

ブック』，C&R 研究所，2013 年.
第 13, 14 章で関係する言語オブジェクト，第 17, 18 章と関連する実行速度やメモリ使用量の計測方法，第 19 章と関連する **Rcpp** パッケージの使用方法など，本書の関連事項が実践的かつ簡潔に説明されている．

8. マーチン・ファウラー著，ウルシステムズ株式会社監訳，大塚庸史，坂本直紀，平澤章訳『ドメイン特化言語—パターンで学ぶ DSL のベストプラクティス 46 項目』，ピアソン桐原，2012 年.
第 15 章で扱われたドメイン特化言語について，46 個のプラクティスを示しながら平易に解説されている．

9. 奥村晴彦，黒木裕介著『LaTeX2ε 美文書作成入門 改訂第 6 版』，技術評論社，2013 年.
第 15 章で扱われた LaTeX の基礎について，豊富な実例とともに分かりやすく説明されている．

10. 福島真太朗著『R によるハイパフォーマンスコンピューティング』，ソシム，2014 年.
第 18 章で扱われた並列化の詳細に加えて，R での大規模データのハンドリング，Hadoop との連携などが説明されている．

11. 石田基広，神田善伸，樋口耕一，永井達大，鈴木了太著『R のパッケージおよびツールの作成と応用』，共立出版，2014 年.
第 1 章で **Rcpp** パッケージ，およびパッケージ作成について詳細に説明されている．

# 索 引

## 【記号】
$<-演算子　314
$ 演算子　43, 46, 141
&&演算子　55
&演算子　55
...　93, 300
　　　──を用いた引数の
　　　　マッチング, 88
.C()　477
.Call()　479, 480
.Data　125
.External()　479, 480
.Generic　118
.Internal() ⟹ イン
　　ターナル関数
.Primitive() ⟹ プリ
　　ミティブ関数
.rowSums()　400
.set_row_names()　395,
　　427
.subset2　373
<-演算子　97
<<-演算子　129, 155,
　　156, 201, 243, 370
?NextMethod()　118
?setClass()　124
@RLangTip　43
@演算子 ⟹ スロット
[[<-演算子　314
[[演算子　43, 46, 141
[演算子　37, 43, 183,
　　373
%<a-%　156
%<d-%　156
%%
　　　──を用いた中置関数
　　　　の定理, 96
%in%　393
%o%　275

_()　498
`　84, 96
||演算子　55
|演算子　55
~　303

## 【A】
abind()　27
abline()　262
address()　429
　　pryr パッケージでの
　　　　──, 98
aes()　296
alist()　300, 301, 322,
　　323, 325
all.equal()　204, 390,
　　471
allocVector()　482
Andrew Runnalls　377
ANY　124
any()　393
aperm()　27
append()　262, 404
apply()　231, 393, 401
Arc　324
arrange()　292
　　plyr パッケージの
　　　　──, 50, 54
array()　26
as.array()　27
as.call()　316, 335
as.character()　332,
　　352
as.data.frame()　30,
　　395, 427
as.data.frame.list()
　　395
as.environment()　139
as.list()　19, 199, 262,
　　289
as.matrix()　27
as.name()　311
as.pairlist()　322
as.symbol()　493
AsIs　32
assertthat パッケージ
　　183
assign()　157, 313, 368,
　　370
ast()　306
attach()　208
attr()　20, 395, 427,
　　428
attributes()　20
Autoloads　139

## 【B】
baseenv()　138
basename()　256
base パッケージ　111
Bioconductor　132
BLAS　402
body()　75, 76, 196
bquote()　334, 335
Brandon Hill　366
browser()　161, 170

## 【C】
c()　15, 18, 25, 27, 404
C++　435
　　　──コンパイラのイン
　　　　ストール, 437
call()　316, 322
callNextMethod()　127
callSuper()　131
capture_it()　268
cat()　262
cbind()　27, 31, 404

## 索 引

CDR() 491
cfunction() 480
CHAR() 487
character() 334, 352
Charles Nutter 367
checkUsage() 328
chisq.test() 400
class() 22, 30, 115, 395, 427, 428
classgets() 493
Clojure 102, 324
clusterEvalQ() 411
clusterExport() 411
cmpfun() 405, 409
**codetools** パッケージ 82, 327
coerceVector() 494
colMeans() 393
colnames() 26
colSums() 393, 401
colwise() 272, 273
comment() 25
Common Lisp 162
compact() 266
COMPLEX() 486
compose() 274
CONS() 492
contains 124
copy on modify ⟹ コピー修正
copy() 131
cppFunction() 438
CRAN
　high performance computing, 411
　task views, 391
CSS (cascading style sheets) 341
cumsum() 402
curve() 325
cut() 394, 402
C言語 477

### 【D】

data() 296, 302
data.frame() 29, 113, 296, 395, 432
debug() 171, 293
debugger() 169
debugonce() 171
delayedAssign() 156

demo() 302
deparse() 283, 302, 324, 325
detach() 208
detectCores() 410
diff() 396, 402
dim() 26, 27
dimgets() 493
dimnames() 26
dimnamesgets() 493
Dirk Eddelbuettel 435, 467, 475
DispatchOrEval() 497
do.call() 88, 272, 317
dot_every() 257
dots() 300
Doug Bates 435
download.file() 256
**dplyr** パッケージ 85
DRY 原則 191
DSL 85
dump.frames() 170

### 【E】

each() 274
Emacs Lisp 153
emptyenv() 82, 139
environment() 75, 76, 139, 146, 196, 199, 262, 369
envRefClass 131
eval() 286, 288, 289, 322, 325, 335, 348, 351, 370
evalq() 289
**evaluate** パッケージ 269
example() 302
exists() 141
export() 131
expression() 326

### 【F】

factor() 393
fail fast ⟹ 早めに失敗する
failwith() 176, 266
FastR 376
fexprs 336
fields() 131
Filter() 238

Find() 238
find_assign() 330
findGlobals() 82, 328
findInterval() 402, 461
findMethod() 394
Floreal Morandat 366
fold 237
for ループ内のオブジェクトのコピー 404
force() 90, 208, 264, 346, 355, 357
formals() 75, 76, 196
**formatR** パッケージ 67
ftype() 112
fun_calls() 337

### 【G】

gc() 422
gctorture() 492
gdb 173
generic.class() 113
get() 141, 313
getAttrib() 493
getClasses() 123
getS3method() 114
**ggplot2** パッケージ 102, 414
globalenv() 138, 286
grepl() 25
gsub() 25

### 【H】

Haskell 275
Holger Schwender 406
HTML 207, 340

### 【I】

I() 32
id()
　**plyr** パッケージの ——, 51
identical() 142, 330–332, 334, 335
IEEE 754 484
ifelse() 374
if 文 93
inherits() 115
**inline** パッケージ 478
install() 493

索引  507

INTEGER()  486
integrate()  197, 240
interaction()  51, 394
intersect()  57
invisible()  102, 262
IQR()  195
is()  123
is.array()  27
is.atomic()  328–332, 334, 335, 352, 356
is.call()  328–332, 334, 335, 356
is.data.frame()  30
is.list()  19
is.matrix()  27, 396
is.name()  328–332, 334, 335, 352, 356
is.null()  90
is.numeric()  17
is.object()  111
is.pairlist() 328–332, 334, 335, 352, 356
is.primitive()  317
is.vector()  15, 495
isArray()  495
isInteger()  495
isList()  495
isMatrix()  495
isNull()  495
isNumber()  495
isNumeric()  495
isReal()  495
isS4()  122
isString()  495
isVector()  495
is 関数群  16

**[J]**
Jan Vitek  366
Java  101
JJ Allaire  435, 475
John Chambers  84, 435
join()
  plyr パッケージの
  ——, 51
Justin Talbot  376, 378

**[K]**
knitr パッケージ  430

**[L]**
lapply()  86, 192, 205, 217, 401, 405
last.dump.rda  169
LaTeX  350
LCONS()  492
length()  26, 192
Leo Osvald  366
levels()  22
library()  102, 296, 302
lineprof()  424
**lineprof** パッケージ
  383, 385, 414, 424
Lisp  334
——のマクロ, 334
list()  18, 262, 333, 334
list2env()  208, 291, 353, 354, 356, 357, 369
LOGICAL()  486
logical_abbr  329
ls()  140, 296, 302
ls.str()  140

**[M]**
mad()  195
make_function()  322
makeActiveBinding() 156
makePSOCKcluster() 410
Map()  224
mapply()  226
match()  51
match.call()  315, 320
match.fun()  86, 296
matrix()  26
**Matrix** パッケージ 132
mclapply()  229, 410
mean()  147, 194, 394
mean.default()  394
median()  194
mem_change()  421
mem_used()  420
memoise()  255
memset()  484
merge()  50, 51
message()  161

methods()  114
**methods** パッケージ 121
microbenchmark()  364, 367, 370, 371, 373–375, 390, 394, 395, 398, 399, 403, 405, 406, 409, 442, 445, 471
**microbenchmark** パッケージ  363
missing()  89
mkChar()  487
mkString()  487
mode()  111
mode<-  317
modify_call()  327
mtcars  197, 289, 297
mutate()  292, 296

**[N]**
NA  16
na.strings  23
NA_character_  16
NA_INTEGER  484
NA_integer_  16
NA_LOGICAL  484
NA_real_  16
NA_STRING  484
named_dots()  300
names()  21, 22, 26, 190, 344
namesgets()  493
nchar()  25
ncol()  26, 29
Negate()  266, 275
new()  124, 128
new.env()  139, 287, 325, 355
Norm Matloff  410
nrow()  26, 29
NSE ⟹ 非標準評価
NumericVector()  378

**[O]**
object.size()  415
object_size()  414
on.exit()  103, 178
optim()  242
optimise()  240
options()  102, 169

order() 53, 292
otype() 112
outer() 233

【P】
page() 296
par() 102
**parallel** パッケージ 410
parent.env() 139, 353
parent.frame() 138, 152, 291, 320, 323, 325, 335
parLapply() 410
parse() 325
partial() 254, 270, 325
partial_eval() 358
paste() 51, 404
paste0() 117, 208
Patrick Burns 412
pause() 383, 384
Perl 324
Phil Karlton 68
plot() 94, 102, 262
**plyr** パッケージ 235, 255
pmax() 374
pmin() 374
Position() 238
pqR 376
print() 113
**profr** パッケージ 385
**proftools** パッケージ 385
promise_info()
**pryr** パッケージの——, 92
PROTECT() 482, 483
prototype() 124
**pryr** パッケージ 75, 112, 255, 306, 414
**ptools** パッケージ 271

【Q】
quote() 286–289, 297, 306, 329–332, 334–336, 353, 357

【R】
R bloggers 412
R Internals（マニュアル）414, 416
R style guide 67
R-help mailing list 393
R_NilValue 491
R_xlen_t 490
Radford Neal 376
RAW() 486
rbind() 27, 31, 395, 404
RC
——オブジェクトの初期化, 128
——クラス, 128
——の継承, 130
——のフィールド, 128
——のメソッド, 129
——のメソッドディスパッチ, 131
Rcpp.package.skeleton() 472
**Rcpp** パッケージ 375, 435, 456
——とRの速度比較, 442, 458, 469, 471
——の all(), 457
——の any(), 457
——の as(), 449
——の CharacterVector, 439, 448
——の DataFrame クラス, 449
——の Function, 450
——の head(), 458
——の IntegerVector, 439
——の is_false(), 457
——の is_na(), 457
——の is_true(), 457
——の List クラス, 449, 450, 463
——の LogicalVector, 378, 439, 448, 470
——の noNA(), 458
——の NumericMatrix, 443
——の NumericVector, 375, 439, 441–443, 445, 446, 448, 456, 459, 463, 470
——の rep_each(), 458
——の rep_len(), 458
——の rev(), 458
——の RObject, 450
——の seq_along(), 458
——の seq_len(), 458
——の tail(), 458
——の値の探索, 458
——の確率分布に対する関数群, 458
——の逆依存パッケージ, 391
——の重複の扱い, 458
——のシュガー, 456
——の数学関数, 458
——のスカラーの要約, 458
——のベクトル ⇒ NumericVector, IntegerVector, CharacterVector, LogicalVector
——のベクトルの要約, 458
パッケージにおける——の利用, 472
read.csv() 393
read_delim() 424
REAL() 486
recover() 169–171
Reduce() 237
refMethodsDef 131
refs() 429
remember() 261
Renjin 376
rep() 54
replicate() 190, 399
require() 295, 296, 302
Rerun with Debug 167
return() 100
Rinternals.h 477
Riposte 377
rm() 141, 208, 296, 302
rollapply() 228

索引　509

Romain Francois　435, 475
rowMeans()　393, 401, 408
rownames()　26, 51
rowSums()　393, 400, 401, 408
Rprof()　384, 424
Rtoolsパッケージ　479
runif()　204
Rコアチーム　372

【S】

S3　107, 261
　——クラス, 114
　——からのデータ抽出, 42
　——総称関数, 112, 117
　——のグループ総称関数, 118
　——のメソッドディスパッチ, 118
　——メソッド, 113
S4　121
　——クラス, 124
　——からのデータ抽出, 42
　——総称関数, 126
　——のスロット, 124
　——のフィールド, 121
　——のメソッドディスパッチ, 127
　——メソッド, 126
sample()　52, 190, 271
sapply()　86, 183, 222, 393
saveRDS()　102
ScalarReal()　492
scan()　371, 426
sd()　147, 195
search()　139
seq_along()　192, 289, 329
seq_len()　396, 397
set.seed()　190
SET_TAG()　493
setAttrib()　493
setBreakpoint()　171
SETCAR()　491
SETCDR()　491

setClass()　124, 367
setdiff()　58
setGeneric()　126
setMethod()　126, 367
setNames()　21, 208, 289, 348, 353, 354, 356, 357, 403
setOldClass()　124
setRefClass()　128, 367
setwd()　102
SEXP　110, 416, 480
　CLOSXP, 481
　ENVSXP, 481
　INTSXP, 480
　LGLSXP, 480
　REALSXP, 480
　STRSXP, 480
　VECSXP, 481
sexp_type()　482
SEXPREC ⟹ SEXP
SGML (standard generalised markup language)　340
shine()　386, 424
shinyパッケージ　386
Show Traceback　167
show()　131
show_c_source()　495
slot()　42, 125
sort()　54
source()　326, 424
sourceCpp()　444
splat()　272
split()　235
srcrefパッケージ　76
stackoverflow　392, 393, 412
standardGeneric()　126, 367
standardise_call()　315
stats4パッケージ　122
statsパッケージ　111, 122
STL
　——のアルゴリズム, 461
　——のデータ構造, 462
stop()　161, 180, 181
stopifnot()　183, 204, 390, 408, 471

str()　13, 14, 262, 310
STRING_ELT(x, i)　487
stringsAsFactors　24, 25, 30
structure()　20, 114, 262
subs()　298, 299
subset()　50, 56, 285, 286, 288, 292
substitute()　92, 283, 288, 289, 292, 296, 297, 299, 302, 310, 323, 325, 327, 348, 351
substitute_q()　299
summary()　132, 209
summaryRprof()　385
suppressMessages()　161
sweep()　233
sys.call()　318
Sys.setenv()　102
Sys.setlocale()　102
Sys.sleep()　256, 384, 410
system.time()　205, 332, 333, 365, 399, 407–410
S表現式 ⟹ SEXP

【T】

t()　27
t.test()　113, 406
t.test.default()　407
table()　400
TAG()　493
tapply()　234
tee()　260
Thomas Lumley　336
time_it()　268
Tina Müller　406
trace()　171
traceback()　161, 166
tracemem()　430
transform()　292
translate_sql()　339
try()　162, 174, 266
tryCatch()　162, 176
TYPEOF()　494
typeof()　16, 19, 110

## 【U】

undebug() 171
unenclose() 199, 325
union() 57, 126
uniroot() 240, 261
unlist() 19, 262, 356, 394
unname() 50
UNPROTECT() 483
update() 318
UseMethod() 112, 117, 343, 367

## 【V】

validity() 124
vapply() 183, 222, 393, 432
var() 148, 204
vector() 192
Vectorize() 271, 401
vignette() 302

## 【W】

warning() 161
warnPartialMatchDollar 47
where() 238
pryrパッケージの——, 142
which() 57
while文 244
with() 208, 292
withCallingHandlers() 162, 179
within() 292
write() 102
write.csv() 102
Writing R extensions (マニュアル) 477

## 【X】

Xcode 479
xlength() 490
XML (extensible markup language) 340
xor() 58
xyplot() 297, 299

## 【Y】

Yihui Xie 67

## 【Z】

Zachary DeVito 376

## 【ア行】

アクセッサーメソッド 129
アトミックベクトル
——からのデータ抽出, 37
ロング——, 416
アンダースコア 115
一般化線形モデル 115, 267
イテレータ 459
因子 22–25
——文字型ベクトルに比べた場合のメモリの消費量, 25
インターナル関数 148, 172, 493, 495, 497
インターナル総称関数, 113, 119, 121, 172
エスケープ 342
エスケープハッチ 295, 296, 299, 303, 311
エラー 161
——の捕捉, 176
——ハンドラ, 176
——メッセージ, 180
エラーインスペクター (RStudio) 166
エラーシグナル 180
エンクロージング ⟹ 環境
延伸評価 (deferred evaluation) 378
オブジェクト 107
S4——, ⟹ S4
基本型の——, 110
——全体アプローチ, 401
——のメタデータ, 416
オブジェクト指向 107
オフセットポインタ 497

## 【カ行】

カスタム属性 344
型変換 17
ガベージコレクション 421, 483
可変な状態 203
カリー化 270
環境 135
エンクロージング——, 146
親——, 138
関数の——, 75, 145
基本——, 138
空——, 137
——グローバル, 79, 138
グローバル——, 75
実行——, 149
束縛——, 146
——でのNULLの付置, 141
名前空間——, 148
——のクロージャ, 199
——の生成, 139
——の捕捉, 320
——の要素の削除, 141
パッケージ——, 148
呼び出し——, 151
関数
C++における——, 450
グループ総称——, 118
コードを用いた——の生成, 322
純粋——, 101, 102
叙述—— ⟹ 叙述関数
前方参照——, 324
総称——, 108, 112
第一級——, 189, 209
置換——, 97
中置——, 96
——と環境, 75, 322
——の返り値, 100
——の仮引数, 86
——の結果の非表示, 102
——の合成, 274
——の実引数, 86
——の属性, 76

索引　511

──の遅延評価, 90
──の引数, 87
──の引数リスト, 75
──の副作用, 101
引数のデフォルト値, 89
プリミティブ── ⇒ プリミティブ関数
──本体, 75, 322
無名──, 196
関数演算子　253
関数型プログラミング　189
関数ファクトリ　150, 201
ギブスサンプラー　467
基本型　110
──の暗黙クラス, 119
キャッシュ　258
キャメル記法　115
行列 ⇒ 配列
**Rcpp** パッケージの──, ⇒ NumericMatrix, IntegerMatrix, CharacterMatrix, LogicalMatrix
1次元, 28
リスト-行列, 28
行列演算　402
クオート　286
クラス　107
RC──, 128
S3──, 114
S4──, 124
暗黙──, 119
クラスタ
──の設定, 410
クロージャ　156, 194, 198, 346
lapply() を用いた生成, 91
環境の──, 150
スコープ, 80
──による最尤法, 241
計算
言語オブジェクトに対する──, ⇒ メタプログラミング

継承 ⇒ RC
S4の──, 124
欠損値　16, 190
C++ における──, 451
C 言語での──, 485
言語定義　362
検索　392
コアの検出　410
合成　274
合成積分　210
コーディングスタイル　67
コードのベクトル化　401
コールスタック　166
コピー
──の回避, 219, 404, 428
コピー修正　7, 101, 128, 158, 426
──の例外, 201, 428
コンストラクタ　115
S4の──, 125
コンパイラ　405

【サ行】
サーチパス　139
再帰　142
環境の──, 142
抽象構文木上の──, 327
再起
──的なベクトル, 18
再帰的な関係　243
サイズの大きなベクトル ⇒ ロングベクトル
最適化　381
最尤推定　122
最尤法　240
サンク ⇒ プロミス
参照カウント　429
参照クラス ⇒ RC, ⇒ S4
参照セマンティクス　129, 135, 157, 158
参照透過　301, 302
サンプリング　52
条件ハンドリング　161, 176

叙述関数　238, 277
シンプソン公式　212
シンボル ⇒ 名前
数値積分　209
スカラー　489
スカラー型　13
スコープ規則　153
スタイルガイド　67
スロット ⇒ S4
整数型　15
セット　465
前方参照関数　324
総称関数　108
S3──, 112
S4──, 126
インターナル──, 113, 119, 121, 172
グループ──, 118
即時修正 (modify in place)　108
属性　20
C++ における──, 448
クラス──, 115
コメント, 25
名前, 21
束縛　136, 156
活性──, 156, 157
──環境, ⇒ 環境
遅延──, 156

【タ行】
台形公式　209, 212
代替の実装　376
ダイナミックスコープ　78, 153
ダイナミックルックアップ　82
代入 ⇒ 付値
ダグウッドサンドイッチ　257
タシットプログラミング　275
遅延評価　90, 263
if 文における──, 93
──のオーバーヘッド, 371
抽象構文木　306
中心モーメント　204
中置演算子　96, 275

中置関数 96
中点公式 209, 212
ディープコピー 433
ディクショナリ 160
定数 307
データ構造 13
データ抽出 35, 373
　drop引数, 44
　NA & NULL を利用した——, 47
　S4 スロットからの——, 42
　アトミックベクトル, 37
　正の添字, 37
　データフレームからの——, 41, 44
　——におけるパフォーマンス, 373
　——の簡易形式 (simplifying), 44
　——の構造保存形式 (preserving), 44
　——のベクトル化, 402
　配列の——, 39
　範囲外の添字, 47
　負の添字, 37
　文字列による——, 38
　リスト, 43
　論理値による——, 55
　論理値の添字, 38
データフレーム 29–33
　C++ における——, 449
　——の colnames(), 29
　——の length(), 29
　——の names(), 29
　——の rownames(), 29
　——の各列を修正, 218
　列内の配列, 33
　列内のリスト, 32
　列の削除, 54
デバッグ 164
　C 言語コードの——, 173
　インタラクティブな——, 168
　——での警告, 172
転置

行列の——, 27
ド・モルガンの法則 56
統計モデリング 162
動的スコープ 291
動的特性
　究極的な——, 365
ドット引数 ⟹ ...
ドメイン特化言語 85, 339

【ナ行】
名前 307, 311
　C++ における——, 448
　空の——, 312
　——の検索のコスト, 368
　——の部分一致, 47
　——の捕捉, 311
　変更可能な環境を用いた——の検索, 365
名前空間
　パッケージの——, 147
並べ替え 53
二重矢印付値演算子
　⟹ <<-
ニュートン・コーツの公式 212
ネームマスキング 79

【ハ行】
倍精度小数点型 15
バイト型 15
バイトコンパイラ 405
配列 26–28
バグ 164
バックティック ⟹ `
ハッシュマップ 160
バッチモード 170
パフォーマンス 361
　言語の——, 365
　実装の——, 372
　——の改善, 388
　——の改善の戦略, 389
　——の測定, 383
早めに失敗する (fail fast) 163, 183
汎関数 215
ハンドラ 176
ハンドラ関数 174

引数
　仮——, 322
　名前付き——, 197
　——の欠損, 312
　——の遅延評価, 90, 365
　——のデフォルト値, 89
　未評価の——, 92
非構文名 312
非標準評価 282, 301, 303, 311
　エスケープハッチ, 293
　欠点, 301
表現式 283, 306, 326
標準テンプレートライブラリ 459
フィールド ⟹ S4, ⟹ RC
フィボナッチ数列 259
ブートストラップ 52, 230, 398
ブール公式 212
ブール代数 277, 278
複素数型 15
付値 (束縛も参照) 35, 71, 103, 136
部分関数適用 270
部分適用 270
プリミティブ関数 76, 98, 200, 430, 497
ブレークポイント 170
フレーム 138
　親——, 291
フレッシュスタート 81, 149, 202
プロファイラ 383
　サンプリング型——, 383
　統計的——, 383
プロファイリング
　——の制約, 387
プロミス 92, 283, 298, 303
分割-適用-再結合 戦略 236
ペアリスト 309, 322, 481, 490
並列計算 229, 409

索 引  513

ベクタ
　C++ における——, 463
ベクトル　15
　C 言語での——, 486
　アトミック ⟹ ベクトル
　——の型, 15
　——のサイズ, 415
　——の属性, 15
　——の長さ, 15
　——の名前, 21
　——のプール, 417
　リスト, ⟹ リスト
ベクトル化　401
ポイントフリープログラミング　275
防御的プログラミング　183
ボキャブラリ　61
ボトルネック　382
母標準偏差　275

【マ行】

マイクロベンチマーク　363
マクロ　336
マッチングと結合　50
マップ　466
マルチコア　229, 409
メソッド　107
　RC——, 129
　S3——, 113
　S4——, 126
　——のディスパッチの回避, 394
　——のディスパッチのコスト, 367
メソッドディスパッチ　112, 117, 126
　RC の——, 131
メタプログラミング　305
メッセージパッシング　107, 108
メモ化　258
メモリ　413
　——の使用量, 420
　——のフラグメンテーション, 421
　——プロファイリング, 383, 424
　——リーク, 422
文字型　15
文字列
　——からの名前の変換, 311
　——のプール, 419
モデル
　——式の仕様, 339
　——適用時のエラー, 162, 169, 173
　——の当てはめ, 162

【ヤ行】

要約統計量　194
呼び出し　308, 313
　現在の——, 318
　——の修正, 297, 314
　——の捕捉, 318
呼び出し木　310
　——の変更, 334

予約語　84, 155

【ラ行】

ラインプロファイリング　385
ランダムサンプリング　52
リスト　18
　C++ における——, 449
　——-行列, 28
　データ抽出, 43
　——の関数, 204
　——-配列, 28
　要素の削除, 49
ループ
　for 文, 216
　while 文, 244
　基本となるパターン, 219
　使い時, 242
　——におけるコピーの回避, 432
ルックアップテーブル　50
レキシカルスコープ　78, 146, 290
連長圧縮　463
ローリング計算　226
ロングベクトル　416
　C 言語での——, 490
論理型　15

【ワ行】

ワークスペース　139
割り込み　176

＜訳者紹介＞

石田基広（いしだ もとひろ）
1989年　東京都立大学大学院博士後期課程中退
現　在　徳島大学総合科学部 教授
専　攻　テキストマイニング
著　書　『Rによるテキストマイニング入門』（森北出版，2008）他

市川太祐（いちかわ だいすけ）
現　在　医師
　　　　東京大学大学院医学系研究科医学博士課程在学中

高柳慎一（たかやなぎ しんいち）
2006年　北海道大学大学院理学研究科物理学専攻修士課程修了
現　在　株式会社リクルートコミュニケーションズ
　　　　兼 株式会社リクルートライフスタイル
　　　　総合研究大学院大学複合科学研究科統計科学専攻博士課程在学中
専　攻　統計科学
著　書　『金融データ解析の基礎（シリーズ Useful R 8）』（共著，共立出版，2014）他

福島真太朗（ふくしま しんたろう）
2006年　東京大学大学院新領域創成科学研究科複雑理工学専攻修士課程修了
現　在　株式会社トヨタIT開発センター リサーチャー
専　攻　データマイニング
著　書　『データ分析プロセス（シリーズ Useful R 2）』（共立出版，2015）他

| | | |
|---|---|---|
| R言語徹底解説 | 著 者 | Hadley Wickham |
| （原題：*Advanced R*） | 訳 者 | 石田　基広・市川　太祐　ⓒ 2016<br>高柳　慎一・福島真太朗 |
| | 発行者 | 南條光章 |
| 2016年 2 月15日　初版 1 刷発行<br>2016年 3 月25日　初版 3 刷発行 | 発行所 | **共立出版株式会社**<br>〒 112-0006<br>東京都文京区小日向 4-6-19<br>電話　03-3947-2511（代表）<br>振替口座　00110-2-57035<br>URL http://www.kyoritsu-pub.co.jp/ |
| | 印 刷 | 啓文堂 |
| | 製 本 | ブロケード |
| 検印廃止<br>NDC 007.64, 417<br>ISBN 978-4-320-12393-9 | | 一般社団法人<br>自然科学書協会<br>会員<br>Printed in Japan |

**JCOPY** ＜出版者著作権管理機構委託出版物＞

本書の無断複製は著作権法上での例外を除き禁じられています．複製される場合は，そのつど事前に，出版者著作権管理機構（ＴＥＬ：03-3513-6969，ＦＡＸ：03-3513-6979，e-mail：info@jcopy.or.jp）の許諾を得てください．

# Rで学ぶデータサイエンス

金 明哲 編　[全20巻]

本シリーズは、Rを用いたさまざまなデータ解析の理論と実践的手法を、読者の視点に立って「データを解析するときはどうするのか？」「その結果はどうなるか？」「結果からどのような情報が導き出されるのか？」をわかりやすく解説。

## ❶ カテゴリカルデータ解析
藤井良宜著　カテゴリカルデータ／カテゴリカルデータの集計とグラフ表示／割合に関する統計的な推測／二元表の解析／他……192頁・本体3300円

## ❷ 多次元データ解析法
中村永友著　統計学の基礎的事項／Rの基礎的コマンド／線形回帰モデル／判別分析法／ロジスティック回帰モデル／他……264頁・本体3500円

## ❸ ベイズ統計データ解析
姜 興起著　Rによるファイルの操作とデータの視覚化／ベイズ統計解析の基礎／線形回帰モデルに関するベイズ推測他……248頁・本体3500円

## ❹ ブートストラップ入門
汪 金芳・桜井裕仁著　Rによるデータ解析の基礎／ブートストラップ法の概説／推定量の精度のブートストラップ推定他……248頁・本体3500円

## ❺ パターン認識
金森敬文・竹之内髙志・村田 昇著　判別能力の評価／k-平均法／階層的クラスタリング／混合正規分布モデル／判別分析他……288頁・本体3700円

## ❻ マシンラーニング 第2版
辻谷將明・竹澤邦夫著　重回帰／関数回帰解析／Fisherの判別分析／一般化加法モデル（GAM）による判別／樹形モデルとMARS他……288頁・本体3700円

## ❼ 地理空間データ分析
谷村 晋著　地理空間データ／地理空間データの可視化／地理空間分布パターン／ネットワーク分析／地理空間相関分析他……254頁・本体3700円

## ❽ ネットワーク分析
鈴木 努著　ネットワークデータの入力／最短距離／ネットワーク構造の諸指標／中心性／ネットワーク構造の分析他……192頁・本体3300円

## ❾ 樹木構造接近法
下川敏雄・杉本知之・後藤昌司著　分類回帰樹木法とその周辺／検定統計量に基づく樹木／データピーリング法とその周辺他……232頁・本体3500円

## ❿ 一般化線形モデル
粕谷英一著　一般化線形モデルとその構成要素／最尤法と一般化線形モデル／離散的データと過分散／擬似尤度／交互作用他……222頁・本体3500円

## ⓫ デジタル画像処理
勝木健雄・蓬来祐一郎著　デジタル画像の基礎／幾何学的変換／色、明るさ、コントラスト／空間フィルタ／周波数フィルタ他　258頁・本体3700円

## ⓬ 統計データの視覚化
山本義郎・飯塚誠也・藤野友和著　統計データの視覚化／Rコマンダーを使ったグラフ表示／Rにおけるグラフ作成の基本／他　236頁・本体3500円

## ⓭ マーケティング・モデル 第2版
里村卓也著　マーケティング・モデルとは／Rに入門／確率・統計とマーケティング・モデル／市場反応の分析と普及の予測他…200頁・本体3500円

## ⓮ 計量政治分析
飯田 健著　政治学における計量分析の役割／統計的推測の考え方／回帰分析1・2／パネルデータ分析／ロジット／他………160頁・本体3500円

## ⓯ 経済データ分析
野田英雄・姜 興起・金 明哲著　統計学の基礎／国民経済計算／Rに基本操作／時系列データ分析／産業連関分析／回帰分析他…………続　刊

## ⓰ 金融時系列解析
川﨑能典著　時系列オブジェクトの基本操作／一変量時系列モデル／非定常性時系列モデル／時系列回帰分析／他……………………続　刊

## ⓱ 社会調査データ解析
鄭 躍軍・金 明哲著　R言語の基礎／社会調査データの特徴／標本抽出の基本方法／社会調査データの構造／調査データの加工他　288頁・本体3700円

## ⓲ 生物資源解析
北門利英著　確率的現象の記述法／統計的推測の基礎／生物学的パラメータの統計的推定／生物学的パラメータの統計的検定他…………続　刊

## ⓳ 経営と信用リスクのデータ科学
董 彦文著　経営分析の概要／経営実態の把握方法／経営成果の予測と関連要因／経営要因分析と潜在要因発見／他………248頁・本体3700円

## ⓴ シミュレーションで理解する回帰分析
竹澤邦夫著　線形代数／分布と検定／単回帰／重回帰／赤池の情報量基準（AIC）と第三の分散／線形混合モデル／他………238頁・本体3500円

【各巻】B5判・並製本・税別本体価格
（価格は変更される場合がございます）

共立出版

http://www.kyoritsu-pub.co.jp/
https://www.facebook.com/kyoritsu.pub